新工科建设·人工智能与智能科学系列教材

机器学习算法与实现

——Python 编程与应用实例

布树辉　李　霓　马文科　李永波　唐小军　张伟伟　编著

U0180205

电子工业出版社

Publishing House of Electronics Industry

北京·BEIJING

内 容 简 介

  机器学习是人工智能的重要方向之一，对提升各行业的智能化程度正在起越来越大的作用。本书通过凝练机器学习的核心思想与方法，综合介绍了 Python、常用库和相关工具，以及机器学习的原理与实现，包括机器学习与行业相结合的实例，可让没有深厚计算机、编程背景的读者在有限的时间内掌握机器学习的相关知识和工具。本书各部分的比例适当，在讲授基本 Python 编程、库函数的基础上，由浅入深地介绍了机器学习的思想、方法和实现。理论和实现的讲解从基本的最小二乘法开始，逐步深入地介绍了如何使用迭代求解的方法实现逻辑斯蒂回归、感知机、神经网络、深度神经网络。本书配套有完整的在线讲义、在线视频、作业和练习项目，每章的习题、练习、报告等都配有对应的二维码，读者可直接访问在线教程，选择适合自己的资料。

  本书可作为计算机、智能科学与技术、航空航天、电子信息、自动化等专业硕士研究生和本科生的教材，也可供相关技术人员参考。

图书在版编目（CIP）数据

机器学习算法与实现：Python 编程与应用实例/布树辉等编著. —北京：电子工业出版社，2022.11

ISBN 978-7-121-44389-3

Ⅰ.①机… Ⅱ.①布… Ⅲ.①机器学习－算法②软件工具－程序设计 Ⅳ.①TP181②TP311.561

中国版本图书馆 CIP 数据核字（2022）第 185843 号

责任编辑：谭海平

印　　刷：中国电影出版社印刷厂

装　　订：中国电影出版社印刷厂

出版发行：电子工业出版社

    北京市海淀区万寿路 173 信箱　　邮编：100036

开　　本：787×1092　1/16　　印张：21.5　　字数：578 千字

版　　次：2022 年 11 月第 1 版

印　　次：2023 年 8 月第 2 次印刷

定　　价：89.00 元

  凡所购买电子工业出版社图书有缺损问题，请向购买书店调换。若书店售缺，请与本社发行部联系，联系及邮购电话：（010）88254888，88258888。

  质量投诉请发邮件至 zlts@phei.com.cn，盗版侵权举报请发邮件至 dbqq@phei.com.cn。

  本书咨询联系方式：（010）88254552，tan02@phei.com.cn。

序　言

　　深度学习作为当下人工智能方向的热点技术之一，推动了人工智能对产业应用的赋能。伴随着大数据、深度学习、芯片等技术的成熟，人工智能不仅在传统的图像、语音、自然语言领域得到了广泛而深入的应用，在物理、生物、化学等传统学科领域也深刻地改变着既有的技术模式。放眼世界，人工智能正成为国际竞争的新焦点。目前，有效培养各专业的人员使其具备人工智能知识和技能是教育界面临的巨大挑战。

　　深度学习等机器学习方法有着较高的学习门槛，目前适合各学科的教材相对匮乏。国外此前出版的一些经典教材正面临着内容老化的问题，国内现有的大部分教材则侧重于介绍机器学习的理论，对读者在概率论、线性代数、计算机科学等方面的要求较高，读者学完相应的内容后依旧难以应用机器学习方法解决相关的难题。

　　本书最大的特点是，层层深入地通过实例来讲解机器学习的理论与算法，即以算法、代码、应用为主进行讲解，同时辅以详尽的算法解释、图解及代码运行结果，力求让读者在看懂代码的基础上深入理解算法，进而熟练使用算法；既可让读者高效、全面地掌握机器学习的主流知识点和整体脉络，又可让读者在遇到具体问题时方便查阅相关内容。

　　另一个特点是，在语言精确性和条理性、理论全面性和实践指导方面，集专业性与通俗性为一体。全书内容丰富，不仅包含 Python 语言、Python 第三方库、监督学习、无监督学习等机器学习内容，而且包含 sklearn、PyTorch、深度学习、目标检测、深度强化学习等前沿机器学习技术，既可作为高年级本科生和硕士研究生的教材，又可作为相关领域科研和工程人员的工具书。

　　人工智能赋能多个行业，大部分行业需要了解并掌握机器学习技术。开卷有益，希望本书能够辅助读者更好地掌握机器学习的理论、方法和应用。相信阅读此书所获得的充实感会给读者留下美好的回忆。

丁贵广

清华大学软件学院

2022 年 4 月 24 日

前　言

机器学习是人工智能领域的一个基础且重要的方向，它突破了传统手动设计处理算法所面临的通用性低、无学习能力等问题，通过设计学习模型让机器在大量数据中自动地挖掘出数据内在的规律，并对新数据进行预测或分类。最近十多年来，机器学习飞速发展，不仅在图像、视频、语音、自然语言等传统机器学习应用领域取得了进步，而且逐渐应用于航空航天、材料、化学、生物等诸多领域，为各学科开辟了新的数据处理与技术途径，并且产生了巨大的经济和社会效益。

针对机器学习这门课程的特点，全书共 11 章，综合介绍了 Python 编程、库函数等机器学习常用工具，由浅入深讲解了机器学习的核心思想与方法，给出了机器学习与航空航天等专业相结合的应用实例。为了让读者更好地掌握机器学习的相关知识，从 Python 编程、Python 常用库开始介绍；理论部分的讲解从基本的最小二乘法开始，逐步深入介绍如何使用迭代求解法实现逻辑斯蒂回归、感知机、神经网络、深度神经网络；每个理论知识点之后给出算法和编程实现，目的是帮助读者加深对理论的理解。本书配套有完整的在线讲义、在线视频、作业和练习项目、MOOC等，并且每章都提供习题或练习等。对应的二维码如图 0.1 所示，读者可以直接访问在线教程，选择适合自己的资料。

(a)课程的配套视频　　　　　(b)课程的在线讲义　　　　　(c)作业和练习项目

图 0.1　配套资源的二维码

本书面向没有深厚计算机、编程基础的学生，考虑到不少读者并不具备深厚的编程和算法基础，在讲解过程中，更注重算法、数据结构、面向对象思想的逐步引入，以引导读者通过"迁移学习"，将其掌握的基础知识、专业理论等快速迁移到机器学习领域，进而快速掌握机器学习的核心思想、方法和工具等，并为将机器学习技术应用到各自的专业领域以解决实际应用问题打下坚实的理论、编程和实践基础。

本书的第 1 章由布树辉和李霓编写，第 2、4 章由李霓编写，第 3 章由马文科编写，第 5 章由李永波编写，第 6 章由唐小军和张伟伟编写，第 7～11 章由布树辉编写。全书由布树辉统稿。

感谢为本书出版做出贡献的所有人员。

感谢多年来选择修习编著者团队的"智能图像处理""机器学习""机器学习与人工智能"

课程的学生，是你们的积极、热情和反馈激励了编著者不断地改进讲义。

感谢西北工业大学飞行器智能认知与控制实验室的胡劲松、韩鹏程、李随城、胡博妮、陈霖、何学敏、李坤、邹万勇、左奎军、赵勇、薛少诚、夏震宇、董逸飞、王禹、翁乐安、张玉、乔岳、程佳铭、朱永宁、李俊峰、彭雨菲、王煜熙、倪海鸿、张敏、李浩玮、张一竹、贾旋等同学不辞辛苦地补充和改进讲义与书稿。

感谢深圳朝闻道机器人的张宏磊、陈豪杰、安玉玺等补充和协助。

感谢支持和帮助编著者的同事、朋友、亲人，有了你们的支持，本书才得以完成。

机器学习是一门范围极广、内容庞杂的学科，由于技术发展日新月异，编著者水平与经验有限，书中难免有错误与理解不到位的地方，敬请读者批评指正！

目　　录

第1章 绪　论

人类长久以来的梦想是构造智能机器，让机器具备和人一样的学习能力，进而让机器更多、更好地完成任务。要让机器具备智能，学习的理论和方法就是重要的研究课题。在讨论机器如何学习之前，不妨先分析一下人类是如何学习的。人类的学习过程可以分为三个阶段：输入、整合和输出。例如，如果你要设计无人机系统，那么入门时就要学习飞机的基本结构，这就是输入阶段；然而，你很快就会发现自己不知道如何合理地组织飞机的各个部件，使其符合结构力学、空气动力学等基本力学原理，因此必须学习飞机的基本原理和力学相关知识，才能将这些结构最优地组织起来，这就是整合阶段；最后，根据你的设计与组织，一架飞机才能被设计出来，接着就可根据经验设计出各种各样的飞机系统，这就是输出阶段。

学习其他内容时，情形也是类似的，也就是说，都要经历经验积累、规律总结和灵活运用三个阶段。因此，我们可以对人类的学习给出如下定义：人类的学习是根据过往的知识或经验，对一类问题形成某种认识或总结出一定的规律，然后利用这些知识对新问题进行判断、处理的过程。人类虽然学习能力强，但是存在记忆能力弱、反应慢且容易出错等问题；计算机虽然不能像人一样灵活，但是存储容量大、计算速度快、运行稳定。如果能够充分结合二者的优势，使计算机以类似人类的方式解决更多复杂且多变的问题，就可产生可观的效益，进而在民用、军事等领域发挥巨大的价值。

如何更好地管理海量信息，挖掘所蕴含的知识，突破人类认知能力的瓶颈，是人类目前面临的主要挑战之一。机器学习（Machine Learning）便是这一理念的产物，其基本定义如下：机器学习是一类算法的总称，这些算法能够从大量历史数据中挖掘出隐含的规律，并用于分类、回归和聚类。机器学习更简单和形象的定义是寻找从输入样本数据到期望输出结果之间的映射函数。注意，机器学习的目标是使学习得到的函数很好地适用于"新样本"[①]，而不是仅适用于训练样本。机器学习的基本思路如下：①收集并整理数据；②将现实问题抽象成数学模型；③利用机器学习方法求解数学问题；④评估求解得到的数学模型，如图1.1所示。无论使用什么算法和什么数据，机器学习的应用都包含上述几个步骤。

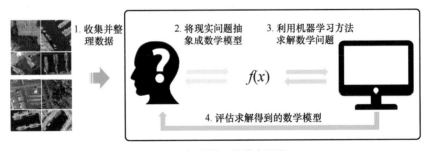

图 1.1　机器学习的基本思路

---

① 学到的函数适用于新样本的能力称为泛化（Generalization）能力。

1.1 机器学习的发展历程

机器学习是人工智能（Artificial Intelligence，AI）的一个方向，伴随着人工智能的发展，机器学习被人们提出和发展。人工智能是研究、开发用于模拟、延伸和扩展人类智能的理论、方法、技术及应用系统的技术科学，其目的就是让机器能像人一样思考，让机器拥有智能。从 20 世纪 50 年代至今，人工智能的发展经历了"推理期""知识期"和"机器学习时期"。在推理期时代（1950—1970），研究人员将逻辑推理能力赋予机器，使其获得智能能力，虽然当时的 AI 程序能够证明一些著名的数学定理，但由于机器缺乏对知识的理解和整合，所以远不能实现真正的智能。

20 世纪 70 年代，人工智能的发展进入知识期（1970—1980），即研究人员通过总结与提炼人类的知识，以一定的模式教给机器，指导其完成某些复杂的任务，使机器获得一定程度上的应用智能。在这一时期，大量专家系统问世，并在很多领域取得成果，但由于人类知识量巨大，无法通过手工方式构建所有的知识。

由此可见，在人工智能的推理期和知识期，机器基本上是按照人类设定的规则和总结的知识运作的，不仅要耗费较高的人力成本，而且智能程度无法超越其创造者。于是，"机器的自我学习"需求慢慢凸显，此时大量基于机器学习的智能方法应运而生，成为实现人工智能的有力技术支撑，有限的规则和知识问题迎刃而解，人工智能进入机器学习时期（1980 年至今）。

机器学习时期大致也分为三个阶段。20 世纪 80 年代初，连接主义较为流行，代表性方法有感知机（Perceptron）和神经网络（Neural Network，NN）。20 世纪 90 年代，统计学习方法开始占据主流舞台，代表性方法有支持向量机（Support Vector Machine，SVM）。进入 21 世纪，深度神经网络被提出，连接主义思想又受到大家的关注；随着数据量和硬件计算能力的不断提升，以及互联网、物联网、5G 等技术的快速普及，以深度学习（Deep Learning，DL）为基础的诸多 AI 应用出现在大众视野，人工智能进入全新的时代。

图 1.2 显示了人工智能及机器学习发展的大致历程。

图 1.2　人工智能及机器学习发展的大致历程

1.2 机器学习的基本术语

要让机器学会认识世界，首先就要将现实世界的事物转换为数据表达，然后通过算法完成对数据的分析与判断。这个过程主要涉及如何表达现实世界的事物以及设计什么方法来进行判断等。为了更好地讲解机器学习的各个技术环节，下面简要介绍机器学习中的基本术语。

注意：若不太理解本章的内容，则不必强求理解，只需先记住有这些名词和概念即可，后续章节中将深入讲解涉及的概念与内涵。

1.2.1　特征

在机器学习中，特征（Feature）是被观测目标的一个独立可观测的属性或特点，其主要特点是存在信息量、区别性和独立性。特征通过一个抽象、简化的数学概念来代表复杂的事物。例如，识别草莓是否甜时，需要考虑的特征（属性）有尺寸、颜色、成熟度等；又如，识别某人时，可以结合其长相、走路姿势、说话声音等进行判断。为便于计算机处理和分析，特征常用数值而非文字或其他形式表示。特征和模型示例如图 1.3 所示。

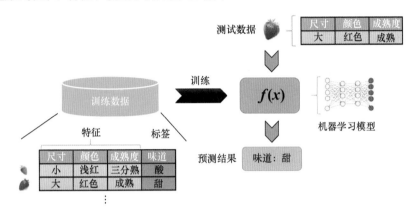

图 1.3　特征和模型示例

一个特征不足以代表一个目标，因此机器学习中使用特征的组合——特征向量来代表某个目标。例如，识别草莓是否甜时，使用三个维度的向量（尺寸、颜色、成熟度）来代表草莓。特征向量是为了解决实际问题而专门设计的。例如，进行人脸识别和水果种类识别时所用的特征向量肯定是不一样的。

1.2.2　样本

样本是数据的特定实例。样本分为两类：有标签样本和无标签样本。有标签样本同时包含特征和标签；而无标签样本只包含特征，需要算法根据数据在特征空间中的分布关系自动找到样本之间的关系。

样本的集合构成数据集。为了在不同的阶段对算法模型进行训练、测试和验证，数据集被分为训练集、测试集、验证集。训练集用于训练模型；验证集是模型训练过程中单独留出的样本集，用于调整模型的超参数①及初步评估模型的能力，常在模型迭代训练时用于验证当前模型的泛化能力（准确率、召回率等），进而决定是停止训练还是继续训练；测试集用来评估最终模型的泛化能力，但不能作为调参、选择特征等算法的依据。

1.2.3　模型

模型定义特征与标签之间的关系，一般可以视为一个由参数定义的函数或逻辑操作的集合。例如，草莓酸甜识别模型会将草莓大小、颜色、成熟度特征与酸/甜紧密联系起来。模型的生命周期包

---

① 在机器学习上下文中，超参数是在开始学习过程之前就设置了值的参数，而不是通过训练得到的参数。通常情况下，需要对超参数进行优化，为学习模型选择一组最优超参数，以提高学习的性能和效果。

括如下两个阶段。

- 训练阶段：创建或学习模型。向模型展示有标签样本，让模型逐渐学习特征与标签之间的关系。
- 推理阶段：将训练后的模型应用于无标签样本，使用经过训练的模型做出有用的预测。

1.2.4 回归、分类与聚类

机器学习的基本应用是回归（Regression）、分类（Classification）和聚类（Clustering）。回归和分类都属于监督学习，其主要特点是根据输入的特征，分析并得到数值或类别。回归问题常用于预测一个连续值，如预测房价、未来的气温等。比较常见的回归算法是线性回归（Linear Regression，LR）和支持向量回归（Support Vector Regression，SVR）。分类问题的目的是将事物打上标签，结果通常为离散值。例如，判断一张照片上的动物是猫还是狗时，分类的最后一层通常要使用 softmax 函数[①]来判断其所属的类别。常见的分类方法包括支持向量机、朴素贝叶斯（Naive Bayes）和决策树（Decision Tree）等。聚类问题属于无监督学习，用于在数据中寻找隐藏的模式或分组。聚类算法构成分组或类别，类别中的数据具有更大的相似度。聚类建模的相似度可以由欧几里得（欧氏）距离、概率距离或其他指标定义。常见的聚类算法包括 k 均值聚类、层次聚类（Hierarchical Clustering）和高斯混合模型（Gaussian Mixture Model，GMM）等。

1.2.5 泛化与过拟合

通过数据学习得到模型的过程就是学习（Learning），也称训练（Training）。在学习过程中，首先根据训练数据集构建一个模型，然后将该模型用于此前从未见过的新数据的过程，被称为模型的泛化（Generalization）。如果一个模型能够对从未见过的数据做出准确预测，就说明它能够从训练集泛化到测试集。在测试集上的评估是判断一个算法在新数据上表现好坏的一种方法。一般来说，简单模型对新数据的泛化能力更好。

构建一个对现有信息量来说过于复杂的模型后，如果该模型在拟合训练数据集时表现得非常好，但在测试数据集上的表现非常差，就说明模型出现了过拟合（Overfitting）问题。与之相反，模型如果过于简单，就可能无法掌握数据的全部内容及数据中的变化，机器学习模型甚至在训练集上的表现都很差，不能拟合复杂的数据，这称为欠拟合（Underfitting）。一般来说，模型越复杂，在训练数据上的预测结果就越好；然而，如果模型过于复杂，且过多地关注训练集中的单独数据点甚至异常点，模型就不能很好地泛化到新数据。模型复杂度与精度的折中如图 1.4 所示，即在训练集和测试集的精度都较高的情况下，才认为模型对数据拟合

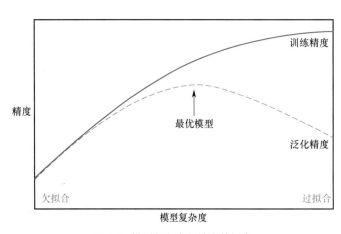

图 1.4 模型复杂度与精度的折中

---

① 又称归一化指数函数，目的是将多个分类的结果以概率的形式展现出来。

的程度刚刚好，模型的泛化表现出色，这才是最期望的模型。

1.3 机器学习的基本分类

机器学习建立模型并以求解模型参数的方式进行学习。下面按照模型的类别简要说明常用的机器学习方法。

1.3.1 监督学习

监督学习（Supervised Learning）是指在训练机器学习模型时，使用有标签的训练样本数据，首先建立数据样本特征和已知结果之间的联系来求解最优模型参数，然后通过模型和求解的模型参数对新数据进行结果预测。

监督学习通常用于分类和回归问题。例如，电子邮箱识别垃圾邮件的过程如下：首先对一些历史邮件做垃圾分类标记，接着对这些带有标记的数据进行模型训练，然后在获得新短信或新邮件时进行模型匹配，识别邮件是否是垃圾邮件。因此，电子邮箱识别垃圾邮件的过程就是监督学习下的分类预测。又如，航拍图像中的目标识别过程如下：对带有标记的图像数据进行模型训练，当新航拍图像被输入训练好的模型时，模型自动定位图像中目标的位置（回归），给出对应位置的类别（分类）。

监督学习的难点是，获取具有目标值的标签样本数据的成本较高，而成本高的原因是这些训练集要依赖于人工进行标注。监督学习的常见算法有感知机（Perceptron）、多层感知机（MultiLayer Perceptron，MLP）、支持向量机、逻辑斯蒂回归（Logistic Regression，LR）和卷积神经网络（Convolutional Neural Network）等。

1.3.2 无监督学习

在现实生活中，人们常常面临这样的问题：缺乏足够的先验知识，难以人工标注类别，或者人工标注类别的成本太高。自然地，在人工提供少量帮助或者不提供帮助时，我们希望计算机能够自动完成数据的内在规律学习。根据类别未知（未被标记）的训练样本解决模式识别中的各种问题，称为无监督学习（Unsupervised Learning）。

无监督学习与监督学习的区别是选取的样本数据无须标签信息，而只需分析这些数据的内在规律。无监督学习常用于聚类分析，如客户分群，即通过客户的消费行为（消费次数、最近消费时间、消费金额）指标对客户数据进行聚类和分析。此外，无监督学习也适用于降维。无监督学习相对于监督学习的优点是，数据不需要进行人工标注，且数据获取成本低。

常用的无监督学习算法主要有聚类、主成分分析（Principal Component Analysis，PCA）、等距映射、局部线性嵌入等。

1.3.3 半监督学习

在现实生活中，无标签的数据易于获取，而有标签的数据收集起来通常较为困难，标注起来也耗时耗力。在这种情况下，半监督学习（Semi-Supervised Learning）更适合于现实世界中的应用，近年来已成为深度学习领域的热门方向。半监督学习是监督学习和无监督学习相结合的一种学习方法，半监督学习方法可以结合分类、回归和聚类，只需少量有带标签的样本和大量无标签的样本即可获得较好的应用效果。

- 半监督分类是指在无标签样本的帮助下训练有标签样本，获得比只用有标签样本训练时更优的分类。
- 半监督回归是指在有标签样本的帮助下训练无标签样本，获得比只用有标签样本训练时更好的回归。
- 半监督聚类是指约束聚类的数据集中还包含一些关于聚类的监督信息，常见的约束有必须连接（must-link）约束和不能连接（cannot-link）约束，分别表示两个样本点一定在一个类别中或者一定在不同的类别中。约束聚类的目标就是提升无监督聚类的表现。
- 半监督降维是指在有标签样本的帮助下，找到高维输入数据的低维结构，同时保持原始高维数据和成对约束的结构不变。

半监督学习是最近比较流行的方法。在算法层面上，半监督学习介于监督学习和无监督学习之间，包括对一些常用监督学习算法的延伸，这些算法试图对未标注数据建模，然后对已标注数据进行预测。隐藏在半监督学习下的基本规律是，数据的分布必然不是完全随机的，通过一些有标签数据的局部特征及更多无标签数据的整体分布，可以得到能够接受甚至非常好的分类结果，如半监督支持向量机（Semi-Supervised Support Vector Machine，S3VM）等。

1.3.4　深度学习

根据人工神经网络[①]的层数或者机器学习方法的非线性处理深度，可以将机器学习算法分为浅层学习算法和深度学习算法。浅层学习算法的典型代表是感知机，深度神经网络主要是指处理层数较多的神经网络。深度学习是机器学习领域的一个新研究方向，将深度学习引入机器学习的目的是使后者更接近最初的目标——人工智能。深度学习的灵感源于人类大脑的工作方式，是利用深度神经网络来解决特征表达的一种学习过程。一个用于图像差异检测的深度神经网络示例如图 1.5 所示，该网络（Shape-Aware Siamese Convolutional Network，SASCNet）由差异特征提取模块、差异融合模块和融合微调模块构成，且这些模块是基于不同网络结构针对不同图像特性设计的。多层网络设计可以更好地挖掘图像特征，进而提高对目标差异的检测率。

深度学习是一类模式分析方法的统称，就具体的研究内容而言，主要涉及三类方法。

- 基于卷积运算的神经网络系统，即卷积神经网络。
- 基于多层神经元的自编码神经网络，包括自编码（Auto Encoder）及近年来受到广泛关注的稀疏编码（Sparse Coding）。
- 以多层自编码神经网络的方式进行预训练，进而结合鉴别信息进一步优化神经网络权重的深度置信网络（Deep Belief Network，DBN）。

通过多层处理，逐渐将"低层"特征表示转换为"高层"特征表示后，再用"简单模型"即可完成复杂的分类、回归等学习任务。由此，可以将深度学习理解为特征学习（Feature Learning）或表征学习（Representation Learning）。以往在将机器学习用于现实任务时，描述样本的特征通常需要由人类专家来设计，这称为特征工程（Feature Engineering）。众所周知，特征的好坏对泛化性

[①] 人工神经网络（Artificial Neural Networks，ANNs），也称神经网络，是一种模仿动物神经网络行为，进行分布式并行信息处理的网状机器学习模型，它通过调整内部大量节点之间相互连接的关系，达到处理信息的目的。

能有着至关重要的影响，而人类专家设计出好的特征并非易事；特征学习（表征学习）则通过机器学习技术自身来产生好的特征，这就使得机器学习向"全自动数据分析"前进了一步。

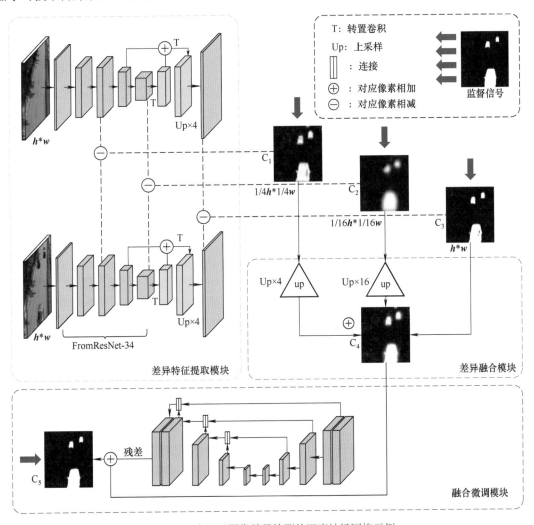

图 1.5 一个用于图像差异检测的深度神经网络示例

浅层学习算法主要对一些结构化数据、半结构化数据场景进行预测，而深度学习算法主要解决复杂的场景问题，如图像、文本、语音识别与分析等，具体体现如下。

- 强调了模型结构的深度，通常有 5 层以上的隐藏层节点。
- 明确了特征学习的重要性。也就是说，通过逐层特征变换，将样本在原空间的特征表示变换到一个新特征空间中，从而使分类或预测更容易。与人工规则构造特征的方法相比，利用大数据来学习特征更能够表征数据丰富的内在信息。

通过设计建立适量的神经元计算节点和多层运算层次结构，选择合适的输入层和输出层，通过网络的学习和调优，建立从输入到输出的函数关系，虽然不能百分之百地找到输入与输出的函数关系，但是可以尽可能地逼近现实的关联关系。使用训练成功的网络模型，就可满足我们对复杂事务处理的自动化要求。

常见的深度学习模型包括卷积神经网络模型、深度置信网络模型和堆栈自编码网络（Stacked Auto-Encoder Network）模型等。对于不同的网络和任务数据，采用自下而上的无监督学习或自顶向下的监督学习优化方式对网络权重参数进行优化。

1.3.5　强化学习

强化学习（Reinforcement Learning，RL）又称再励学习、评价学习或增强学习，用于描述和解决智能体与环境交互的学习策略，以达成回报最大化或者实现特定目标的问题，强化学习示意图如图 1.6 所示。强化学习虽然需要监督信息，但是这种监督信息要在若干动作序列之后才能得到，因此与监督学习所需的明显因果关系标签不完全一样。强化学习强调系统与外界之间的不断交互反馈，主要针对智能体和环境交互过程中不断需要推理的场景，如无人汽车驾驶。

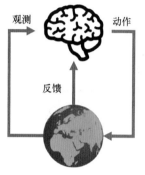

图 1.6　强化学习示意图

强化学习理论受到行为主义心理学启发，侧重于在线学习并试图在"探索"和"利用"之间保持平衡。不同于监督学习和无监督学习，强化学习不要求预先给定任何数据，而通过接收环境对动作的奖励（反馈）来获得学习信息并更新模型参数。强化学习解决的问题具有如下特点：①智能体和环境之间不断进行交互；②搜索和试错；③延迟奖励，当前所做的动作可能要在多步之后才会产生相应的结果。强化学习是机器学习大家族中的重要分支，由于近年来自身理论的发展及与深度学习的整合，强化学习得到了快速发展和广泛应用。例如，在 AlphaGo 成功挑战世界围棋高手、控制战斗机进行空中格斗、精准预测蛋白结构等方面，强化学习都取得了巨大的成功。

强化学习的常见模型是标准的马尔可夫决策过程（Markov Decision Process，MDP）。按给定条件，强化学习可以分为基于模式的强化学习（Model-based RL）和无模式强化学习（Model-free RL），以及主动强化学习（Active RL）和被动强化学习（Passive RL）。强化学习的变体包括逆向强化学习、阶层强化学习和部分可观测系统的强化学习。求解强化学习问题所用的算法可分为策略搜索算法和值函数（Value Function）算法两类。深度学习模型可在强化学习中得到使用，形成深度强化学习（Deep Reinforcement Learning，DRL）。深度强化学习带来的推理能力真正让机器拥有了自我学习能力，这也是衡量机器智能的一个关键指标。深度强化学习本质上属于采用神经网络作为值函数估计器的一类方法，其主要优势是能够利用深度神经网络自动抽取状态特征，避免了人工定义状态特征带来的不准确性，使得智能体能够在更原始的状态上进行学习。

1.3.6　机器学习与人工智能

"人工智能"最初是在 1956 年的达特茅斯学会上提出的。自此，世界范围内的研究人员发展了众多的相关理论，人工智能的概念得以充实，这个具有前瞻性的学科也随之发展起来。人工智能的主要目标是使机器能够胜任通常需要人类智能才能完成的复杂工作。人工智能是以计算机科学为基础，融合了心理学、哲学、电子信息科学的交叉学科，研究对象主要包括机器人、语音识别、图像识别、自然语言处理和专家系统等。

机器学习是一种实现人工智能的方法，是一种实现机器学习的技术，也是当前最热门的机器学习方法。图 1.7 显示了机器学习和人工智能之间的关系。由图可知，人工智能出现得最早，是最大、最外侧的同心圆，因此是一个最广泛的概念。实现人工智能的各类技术或方法不是独立存在的，而是相互交叉而有一定交集的。监督学习、半监督学习、无监督学习、强化学习主要从训练数据是否包含标注信息来进行区分；深度学习主要从非线性处理层的深度来划分。深度学习所提供的基础模型可以应用到监督学习、半监督学习、无监督学习、强化学习等各个领域，是提升机器学习性能的有力支撑。

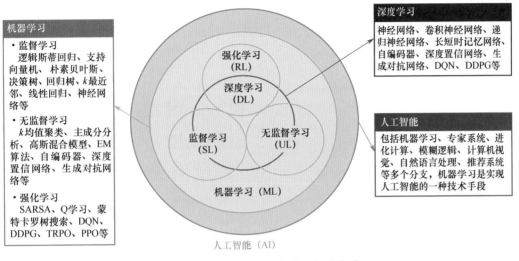

图 1.7　机器学习和人工智能之间的关系

1.4　机器学习的应用

以机器学习为代表的各种智能方法不仅应用于图像识别、语音识别、自然语言处理等传统领域，在环境感知、智能决策等领域也应用广泛，近年来还开始延伸到了气动、强度、结构设计等领域，极大地优化了设计效率和效果。此外，机器学习技术还延伸到了化学、物理、生物等学科的实验数据处理、知识发现方面，极大地拓宽了人类的认知边界。按照目前的技术发展态势，机器学习会更多地应用于各行各业的各项任务中，并会带来翻天覆地的变化。由于机器学习的应用领域较多，本节简要梳理并分析几类比较重要的应用，以帮助读者认识机器学习的重要性。

1.4.1　图像识别与处理

图像识别与处理是最重要的机器学习应用之一，它通过提取图像的特征，实现自动分类、分割、识别、编辑、增强等操作，提高部署应用的自动化程度，提升机器效率。图像识别与处理的部分应用示例如图 1.8 所示。图像识别主要包括三个阶段——识别文字信息、识别数字化信息和识别目标。图像识别经过这三个阶段的发展，充分发挥自身的特点与优势，逐步拓展到各个领域，并与各行业的技术相结合。图像识别技术的主要应用与发展方向有字符识别、机器视觉识别、生物医学等。

在航空领域，图像识别应用于军事侦察、目标识别、场景识别等；在交通领域，图像识别应用于道路识别、车辆车牌检测等；在安防领域，基于图像识别技术的视频智能分析系统能够实现人脸识别、人脸支付、智能自动化监控等；在医学领域，微创手术中的手术导航技术运用图像识别技术，在心脏、脑结构等器官的病变部位的辅助识别方面有着不可替代的作用；在农业领域，图像识别技术在病虫害诊断、检测农作物生长等方面发挥着巨大的作用。

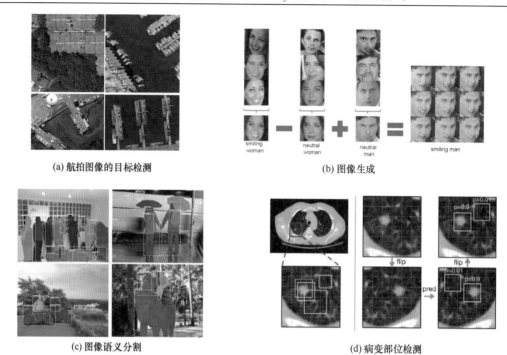

(a) 航拍图像的目标检测　　　　　　　　　　　　(b) 图像生成

(c) 图像语义分割　　　　　　　　　　　　　(d) 病变部位检测

图 1.8　图像识别与处理的部分应用示例

1.4.2　语音识别与自然语言处理

语音识别能够将语音识别为文本，可以实现人工智能助理。例如，Cortana 是微软公司研发的一款典型人工智能助理，它伴随 Windows 10 操作系统的发布而推出；苹果公司的软件中也推出了 Siri。使用这些产品，可以极大地方便人们的生活。

自然语言处理（Natural Language Processing，NLP）是计算机科学领域与人工智能领域的一个重要研究方向，主要研究在人与计算机之间使用自然语言进行有效通信的各种理论和方法，主要目的有二：自然语言理解，即让计算机理解自然语言文本的意义；自然语言生成，即让计算机能以自然语言文本来表达给定的意图、思想等。近年来，伴随着机器学习技术的快速发展，自然语言处理领域取得了很大的进展。各种词表、语义语法词典、语料库等数据资源的日益丰富，词语切分、词性标注、句法分析等技术的快速进步，各种新理论、新方法、新模型的出现，推动了自然语言处理研究的长足发展。

语音识别是指将一段语音信号转换为相对应的文本信息，本质上是一种基于语音特征参数的模式识别。通过事先准备好的语料和模型进行学习，语音识别系统能将输入的语音按一定的模式进行分类，进而依据判定准则找出最佳匹配结果。随着深度学习技术的发展，深度神经网络已经替代了传统的高斯混合模型、支持向量机等，且相比传统方法的优势如下：使用深度神经网络估计的后验概率分布不需要对语音数据分布进行假设；深度神经网络的输入特征可以是多种特征的融合，包括离散的特征或连续的特征；深度神经网络可以利用相邻语音帧中包含的结构信息进行特征提取，进而增强语言特征表达能力。语音识别领域的应用主要包括语言翻译、阅读理解、个人助理、聊天机器人、知识图谱、高考机器人、调查分析等。

1.4.3　环境感知与智能决策

传统机器学习主要处理传感器采集的固定数据，如监控图像、指纹图像、语音等。随着机器人/无人机技术的发展，人们对智能体自主运行能力的要求越来越高，这就要求智能体能够在与环境交互的过程中对所采集的数据进行实时重建、识别、理解和决策。由于需要与环境实时交互，所以智能体面临着多方面的挑战：①智能体配置了多种传感器，如相机、激光雷达、惯性传感器、雷达、红外相机等，如何有效地融合多种不同类型的传感器？②智能体需要和环境交互，如何实时处理多种传感器的数据？③如何分析感知的数据，获得语义层面的信息和认知层面的知识等，进而实现"随机应变"的能力？图 1.9 显示了机器人和无人机环境感知与智能决策应用示例。

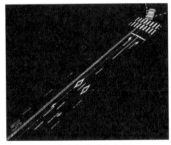

(a) 定位与车道线识别　　　　　　　　　　　　　　(b) 机器人集群协同

(c) 机器人环境感知与智能决策　　　　　　　　(d) 位姿估计与深度预测
　　　　　　　　　　　　　　　　　　　　　　　（西北工业大学校园内）

图 1.9　机器人和无人机环境感知与智能决策应用

环境感知一直是机器人/无人机领域的研究热点之一。环境感知主要包括定位和环境构建、目标识别、目标追踪、路径规划等。环境感知算法对不同的应用场景有着不同的研究重点。例如，在测绘、AR/VR 等领域，需要尽可能详细地展示实际环境的几何、色彩等特征细节，而对实时性要求不高；又如，在机器人/无人机运动规划领域，环境感知侧重于定位精度应尽可能高、地图占用的内存应尽可能小、地图重建的效率应尽可能高，在功能方面还需要标记出地图中的移动障碍物，并且测量移动障碍物的运动速度及其运动轨迹等。随着近年来深度学习技术的发展，通过深度学习方法引入的语义信息可以显著提高识别、追踪效果。此外，根据不同的硬件算力对网络进行优化，可以在精度与效率之间达到平衡。

智能决策是指让智能体学会"选择"。智能体的决策控制系统的任务是，根据给定的先验信息和自身行驶状态，结合行为预测、路径规划和避障机制，自主产生合理运行的决策，实时完成智能体的动作规划。这个过程面临的难题如下：①最优选项的确定；②选错的代价设计；③决策的连锁性，即一个决策对另一个决策的影响；④决策的正确性有时取决于另一个决策，即"博弈性"。智能决策的主要应用包括动作规划、障碍物规避、路径规划、集群控制、协同控制等。机器学习在这一系列智能感知和决策过程中起关键作用，是实现高阶机器智能的核心技术。

1.4.4 融合物理信息的工程设计

随着人工智能技术的飞速发展，以机器学习为代表的多种智能技术已被广泛应用于飞行器的气动、强度、结构设计等多个学科领域。首先，通过机器学习方法对多源异构的海量数据进行知识抽取、知识融合、知识推理和知识表达，可协助专家完成飞行器的设计、维护、任务规划以及更高层级的设计任务。航空飞行器的种类和状态繁多，但是数据仍然较少，利用针对小样本的迁移学习、元学习等技术，可以将训练好的模型更好地泛化到更多的状态和对象，快速、高效、稳定地迁移到新的学习、预测任务中。其次，基于知识图谱框架，通过融合专家知识、经验和数学模型，可使机器学习具备更好的可解释性、稳定性和可信任性。

在气动与多学科优化设计中，可采用机器学习方法开展基于集成学习、强化学习等手段的气动外形优化设计。对于高维设计问题，可从稀疏学习、特征分析的角度进行设计空间和设计分层分析，从而大幅度提升气动设计的效率。湍流、气动噪声和结构疲劳等是飞行器设计中长期面临的难题，随着人工智能时代的到来，机器学习方法为上述问题提供了新的解题思路。例如，针对湍流问题，基于机器学习的湍流模型为新一代湍流模型的构建提供了极大的自由度，为工程湍流模型的定制提供了方法基础。又如，基于数据驱动的机器学习方法可用于飞行器气动噪声源的智能识别、噪声强度的智能预测、噪声诱发机理及降噪措施的研究等方面。再如，在飞行器结构强度分析中，利用机器学习在数据挖掘等方面的优势，融合不确定性表达与推理、跨域数据的多模态特征提取与融合、小样本知识迁移等技术，可提高结构疲劳寿命预测的准确性。图 1.10 显示了融合物理信息的工程设计相关应用。

(a) 某型战斗机全机流场模拟   (b) 气动外形优化设计

 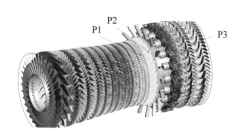

(c) 基于知识图谱的物理信息推断   (d) 航空发动机内流全场流动的大涡模拟

图 1.10 融合物理信息的工程设计相关应用

1.5 机器学习应用的步骤

使用机器学习解决实际问题时，遵循的基本流程如下。

- 选择合适的模型。这通常需要视实际问题而定，即要针对不同的问题和任务选取恰当的模型，而模型就是一组函数的集合。
- 判断函数的好坏。这需要确定一个衡量标准，即通常所说的损失函数（Loss Function），损失函数的确定也需要视具体问题而定，如回归问题一般采用欧氏距离，分类问题一般采用交叉熵代价函数。
- 找出"最好"的函数的模型参数。如何从高维参数空间最快地找出最优的那组参数是最大的难点。常用的方法有梯度下降法、最小二乘法等。
- 学习得到"最好"的函数的参数后，需要在新样本上进行测试，只有在新样本上表现很好时，才算是一个最优模型。

机器学习算法的选择只是其中的步骤之一，其他步骤、数据、算法、算力等对机器学习也至关重要。机器学习的流程本质上是数据准备、数据分析、数据处理和结果反馈的过程，如图 1.11 所示。按照这一思路，可将机器学习分为如下步骤：应用场景分析，数据处理，特征工程，算法模型训练与评估，应用服务。

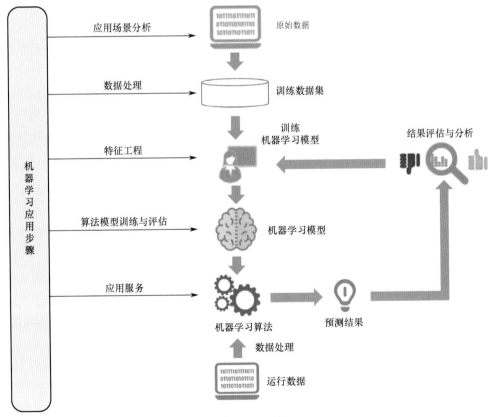

图 1.11 机器学习的流程

1.5.1　应用场景分析

应用场景分析是指将应用需求、使用场景转换为机器学习需求的语言，然后分析数据、选择算法的过程。这是机器学习的准备阶段，主要包括场景抽象、数据准备和算法选择。

（1）场景抽象。本质上，场景抽象是指针对目标需求，将所面临的问题抽象为应用场景的问题，而场景抽象是指将目标需求抽象为分类、聚类、回归等具体的机器学习问题。例如，现代化战场中，目标的动态检测与追踪就是一类目标识别分类问题。

（2）数据准备。机器学习的基础是数据，没有数据就无法训练模型。数据准备包括识别数据、收集数据和加工数据。通过不同应用渠道获取的数据有结构化数据、半结构化数据、非结构化数据。机器学习能够结合不同的方式和方法来处理这些数据。对于数据，需要考虑两个关键问题：①数据量，要求数据量尽可能大；②数据的缺失，要求尽可能地完善收集的数据。

（3）算法选择。算法选择根据需求、数据特性选择最优的算法模型。由于存在很多候选算法，所以要根据问题特性、性能、扩展性、实现的便捷性等多方面综合选择最优的算法。

1.5.2　数据处理

数据处理是指数据的选择和清洗过程，目的是尽可能地去除数据中的噪声等对算法的干扰，所用的主要方法包括去噪和归一化。一般情况下，采集的数据能够反映真实情况，存在传感器噪声、采集过程受到的干扰等，将这样的数据直接输入模型会影响算法的性能。因此，需要通过算法识别干扰数据。一般来说，归一化是指将数据的值域调整到区间 [0,1] 或 [1,−1]，以帮助算法更快、更好地寻找最优解。输入的数据有多种量纲，如数据表示的时间可能以小时为单位，也可能以分钟为单位，混合使用多种量纲的数据必然导致很大的误差。因为数据分析过程不考虑量纲，所以需要对数据进行归一化处理，并统一数据的量纲。归一化的另一个作用是提高算法的收敛速度。例如，假设要分析 X 和 Y 的因果关系，X 的值域是 [1,10]，Y 的值域是 [1,100000]。由于两个数据的值域差别太大，算法的收敛速度将显著降低，所以需要对数据进行归一化处理。还有很多不同的方法和手段能够帮助我们解决数据处理过程中的问题，降低"坏"数据对模型的干扰。

1.5.3　特征工程

在机器学习领域，数据和特征决定了机器学习的上限，而模型和算法只能逼近这个上限，因此数据和特征是算法模型的基础。所谓特征工程，是指对处理完的数据进行特征提取，将其转换为算法模型可以使用的数据。

特征工程是指将原始数据转换为能够更好地表达问题本质的特征的过程。将这些特征应用到预测模型中，能够提高对不可见数据的模型预测精度。特征是对建模任务有用的属性，这就意味着并非所有属性都可视为特征，区分的关键是看该属性对解决问题有无影响。特征与属性的不同之处是，特征可以表达更多的与问题上下文有关的内容，且可被运算或计算。

特征工程的目的如下：从数据中抽取对预测结果有用的数据；从数据中构建对结果有用的信息；寻找更好的特征以提高算法效率；寻找更好的特征，达到选择简单模型就能取得更好拟合效果的目的。一般情况下，在数据处理过程中可以同步进行特征工程，如归一化处理。特征工程处理过程包括特征选择、特征提取和特征构造，是机器学习中的重要一环，特征的好坏直接影响最终算法的性能。同一组数据，使用相同的算法和不同的特征时，得到的结果会有很大的差别。

1.5.4 算法模型训练与评估

模型训练是指在数据准备、数据处理、特征工程之后，根据选取的算法对机器学习模型进行训练与评估。模型训练流程通常具有如下功能：在训练集上进行训练；在验证集上进行验证；模型可以保存和读取每次训练的参数，并且读取权重；记录训练集和验证集的精度，以便调整参数。在机器学习模型的训练过程中，模型只能利用训练数据进行训练，而不能接触测试集中的样本，因此模型很容易出现过拟合问题，所以需要在训练集中分割出一部分数据，构建不参与训练的验证集，用于评估模型在未知样本上的泛化能力。一般来说，机器学习模型有众多的网络结构和超参数，因此需要反复尝试，通过多次训练找到最优的网络结构和超参数配置。机器学习模型的精度与模型的复杂度、数据量、数据增广等因素直接相关，因此，当机器学习模型处于不同的阶段（欠拟合、过拟合和完美拟合）时，需要使用不同的方法和技巧来优化模型。

1.5.5 应用服务

机器学习应用服务是指模型训练完成后，如何部署机器学习、如何进行数据处理、如何输入模型和推理，以及如何快速训练模型、配置模型相关参数。模型应用可通过应用程序接口（Application Programming Interface，API）供应用层调用，应用层也可通过配置页面来配置模型的相关参数，如置信度等。为了更好地将机器学习作为服务提供给客户，一般需要设计并开发一个机器学习平台来让各个模块有机地协同，主要考虑要素包括：①模块分层。系统之间通常由来自不同团队的很多人维护，为了能够高效地迭代演进，系统之间需要保证足够的松耦合性。一个系统的内部实现机制的变化或者版本发布，都不应该对其他系统进行修改。另外，在特征处理、计算框架等部分需求比较多样化的环节，需要具有较好的可插拔能力。②代码化。复杂的业务逻辑往往需要众多系统配合，基于周期或条件判断运行。驱动这些系统的应是自动化的程序和配置，而不能仅仅是手动管理。③可观测。可观测是运维、优化和排错的基础，主要分为配置可观测和过程可观测。

1.6 机器学习的评估方法

当模型训练完成时，或者当模型进行上线前测试时，需要对模型进行跟踪与评估。机器学习的目的是使学习得到的模型能够很好地适用于新样本，即让模型具有泛化能力。然而，在训练数据上表现得很好的模型，在测试数据上不一定表现得好，原因是模型将训练数据的特有性质当作所有样本都具有的一般性质，导致泛化能力减弱，出现欠拟合问题。欠拟合常在模型学习能力较弱而数据复杂度较高的情况下出现，此时模型由于学习能力不足，无法学习到数据集中的一般规律，导致泛化能力减弱。

为了充分验证机器学习模型的性能和泛化能力，需要选择与问题相匹配的评估方法，才能发现模型选择或训练过程中的问题，进而迭代地优化模型。模型评估主要分为离线评估和在线评估。针对分类、回归、聚类等不同类型的机器学习问题，评估指标的选择是有所不同的。知道每种评估指标的精确定义，有针对性地选择合适的评估指标，根据评估指标的反馈进行模型调整，是模型评估阶段的关键问题。下面介绍机器学习评估中的数据集划分方法和性能度量方法。

1.6.1 数据集划分方法

数据集一般需要分割为训练集、测试集和验证集，划分方法如下。

1．留出法

直接将数据集 D 划分为两个互斥的集合，即预留出一部分作为测试集和验证集，其他则作为训练集。训练集、测试集和验证集的划分要尽可能地保持数据分布的一致性，避免因数据划分过程引入额外的偏差而对最终结果产生影响。

- 优点：可以保持数据分布的一致性。
- 缺点：当训练集过大而测试集和验证集较小时，评估结果缺乏稳定性；当测试集和验证集过大时，将导致与根据训练集训练出的模型差距较大，缺乏保真性。

2．交叉验证法

交叉验证（Cross Validation）法首先将数据集 D 划分为 k 个大小相似的互斥子集，然后用 $k-1$ 个子集的并集作为训练集，余下的子集作为测试集和验证集。这样，就得到 k 组训练集/测试集和验证集，进而进行 k 次训练、测试和验证，最终返回 k 个测试结果的均值。

- 优点：更稳定、更准确。
- 缺点：时间复杂度较大。

3．自助法

首先对包含 m 个样本的数据集 D 进行随机采样，构建 D'（抽取 m 次），然后每次都将抽取的数据对象放回 D，D' 则用作训练集，剩余的数据则用作测试集。某样本不被抽取的概率为

$$\lim_{m \to +\infty} \left(1 - \frac{1}{m}\right)^m \approx 0.368 \tag{1.1}$$

因此，初始样本集 D 中约有 73.2% 的样本作为训练集，36.8% 的样本作为测试集和验证集。

- 优点：适合较小且难以有效划分训练集/测试集的数据集。
- 缺点：产生的数据集会改变原始数据集的分布，会引入估计偏差。

1.6.2　性能度量

性能度量（Performance Measure）是衡量模型泛化能力的数值评价标准，反映了所求解模型的性能。使用不同的性能度量会导致不同的评价结果；模型的好坏不仅取决于算法和数据，而且取决于当前的任务需求。根据目标任务的不同，需要采用不同的性能度量。对于回归问题，性能度量方法采用均方误差，均方误差越小，模型效果越好；对于分类问题，评价分类器性能的指标一般是分类准确率（Accuracy），即对于给定的测试数据集，分类器正确分类的样本数与总样本数之比；对于二分类问题，常用的评价指标是精确率（Precision）与召回率（Recall）。通常以关注的类别为正类，其他类别为负类，分类器在测试数据集上的预测或者正确，或者不正确，四种情况出现的总数分别记为 TP（将正类别预测为正类别的数量，简称真正例）、FN（将正类别预测为负类别的数量，简称假反例）、FP（将负类别预测为正类别的数量，简称假正例）、TN（将负类别预测为负类别的数量，简称真反例），如表 1.1 所示。

表 1.1　模型预测的评价参数

真实情况	预测结果	
	正　例	反　例
正　例	TP（真正例）	FN（假反例）
反　例	FP（假正例）	TN（真反例）

精确率定义为

$$p = \frac{\text{TP}}{\text{TP} + \text{FP}} \tag{1.2}$$

召回率定义为

$$R = \frac{\text{TP}}{\text{TP} + \text{FN}} \tag{1.3}$$

此外，还有 F_1 值，它是精确率和召回率的调和均值，即

$$\frac{2}{F_1} = \frac{1}{p} + \frac{1}{R} \tag{1.4}$$

精确率和召回率都高时，F_1 值也高。

1.7　如何学习机器学习

阅读前面的内容后，相信读者愿意领略机器学习的美妙。根据笔者多年的教学经验，真正学得较好的读者都掌握了一定的学习技巧，且花了较多的时间和精力。有的读者可能会担心自己的基础薄弱，不知道从何入手。不用担心！只要多动脑、勤动手，很快就可以入门。下面提供一些有助于提升学习效率的建议。

1.7.1　由浅入深

机器学习综合了高等数学、矩阵论、概率论、统计学、计算方法、算法、编程等诸多学科的知识，大量庞杂的知识会让初学者晕头转向。此外，机器学习的本质是研究一系列算法来分析数据，而非计算机专业的读者往往不具备计算机原理、编程等相关专业的知识，直接学习晦涩难懂的抽象概念和算法程序，往往只能学到表面的知识，而很难深刻理解底层的原理，因此不会灵活运用机器学习方法去解决实际问题。针对机器学习课程的特点及读者专业的特点，本书由浅入深、循序渐进地介绍机器学习核心的思想、方法和算法，并基于 Python 应用实例首先让读者建立感性认识，在学和做的过程中不断强化理解机器学习的深度与广度。

1.7.2　行成于思

人的时间和精力是有限的，即使最终理解并掌握了这门课程，但是如果花了太多的时间，就会耽误其他课程的学习。如果为了准备数学"装备"而从指数、对数、导数、矩阵、概率和统计等一一学起，就要花费很长的时间，这是不现实的。此外，在攀登机器学习这座"高山"时，如果要理解全部方法和概念，就可能因为追寻绝佳景色的道路过于漫长而中途放弃。因此，这里建议读者首先快速建立感性认识去解决一些实际问题，并在解决问题的过程中加深对理论、算法、编程、验证等方面的理解。此外，要尽可能在掌握基本知识后开始做习题和小项目，在做的过程中去查阅资料，不断完善自己的知识。建议读者采用循环迭代的方式进行学习，不要强求自己一步就学会，而在做与学的过程中不断强化感性认识，进而牵引理论学习。

机器学习是一门实践性很强的学科，需要理论与实践相结合。学好一门知识的最好办法是使用它，因此建议读者一定要自己动手进行实际操作，尽可能将书中的代码自己实现一遍。本书自第 2 章起的各章都提供作业，此外还提供练习项目，可通过完成作业和练习项目来加深对所学知识的理解。有的读者看完数学公式后觉得自己理解了相关内容，而在编写程序时却不知道如何下手，这时编写程序就是验证自己是否真正理解相关内容的一种方法。

本书适用于希望攀登机器学习这座"高山"的读者，可以让读者在最短的时间内领略机器学习世界的绝佳景色。下面开启"机器学习"的学习旅程。

第 2 章　Python 语言

Python 是一种解释型的、高级的、通用的、面向对象的动态语言，主要特点包括：简单易用，学习成本低；拥有大量的标准库和第三方库；开源且免费使用。Python 和其他语言的不同之处是，不使用花括号等表示代码的层级关系，而使用代码缩进表示代码的层级关系。Python 最初设计用于编写自动化脚本，经过不断更新和迭代，Python 正越来越多地应用于独立的大型项目开发，并且在机器学习领域中得到了广泛和深入的应用。目前，大部分机器学习框架、库都是基于 Python 语言开发的，因此学习 Python 不仅可以帮助读者学习最新的机器学习技术，而且可为读者在各自的专业领域应用机器学习奠定编程基础。图 2.1 显示了本章配套资源的二维码。

(a)本章配套在线视频　　(b)本章配套在线讲义

图 2.1　本章配套资源的二维码

2.1　为什么选择 Python

最好的程序员不是为了得到更高的薪水或公众的仰慕而编程，他们只是觉得这是一件有趣的事情。

—— Linux 之父 Linus Torvalds

Python 的设计哲学是优雅、明确、简单，且与其他编程语言相比，初学者更容易上手。Python 的目标是提供简单且好用的解决方法，使用户能够专注于要解决的问题。其次，Python 功能强大，标准库或第三方库封装了很多功能，用户无须考虑底层的实现细节，只需调用即可。使用 Python 解决问题的特点如图 2.2 中的漫画所示。

图 2.2　漫画《口渴的 Python 开发者》形容了 Python 开发者有多么轻松（摘自 Pycot 网站）

为什么要选择学习 Python？学会后可以用来做什么？Python 能做的事情很多，能够应用到如下场景。

- 机器学习。Python 具有上手容易、易用等特点，具有丰富的机器学习框架，更多地关注网络架构和损失函数设计，底层的数值计算、优化等由机器学习库完成，因此能够快速地验证想法，提高机器学习研究、开发的速度。

- 数据分析。Python 快速开发的特性支持迅速实现验证数据处理、分析的想法，可避免开发人员将时间花费在程序编写、调试上，丰富的第三方库简单易用，能够加快开发、测试进度。
- 数据爬取。Python 可以快速处理网络数据，使用正则表达等方式迅速将网页中关注的信息解析出来，进而抓取想要的数据。
- 网站后端。使用 Python 搭建网站和后台服务时，比较容易开发和维护，且很容易添加新功能。借助功能丰富的网站框架 Django、Flask 等，可以快速搭建网站，还可以使移动端自适应。
- 自动化运维。随着集群系统的采用，人们越来越多地使用自动化手段来实现运维。Python 在系统运维方面的优势是其强大的开发能力和完整的工具链。
- 自动化测试。测试需要执行大量的重复操作和判断等，而 Python 提供了简单、易用的测试框架、工具，能够极大地加速测试的自动化。

Python 又称胶水语言，因为它能以混合编译的方式使用 C/C++/Java 等语言的库，从而弥补自身运行效率不高的问题。作为一门历史悠久的语言，Python 拥有良好的生态、较低的学习门槛、方便的开发体验，已成为大众最喜欢的语言之一。

本书中的示例程序由 Python 及第三方库实现。为了方便后面的学习，下面简要介绍 Python 语言的基础和特点。

2.2　安装 Python 的环境

由于 Python 的库较多，且依赖关系比较复杂，Python 一般通过包管理系统来管理计算机中安装的 Python 软件包。目前，主要的包管理系统有 pip 和 Anaconda。为了让初学者快速地使用 Python，本书主要以 Anaconda 为例介绍如何安装。

注意：本书的安装说明中有较多的细节，可能与读者的系统不适配，因此可能会遇到问题。遇到问题时，请通过搜索引擎查找解决办法，以提高自己解决问题的能力。

2.2.1　Windows 下的安装

Anaconda 集成了大部分 Python 软件包，因此使用方便。由于跨境网络的下载速度较慢，推荐使用镜像来提高下载速度。

（1）在镜像网站①上找到适合自己的安装文件，然后下载。例如，

　　　https://mirrors.bfsu.edu.cn/anaconda/archive/Anaconda3-2020.11-Windows-x86_64.exe

（2）按照安装提示与说明，安装 Anaconda。

2.2.2　Linux 下的安装

通过网站下载并安装最新的 Anaconda 安装文件，如代码 2.1 所示。

代码 2.1　下载与安装 Anaconda

```
01: # 下载
02: wget https://mirrors.bfsu.edu.cn/anaconda/archive/Anaconda3-2020.11-Linux-x86_64.sh
03:
04: # 安装
05: bash ./Anaconda3-2020.11-Linux-x86_64.sh
```

---

① https://mirrors.bfsu.edu.cn/anaconda/archive/。

按照提示逐步操作，完成安装。

注意：在安装过程中需要选择自动加入环境变量的选项。安装完成后要先关闭终端，然后打开终端即可使用。

2.2.3　设置软件源

1. 设置 Conda 软件源

参考 Conda 安装和软件源的设置说明[①]。在各种操作系统下都可修改用户目录下的.condarc 文件。Windows 用户无法直接创建名为.condarc 的文件，可执行 conda config –set show_channel_urls yes 生成该文件后再行修改。

打开文件编辑器，编辑 "~/.condarc"。例如，在 Linux 中，可在终端执行 "gedit ~/.condarc"，然后将下面的内容复制到该文件中，具体如代码 2.2 所示。

代码 2.2　.condarc 配置

```
01: channels:
02:    - defaults
03: show_channel_urls: true
04: default_channels:
05:    - https://mirrors.bfsu.edu.cn/anaconda/pkgs/main
06:    - https://mirrors.bfsu.edu.cn/anaconda/pkgs/r
07:    - https://mirrors.bfsu.edu.cn/anaconda/pkgs/msys2
08: custom_channels:
09:    conda-forge: https://mirrors.bfsu.edu.cn/anaconda/cloud
10:    msys2: https://mirrors.bfsu.edu.cn/anaconda/cloud
11:    bioconda: https://mirrors.bfsu.edu.cn/anaconda/cloud
12:    menpo: https://mirrors.bfsu.edu.cn/anaconda/cloud
13:    pytorch: https://mirrors.bfsu.edu.cn/anaconda/cloud
14:    pytorch-lts: https://mirrors.bfsu.edu.cn/anaconda/cloud
15:    simpleitk: https://mirrors.bfsu.edu.cn/anaconda/cloud
```

2. 设置 pip 源

继续输入如下命令设置 pip 源，如代码 2.3 所示。

代码 2.3　设置 pip 源

```
01: pip config set global.index-url 'https://mirrors.ustc.edu.cn/pypi/web/simple'
```

2.2.4　安装常用 Python 库

打开 Conda 的命令行程序，输入下面的命令，如代码 2.4 所示。

代码 2.4　安装软件

```
01: conda install jupyter scipy numpy sympy matplotlib pandas scikit-learn
```

2.2.5　安装 PyTorch

打开 Conda 的命令行程序，输入下面的命令，如代码 2.5 所示。

---

① https://mirrors.bfsu.edu.cn/help/anaconda。

代码 2.5　安装 torchvision 软件

```
01: conda install pytorch -c pytorch
02: pip3 install torchvision
```

2.2.6　Conda 使用技巧

1. 创建新的虚拟运行环境

使用如下命令生成一个新环境，如代码 2.6 所示。

代码 2.6　生成一个新环境

```
01: conda create -n <your_env>
```

注意：上面的<your_env>要替换成读者期望的虚拟环境名。

2. 激活虚拟运行环境

激活一个虚拟环境，如代码 2.7 所示。

代码 2.7　激活虚拟环境

```
01: conda activate <your_env>
```

3. Conda 常用命令

Conda 常用命令如代码 2.8 所示。

代码 2.8　Conda 常用命令

```
01: # 帮助命令
02: conda -h
03: conda help
04:
05: # 退出当前环境
06: conda deactivate
07:
08: # 查看基本信息
09: conda info
10: conda info -h
11:
12: # 查看当前存在环境
13: conda env list
14: conda info --envs
15:
16: # 删除环境
17: conda remove -n your_env --all
```

更多技巧请查阅网络上的资源[①]。

2.3　Jupyter Notebook

本书配套的示例程序是使用 Jupyter Notebook 编写的。使用 Jupyter Notebook，可以方便地将理

---

① https://blog.csdn.net/marsjhao/article/details/62884246。

论、公式、程序、数据可视化等集成在多媒体页面上，方便读者阅读和学习，具体特点如下。

- 编程时具有语法高亮、缩进、制表位补全功能。
- 可直接通过浏览器运行代码，同时在代码块下方显示运行结果。
- 以富媒体格式显示计算结果。富媒体格式包括 HTML、LaTeX、PNG、SVG 等；对代码编写说明文档或语句时，支持 Markdown 语法。
- 支持使用 LaTeX 编写数学性说明。

安装 Jupyter Notebook 最简单的方法是使用 Anaconda，其发行版中附带有 Jupyter Notebook。要在 Conda 环境下安装 Jupyter Notebook，可在终端输入命令 conda install jupyter，也可以通过 pip 来安装：pip install jupyter。安装后，就可在终端输入以下命令启动，如代码 2.9 所示。

代码 2.9　启动 Jupyter Notebook

```
01: # jupyter notebook
```

执行命令后，终端中将显示一系列 Jupyter Notebook 的服务器信息，同时浏览器自动启动 Jupyter Notebook。在启动过程中，终端显示的内容如代码 2.10 所示。

代码 2.10　启动时终端显示的内容

```
01: jupyter notebook
02: [I 08:58:24.417 NotebookApp] Serving notebooks from local directory:/Users/catherine
03: [I 08:58:24.417 NotebookApp] 0 active kernels
04: [I 08:58:24.417 NotebookApp] The Jupyter Notebook is running at: http://localhost:8888/
05: [I 08:58:24.417 NotebookApp] Use Control-C to stop this server and shut down all kernels
    (twice to skip confirmation).
```

Jupyter Notebook 会在当前计算机的 8888 端口打开一个服务，通过访问 http://localhost: 8888 即可进入 Jupyter Notebook 的界面，其中 localhost 指的是本机，8888 指的是端口号。要想自定义端口号来启动 Jupyter Notebook，可在终端输入以下命令，如代码 2.11 所示。

代码 2.11　自定义端口号启动 Jupyter Notebook

```
01: # jupyter notebook --port <port_number>
```

其中，<port_number>是自定义端口号。

注意：使用 Jupyter Notebook 进行编写操作时，不要关闭终端。一旦关闭终端，就会断开与本地服务的连接，导致在 Jupyter Notebook 中无法进行其他操作。

2.3.1　Jupyter Notebook 的主页面

执行启动命令后，浏览器进入 Jupyter Notebook 的主页面，如图 2.3 所示。

打开 Jupyter Notebook 后，默认目录是执行命令时所在的目录。要想在指定目录下使用 Jupyter Notebook，只需事先使用切换目录命令（如 cd）切换到目标路径。要想新建一个 Jupyter Notebook，只需单击 New 按钮，然后选择想要新建的 Python 版本。新建一个标签页后，可以看到 Jupyter Notebook 界面，当前界面是空白的，如图 2.4 所示。

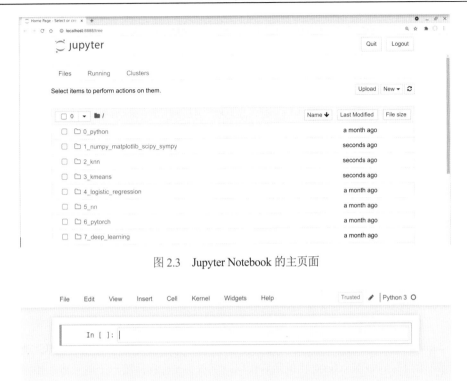

图 2.3　Jupyter Notebook 的主页面

图 2.4　Jupyter Notebook 界面

Jupyter Notebook 界面由以下部分组成。

- Jupyter Notebook 的名称。默认为 Untitiled，也可通过单击重命名。
- 主工具栏。提供保存、导出、重载 Jupyter Notebook 以及重启内核等选项。
- 能够实现代码单元格的复制、粘贴、剪切、上下移动等。
- Jupyter Notebook 的主要区域。包含了内容编辑区。

工具栏的功能较为常规，结合图标就可快速探索 Jupyter Notebook 的功能，这里不再赘述。要详细了解 Jupyter Notebook 或一些库的具体内容，可以使用菜单栏右侧的 Help 菜单。

Jupyter Notebook 的内容编辑区由一个个称为单元格的部分组成，每个单元格可以有不同的用途，最常用的两种单元格是代码单元格和 Markdown 单元格。

在代码单元格中可以输入任意代码并执行。例如，输入"1+2"并按组合键 Shift + Enter，就会执行单元格中的代码，并将光标移到一个新单元格中，结果如图 2.5 所示。

图 2.5　输入代码，并按组合键 Shift + Enter 执行计算，新生成一个单元格；按组合
　　　　键 Ctrl + Enter 执行计算，光标仍然停留在当前单元格中

根据边框线的颜色，可以轻松地识别当前工作的单元格。接着，在第二个单元格中输入其他代码，如代码 2.12 所示。

代码 2.12　在单元格中输入代码

```
01: for i in range(3):
02:     print(i,end=" ")
```

对上面的代码求值，得到图 2.6 所示的结果。

图 2.6　代码求值结果

另外，Jupyter Notebook 有一个非常有趣的特性，即可以修改之前的单元格，对其重新进行计算，而不需要重新运行 Jupyter Notebook 内的所有代码。试着将光标移回第一个单元格，并将"1+2"修改为"2+3"，然后按组合键 Shift + Enter 重新计算该单元格，结果马上就更新成"5"。如果不想重新运行整个脚本，而只想用不同的参数测试某个程序，那么这个特性尤为方便。然而，也可重新计算整个 Jupyter Notebook，方法是选择菜单项 Cell → Run all。

前面介绍了如何输入代码。Jupyter Notebook 的强大之处是不仅能运行代码，而且可为代码加一些笔记或注释。为此，需要使用其他类型的单元格，即 Markdown 单元格。

选中第一个单元格，单击下拉框，然后选择 Markdown，该单元格就变成一个 Markdown 单元格，如图 2.7 所示。该单元格的语法遵循 Markdown 语法，支持输入公式、加入链接、将文本样式设为粗体或斜体、设置代码格式等。像代码单元格一样，按组合键 Shift + Enter 或 Ctrl + Enter 可以运行 Markdown 单元格，将 Markdown 显示为格式化文本。

Markdown cell

图 2.7　Markdown 单元格

Markdown 的详细介绍请参阅其他资料[①]，这里不做过多的介绍。

2.3.2　Jupyter Notebook 的快捷键

Jupyter Notebook 自带一组快捷键，能快速使用键盘与单元格交互，而无须使用鼠标和工具栏。熟悉这些快捷键需要花一些时间，但是熟练掌握后，将大大加快在 Jupyter Notebook 中编写代码和文档的速度。这里不详细介绍所有的快捷键，读者可在单元格呈蓝色（切换方式是单击单元格外的任何位置）时按"h"键查看，详细快捷键如图 2.8 所示。

---

① Markdown 中文网http://markdown.p2hp.com/。

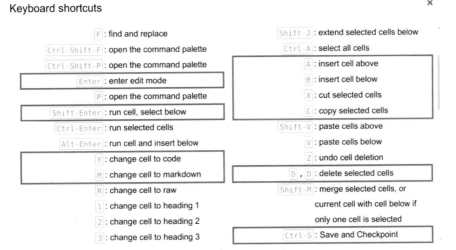

图 2.8　Jupyter Notebook 的快捷键，红框中的是常用快捷键

2.3.3　Magic 关键字

Magic 关键字是 Jupyter Notebook 的一些高级用法，可以运行特殊的命令，或者控制 Jupyter Notebook。例如，在 Jupyter Notebook 中可用%matplotlib 将 matplotlib 设置为以交互方式工作。

Magic 命令的前面有一个或两个百分号（%或%%），分别代表行 Magic 命令和单元格 Magic 命令。行 Magic 命令仅用于编写 Magic 命令时所在的行，单元格 Magic 命令则用于整个单元格。

例如，要测算整个单元格的运行时间，可以使用%%time，如图 2.9 所示。

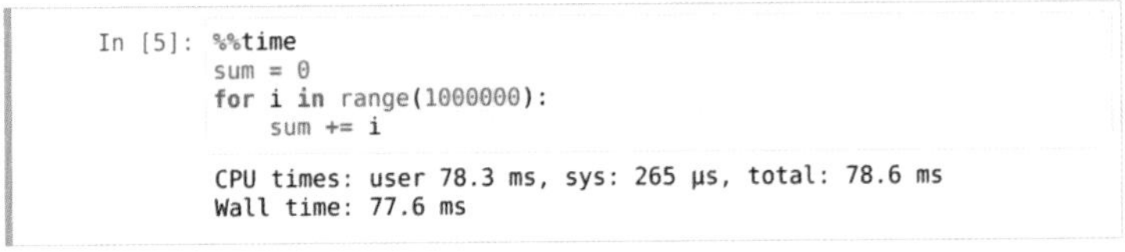

```
In [5]: %%time
        sum = 0
        for i in range(1000000):
            sum += i

CPU times: user 78.3 ms, sys: 265 µs, total: 78.6 ms
Wall time: 77.6 ms
```

图 2.9　Jupyter Notebook 中的记时功能

当然，还有很多 Magic 关键字可供使用，使用%lsmagic 可以查看所有的 Magic 命令。

2.4　Python 基础

开始 Python 的第一步是打开 Python 的交互界面，可以选择 python 或 ipython。打开 Python 后，开始编写第一个程序"Hello World!"，在 Python 交互界面输入代码，如代码 2.13 所示。

代码 2.13　第一个程序
```
01: print("Hello World!")
```

输出为

```
Hello World!
```

Python 的强大功能不仅体现为 Python 语言本身，而且体现为拥有大量优质的第三方库。下面演示如何加载第三方库，如代码 2.14 所示。

代码 2.14　加载第三方库

```
01: import this
```

上面用 `import` 指令加载一个第三方库后，窗口输出由 Tim Peters 编写的"Python 之禅"，它详细介绍了 Python 的编程哲学，如图 2.10 所示。

```
The Zen of Python, by Tim Peters

Beautiful is better than ugly.
Explicit is better than implicit.
Simple is better than complex.
Complex is better than complicated.
Flat is better than nested.
Sparse is better than dense.
Readability counts.
Special cases aren't special enough to break the rules.
Although practicality beats purity.
Errors should never pass silently.
Unless explicitly silenced.
In the face of ambiguity, refuse the temptation to guess.
There should be one-- and preferably only one --obvious way to do it.
Although that way may not be obvious at first unless you're Dutch.
Now is better than never.
Although never is often better than *right* now.
If the implementation is hard to explain, it's a bad idea.
If the implementation is easy to explain, it may be a good idea.
Namespaces are one honking great idea -- let's do more of those!
```

图 2.10　英文版"Python 之禅"

Python 之禅的中文版如图 2.11 所示。

```
优美胜于丑陋（Python 以编写优美的代码为目标）。
明了胜于晦涩（优美的代码应当是明了的，命名规范，网格相似）。
简洁胜于复杂（优美的代码应当是简洁的，不要有复杂的内部实现）。
复杂胜于凌乱（如果复杂不可避免，那么代码间也不能有难懂的关系，要保持接口简洁）。
扁平胜于嵌套（优美的代码应当是扁平的，不能有太多的嵌套）。
间隔胜于紧凑（优美的代码有适当的间隔，不要奢望一行代码解决问题）。
可读性很重要（优美的代码是可读的）。
即便假借特例的实用性之名，也不可违背这些规则（这些规则至高无上）。
不要包容所有错误，除非你确定需要这样做（精准地捕获异常，不写 except: pass 网格的代码）。
当存在多种可能时，不要尝试去猜测，而要尽量找一种，最好是唯一一种明显的解决方案（如果不确定，就用穷举法）。
虽然这并不容易，因为你不是 Python 之父（这里的 Dutch 是指 Guido）。
做也许好过不做，但不假思索就动手还不如不做（动手之前要细思量）。
如果你无法向人描述你的方案，那么肯定不是一个好方案，反之亦然（方案测评标准）。
命名空间是种绝妙的理论，我们应当多加利用（倡导与号召）。
```

图 2.11　中文版"Python 之禅"

2.4.1　变量

用于表示某个对象或值的名称称为*变量*。在 Python 中，可用如下方式声明变量并为其赋值，如代码 2.15 所示。

代码 2.15　变量声明与赋值

```
01: x = 2
02: y = 5
03: xy = 'Hey'
04: print(x+y, xy)
```

输出为

```
7 Hey
```

注意：Python 中的变量赋值不需要类型声明，因为 Python 是弱类型语言，同类语言还有 JavaScript、PHP 等。弱类型语言的特点如下：①变量无须声明就可直接赋值，对于一个不存在的变量赋值相当于定义一个新变量；②变量类型可随时改变，一个变量可以赋值为整数，然后赋值为字符串等。

2.4.2　运算符

1．算术运算符

算术运算符即数学运算符，用来对数字进行数学运算，如加、减、乘、除。Python 的算术运算符和其他语言的类似，表 2.1 中小结了 Python 中的基本运算符。

代码 2.16 演示了基本的运算。

代码 2.16　基本的运算

```
01: 1+2
02: 2-1
03: 1*2
04: 1/2
```

表 2.1　Python 中的基本运算符

符　号	运　算
+	加法
−	减法
/	除法
%	取余
*	乘法
//	整数除法
**	幂

输出为

```
3
1
2
0.5
```

注意：Python 3 之后的版本自动地将整数除法转换为浮点数除法，因此 1/2 的结果是 0.5，以与普通数学计算的结果一致。不过，为了程序的可读性，做除法运算时最好还是显式地写为浮点数，如 1.0/2。

除法和取余运算符示例如代码 2.17 所示。

代码 2.17　除法和取余运算符示例

```
01: 1.0/2
02: 1/2.0
03: 15%10
```

输出为

```
0.5
0.5
5
```

地板除法（Floor Divide）是指舍去结果的小数部分的除法，如代码 2.18 所示。

代码 2.18　地板除法

```
01: 2.8//2.0
```

输出为

```
1.0
```

2．关系运算符

关系运算符也称比较运算符，用于对常量、变量或表达式的结果进行大小比较。当这种比较成立时，返回 True（真），否则返回 False（假）。表 2.2 中小结了 Python 的关系运算符。

表 2.2　Python 的关系运算符

符　　号	运　　算
==	是否相等，相等返回 True
!=	是否不等，不等返回 True
<	是否小于
>	是否大于
<=	小于或等于
>=	大于或等于

赋值和关系运算符示例如代码 2.19 所示。

代码 2.19　赋值和关系运算符示例

```
01: z=1
02: z==1
```

输出为

```
True
```

下面使用大于运算符进行测试，如代码 2.20 所示。

代码 2.20　大于运算符

```
01: z > 1
```

输出为

```
False
```

2.4.3　内置函数

函数能提高应用的模块性和代码的重复利用率。Python 提供了许多内置函数，下面介绍几个常用的内置函数。

1．range()函数

range()函数输出指定范围内的整数，是 Python 中的常用函数之一。它还可通过指定特定范围内的两个数字之差来生成一个序列，元素以迭代容器的形式返回，如代码 2.21 所示[①]。

代码 2.21　range()函数

```
01: print(list(range(3)))
02: print(list(range(2,9)))
03: print(list(range(2,27,8)))
```

输出为

```
[0, 1, 2]
[2, 3, 4, 5, 6, 7, 8]
[2, 10, 18, 26]
```

2．int()函数

int()函数将字符串或浮点数转换为整数。它有两个参数输入，一个是不同数字系统中的值，另一个是它的基数，如代码 2.22 所示。

代码 2.22　int()函数

```
01: print(int('010',8))
02: print(int('0xaa',16))
03: print(int('1010',2))
```

---

① 为了可视化迭代容器，此处使用 list()将迭代容器转换成列表进行打印。

输出为

```
8
170
10
```

类似的函数还有用于转换为二进制数的 bin()、用于转换为浮点数的 float()、返回值是当前整数对应的 ASCII 字符的 chr()、用于获得字符的 ASCII 值的 ord()。

3. round()函数

round()函数将输入值四舍五入为指定的位数和最接近的整数,如代码 2.23 所示。

代码 2.23　round()函数

```
01: print(round(5.6231))
02: print(round(4.55892, 2)) # 四舍五入到小数点后的第二位
```

输出为

```
6
4.56
```

4. type()函数与 isinstance()函数

由于 Python 是脚本语言,变量的类型不需要事先定义,所以有时候需要判断变量的类型,这就要用到类型判断函数 type(),该函数返回给定变量的类型。另外一个判断类型的函数是 isinstance(),它判断给定的变量是否是给定的类型,若是,则返回 True;这个函数还可同时检查多个类型。如代码 2.24 所示。

代码 2.24　type()函数和 isinstance()函数

```
01: print(type(1))
02: print(isinstance(1, int))
03: print(isinstance(1.0,int))
04: print(isinstance(1.0,(int,float)))
```

表 2.3　Python 的常用类型

类型名字	解　　释
int	整数类型
float	浮点数类型
str	字符串类型
list	列表类型
tuple	元组类型
dict	字典类型
set	集合类型

输出为

```
<class 'int'>
True
False
True
```

Python 的常用类型如表 2.3 所示。

2.5　print()函数

print()是 Python 的内置函数,主要用于打印变量的值,是 Python 编程时常用的函数,基本的用法如代码 2.25 所示。

代码 2.25　print()函数

```
01: print("Hello  World")
02: print("Hello",  "World")
03: print("Hello" + "World")
04: print("Hello %s" % "World")
```

输出为

```
Hello World
```

```
HelloWorld
HelloWorld
Hello World
```

在 Python 中，单引号（'）、双引号（"）和三引号（''' 或 """）用于表示字符串。大部分单引号用于声明一个字符。声明一行时使用双引号；声明段落/多行字符串时使用三引号，如代码 2.26 所示。

代码 2.26　print()函数输出多行字符串
```
01: print("""My name is Jack
02:
03: I love Python.""")
```

输出为
```
My name is Jack

I love Python.
```

打印字符串中的 "%s" 用于引用包含字符串的变量，如代码 2.27 所示。

代码 2.27　%s 的用法
```
01: string1 = "World"
02: print("Hello  %s"  %  string1)
```

输出为
```
Hello World
```

这里的用法和 C 语言中是一样的。字符串中的控制符如表 2.4 所示，一些示例如代码 2.28 所示。

表 2.4　字符串中的控制符

符　号	运　　算
%s	字符串
%d	整数
%f	浮点数
%o	八进制数
%x	十六进制数
%e	科学计数

代码 2.28　print()函数示例
```
01: print("Actual Number = %d" % 18)
02: print("Float of the number = %f" % 18)
03: print("Octal equivalent of the number = %o" % 18)
04: print("Hexadecimal equivalent of the number = %x" % 18)
05: print("Exponential equivalent of the number = %e" % 18)
```

输出为
```
Actual Number = 18
Float of the number = 18.000000
Octal equivalent of the number = 22
Hexadecimal equivalent of the number = 12
Exponential equivalent of the number = 1.800000e+01
```

引用多个变量时，要使用圆括号括起多个变量，将多个变量转换为一个元组，如代码 2.29 所示。

代码 2.29　引用多个变量
```
01: print("Hello %s %s" % ("World", "!"))
```

输出为
```
Hello World !
```

2.6　数据结构

数据结构是计算机存储、组织数据的方式，即相互之间存在一种或多种特定关系的数据元素的集合。Python 在其标准库中提供了大量的数据结构，使用内置的几种数据结构可以方便、快捷地完成复杂程序的编写。

2.6.1　列表

列表是最常用的数据结构之一，可视为用方括号括起来的数据序列，数据之间用逗号分隔，并且这些数据都可通过其索引值来访问。

声明列表时，只需将变量等同于[]或 list，如代码 2.30 所示。

代码 2.30　声明列表
```
01: a = []
02: print(type(a))
```

输出为

```
<class 'list'>
```

可以直接将数据序列分配给列表 x，如代码 2.31 所示。

代码 2.31　列表初始化
```
01: x = ['apple', 'orange', 'peach']
02: print(x)
```

输出为

```
['apple', 'orange', 'peach']
```

1. 索引

在 Python 中，索引从 0 开始编号。在前面包含三个元素的列表 x 中，apple 的索引值为 0，orange 的索引值为 1。访问索引的用法如代码 2.32 所示。

代码 2.32　访问索引
```
01: print(x[0])
```

输出为

```
'apple'
```

索引也可反序访问，最后一个被访问的元素的索引值从 –1 开始。因此，索引值 –1 对应 peach，索引值 –2 对应 apple，如代码 2.33 所示。

代码 2.33　反序访问索引
```
01: x[-1]
```

输出为

```
'peach'
```

对于上例，有 x[0]=x[-2] 和 x[1]=x[-1]，这个概念可以扩展到包含更多元素的列表。

下面再定义一个列表，如代码 2.34 所示。

代码 2.34　定义列表
```
01: y = ['carrot', 'potato']
```

这里声明了两个列表 x 和 y，每个列表都含有自己的数据。现在，这两个列表可再次放入另一个列表 z 中，列表 z 称为嵌套列表。这是与很多其他计算机语言不同的地方，即不要求列表的元素是相同类型的，因此编程时非常方便，而这也是 Python 对人友好的原因之一。下面给出一个示例，如代码 2.35 所示。

代码 2.35 生成列表索引

```
01: z = [x, y, 'Test']
02: print(z)
03: print(z[0][1])
```

输出为

```
[['apple', 'orange', 'peach'], ['carrot', 'potato'], 'Test']
'orange'
```

在 Python 中，还可通过并排书写索引值来访问'orange'，如代码 2.36 所示。

代码 2.36 列表索引访问

```
01: z[0][0]
02: 'apple'
```

如果列表中有另一个列表，就可通过执行 z[][] 来访问最里面的值。

2. 切片

索引只限于访问单个元素，切片则访问列表内的一系列数据，即切片返回一个子列表。

切片是通过定义切片列表内需要的父列表中的第一个元素和结束元素的索引值来完成的，写为"父列表[a:b]"，其中 a 和 b 是父列表的索引值，a 定义返回的第一个元素的下标，而 b 则表示结束元素的下标[①]。当索引值 a 未定义时，就默认为列表中的第一个值；当 b 未定义时，就默认返回直到列表中的最后一个值。切片访问如代码 2.37 所示。

代码 2.37 切片访问

```
01: num = [0,1,2,3,4,5,6,7,8,9]
02: print(num[1:4])
03: print(num[0:4])
04: print(num[4:])
05: print(num[0:])
06: print(num[:])
07: print(num)
```

输出为

```
[1, 2, 3]
[0, 1, 2, 3]
[4, 5, 6, 7, 8, 9]
[0, 1, 2, 3, 4, 5, 6, 7, 8, 9]
[0, 1, 2, 3, 4, 5, 6, 7, 8, 9]
[0, 1, 2, 3, 4, 5, 6, 7, 8, 9]
```

还可指定相隔的固定长度（即步长）对父列表进行切片，如代码 2.38 所示。

代码 2.38 列表切片

```
01: num[:9:3]
```

输出为

```
[0, 3, 6]
```

3. 列表的内置函数

1）len() 函数

要求出列表的长度或者列表中元素的数量，可以使用 len() 函数，如代码 2.39 所示。

---

① 结束元素是指返回元素的后一个数据，也就是不返回索引值 b 所对应的元素

代码 2.39　len() 函数
```
01: len(num)
```
输出为
```
10
```

2）min() 函数和 max() 函数

若列表元素均为整数，则 min() 和 max() 分别返回列表中的最大值和最小值，如代码 2.40 所示。

代码 2.4　min() 函数和 max() 函数
```
01: num = [0,1,2,3,4,5,6,7,8,9]
02: min(num)
03: max(num)
```
输出为
```
0
9
```

在以字符串为元素的列表中，也可使用 max() 和 min() 函数，max() 返回 ASCII 码值最大的元素，min() 返回 ASCII 码值最小的元素。

注意：每次只考虑每个元素的第一个索引，当它们的值相同时才考虑第二个索引，以此类推。

对于字符串列表，min() 函数和 max() 函数的用法示例如代码 2.41 所示。

代码 2.4　字符串列表的 min() 和 max() 函数
```
01: mlist = ['bzaa','ds','nc','az','z','klm']
02: print(max(mlist))
03: print(min(mlist))
```
输出为
```
z
az
```
这里考虑的是每个元素的第一个索引，z 有最大的 ASCII 码值，因此被返回，最小的 ASCII 码值是 az。然而，如果数字被声明为字符串呢？下面给出示例，如代码 2.42 所示。

代码 2.42　字符串列表的 min() 和 max() 函数
```
01: nlist = ['1','94','93','1000']
02: print(max(nlist))
03: print(min(nlist))
```
输出为
```
94
1
```

即使数字是在字符串中声明的，也考虑每个元素的第一个索引，且相应地返回最大值和最小值。

前面是根据列表中元素的值进行判断的，要找到字符串长度最大的字符串元素，就要在 max() 和 min() 函数中声明参数'key=len'，示例如代码 2.43 所示。

代码 2.43　声明参数

```
01: names = ['Earth','Jet','Air','Fire','Water']
02: print(max(names, key=len))
03: print(min(names, key=len))
```

输出为

```
Earth
Jet
```

注意，即使 Water 与 Earth 的长度相同，max()函数也只返回 Earth，因为当两个或多个元素的长度相同时，max()函数和 min()函数返回第一个元素。

注意：也可使用任何其他内建函数或后面介绍的 lambda 函数来代替 len。

3）列表连接

列表可以使用 "+" 连接起来，连接后的列表包含所添加列表中的所有元素，如代码 2.44 所示。

代码 2.44　列表连接

```
01: print([1,2,3] + [5,4,7])
```

输出为

```
[1, 2, 3, 5, 4, 7]
```

4）in

在 Python 中编程时，常要检查列表中是否存在特定的元素，如代码 2.45 所示。

代码 2.45　判断元素是否在列表中

```
01: names = ['Earth','Air','Fire','Water']
```

上述代码检查 Fire 和 Rajath 是否出现在列表中。传统方法是用 for 循环遍历列表并用 if 语句进行判断，但在 Python 中可以使用"a in b"的方法，即如果 a 在 b 中出现，则返回 True，否则返回 False，如代码 2.46 所示。

代码 2.46　判断元素是否在列表中

```
01: 'Fir' in names
02: 'Fire' in names
03: 'fire' in names
04: 'Rajath' in names
```

输出为

```
False
True
False
False
```

5）list()函数

使用 list()函数可将字符串转换为列表，如代码 2.47 所示。

代码 2.47　类型转换

```
01: list('hello')
```

输出为

```
['h', 'e', 'l', 'l', 'o']
```

6）append()函数

append()函数在列表的最后添加一个元素，如代码 2.48 所示。

代码 2.48　在列表中添加元素

```
01: lst = [1,1,4,8,7]
02: lst.append(1)
03: print(lst)
```

输出为

```
[1, 1, 4, 8, 7, 1]
```

append()函数还可用于在末尾添加列表，观察发现得到的列表是嵌套列表，如代码 2.49 所示。

代码 2.49　在列表中添加列表

```
01: lst1 = [5,4,2,8]
02: lst.append(lst1)
03: print(lst)
```

输出为

```
[1, 1, 4, 8, 7, 1, [5, 4, 2, 8]]
```

7）count()函数

count()函数用于计算列表中特定元素的数量，如代码 2.50 所示。

代码 2.50　计算列表中特定元素的数量

```
01: lst.count(1)
```

输出为

```
3
```

8）extend()函数

如果有第二个列表，希望将它加入第一个列表，但不希望第二个列表作为整体嵌入第一个列表，而只将第二个列表中的元素放入第一个列表的末尾，则可以使用 extend()函数，如代码 2.51 所示。

代码 2.51　列表扩展

```
01: # 将 lst1 中的元素扩展到 lst 中
02: lst.extend(lst1)
03: print(lst)
```

输出为

```
[1, 1, 4, 8, 7, [5, 4, 2, 8], 5, 4, 2, 8]
```

9）insert(x,y)函数

insert(x,y)函数在指定的索引值 x 处插入元素 y。相反，append()函数只将元素插入列表的最后，如代码 2.52 所示。

代码 2.52　插入元素

```
01: lst.insert(5, 'name')
02: print(lst)
```

输出为

```
[1, 1, 4, 8, 7, 'name', 1, [5, 4, 2, 8], 5, 4, 2, 8]
```

insert(x,y)函数插入但不替换元素。要替换某个元素，只需将值赋给特定的索引，如代码 2.53 所示。

代码 2.53　列表中元素的赋值
```
01: lst[5] = 'Python'
02: print(lst)
```

输出为

```
[1, 1, 4, 8, 7, 'Python', 1, [5, 4, 2, 8], 5, 4, 2, 8]
```

10）pop()函数

pop()函数返回列表中的最后一个元素，并在列表中"删除"它，类似于堆栈操作。因此，列表可作为堆栈使用，如代码 2.54 所示。

代码 2.54　弹出元素
```
01: lst.pop()
02: print(lst)
```

输出为

```
[1, 1, 4, 8, 7, 'Python', 1, [5, 4, 2, 8], 5, 4, 2]
```

该函数也可通过给定索引值来弹出与该索引值对应的元素，如代码 2.55 所示。

代码 2.55　给定索引值弹出元素
```
01: print(lst.pop(2))
02: print(lst)
03: print(lst)
04: print(lst.pop(-2))
```

输出为

```
4
[1, 1, 8, 7, 'Python', 1, [5, 4, 2, 8], 5, 4, 2]
4
[1, 1, 8, 7, 'Python', 1, [5, 4, 2, 8], 5, 2]
```

11）remove()函数

除了 pop()函数根据索引值删除对应的元素，还可使用 remove()函数指定元素本身来删除元素，如代码 2.56 所示。

代码 2.56　列表删除元素
```
01: lst.remove('Python')
02: print(lst)
```

输出为

```
[1, 1, 8, 7, 1, [5, 4, 2, 8], 5, 2]
```

12）del

del 使用索引值删除特定的元素，可以代替 remove()函数，如代码 2.57 所示。

代码 2.57　使用 del 删除元素

```
01: print(lst)
02: del lst[5]
03: print(lst)
```

输出为

```
[1, 1, 8, 7, 1, [5, 4, 2, 8], 5, 2]
[1, 1, 8, 7, 1, 5, 2]
```

13）sort() 函数

Python 提供内置函数 sort() 按升序排列元素，如代码 2.58 所示。

代码 2.58　列表排序

```
01: lst = [1, 4, 8, 8, 10]
02: lst.sort()
03: print(lst)
```

输出为

```
[1, 4, 8, 8, 10]
```

sort() 函数有一个默认的参数 reverse = False，表示按升序排序。要降序排序，可将这个默认参数设置为 reverse = True。例如，对于包含字符串元素的列表，sort() 根据它们的 ASCII 码值以升序方式排序，而通过设置 reverse = True 以降序方式排列。

如果要根据长度排序，就应该如代码 2.59 所示的那样设置参数 key=len。

代码 2.59　根据长度排序

```
01: names.sort(key=len)
02: print(names)
03: names.sort(key=len,reverse=True)
04: print(names)
```

输出为

```
['peach', 'apple', 'orange']
['orange', 'peach', 'apple']
```

4．复制列表

大多数人开始学习 Python 时都会犯一个错误——难以区分对象的赋值和复制。考虑代码 2.60 所示的例子。

代码 2.60　列表复制

```
01: lista = [2,1,4,3]
02. listb = lista
03: print(listb)
```

输出为

```
[2, 1, 4, 3]
```

首先声明了一个列表 lista=[2,1,4,3]，并将该列表赋值给 listb。下面对 lista 执行一些操作，如代码 2.61 所示。

代码 2.61　列表操作

```
01: lista.pop()
```

```
02: print(lista)
03: lista.append(9)
04: print(lista)
05: print(listb)
```

输出为

```
[2, 1, 4]
[2, 1, 4, 9]
[2, 1, 4, 9]
```

虽然没有对 listb 执行任何操作，但它发生了变化，因为 lista、listb 指向相同的内存空间。如果要求 listb 是一个独立的列表，那么应该如何解决这个问题呢？

在切片中，"父列表[a:b]"从父列表中返回一个起始索引为 a、结束索引为 b 的列表，未提及 a 和 b 时，默认将第一个元素和最后一个元素赋给 lista 和 listb。因此，一种方法是通过切片生成一个新的列表并赋值给 listb，如代码 2.62 所示。

代码 2.62　复制列表

```
01: lista = [2,1,4,3]
02: listb = lista[:]
03: print(listb)
04: lista.pop()
05: print(lista)
06: lista.append(9)
07: print(lista)
08: print(listb)
```

输出为

```
[2, 1, 4, 3]
[2, 1, 4]
[2, 1, 4, 9]
[2, 1, 4, 3]
```

注意：为了使通用性更好，可以使用 Python 库 copy 中的 deepcopy()函数实现列表的复制。

2.6.2　元组

元组与列表相似，唯一的区别是列表中的元素可以更改，而元组中的元素不能更改。为了更好地理解这一点，回顾 divmod()函数，如代码 2.63 所示。

代码 2.63　元组示例

```
01: xyz = divmod(10,3)
02: print(xyz)
03: print(type(xyz))
04: xyz[0]=10
```

输出为

```
(3, 1)
<class 'tuple'>
TypeError: 'tuple' object does not support item assignment
```

10 除以 3 的商是 3，余数是 1，作为结果，这些值不能改变。因此，divmod()函数以元组形式返回这些值，而最后一步报错，因为元组中的元素不能更改。

要定义元组，可将一个变量写入()或 tuple()，如代码 2.64 所示。

代码 2.64　定义元组

```
01: tup = ()
02: tup2 = tuple()
```

要直接声明元组，可在数据末尾使用逗号，如代码 2.65 所示。

代码 2.65　直接声明元组

```
01: 27,
```

输出为

```
(27,)
```

声明元组时，可以赋值，它接受列表作为输入并将其转换为元组，或者接受字符串并将其转换为元组，如代码 2.66 所示。

代码 2.66　转换成元组

```
01: tup3 = tuple([1,2,3])
02: print(tup3)
03: tup4 = tuple('Hello')
04: print(tup4)
```

输出为

```
(1, 2, 3)
('H', 'e', 'l', 'l', 'o')
```

它遵循与列表相同的索引和切片，如代码 2.67 所示。

代码 2.67　元组切片

```
01: print(tup3[1])
02: tup5 = tup4[:3]
03: print(tup5)
```

输出为

```
2
('H', 'e', 'l')
```

1. 元组间的映射

通过元组间的赋值,可以实现多个元素同时赋值或调换顺序。下例用一条语句直接给变量a,b,c赋值，如代码 2.68 所示。

代码 2.68　多元素赋值

```
01: (a,b,c) = ('alpha','beta','gamma')
02: print(a,b,c)
03: d = tuple('RajathKumarMP')
04: print(d)
```

输出为

```
alpha beta gamma
('R', 'a', 'j', 'a', 't', 'h', 'K', 'u', 'm', 'a', 'r', 'M', 'P')
```

2. 元组内置函数

1）count()函数

count()函数计算元组中存在的指定元素的数量，如代码 2.69 所示。

代码 2.69　元组的元素计数函数

```
01: d.count('a')
```

输出为

```
3
```

2）index()函数

index()函数返回指定元素的索引。找到指定的元素时，返回指定元素的第一个元素的索引，未找到指定的元素时则报错，如代码 2.70 所示。

代码 2.70　元组的元素索引函数

```
01: d.index('a')
```

输出为

```
1
```

2.6.3　集合

集合函数 set()主要用于消除序列/列表中的重复元素，还可执行一些标准的集合操作。

1. 基础操作

集合被声明为 set()时，将初始化一个空集。也可执行 set([sequence])来声明一个包含给定元素的集合，如代码 2.71 所示。

代码 2.71　集合的定义

```
01: set1 = set()
02: print(type(set1))
```

输出为

```
<class 'set'>
```

代码 2.72 演示了生成包含给定列表中元素的集合。

代码 2.72　生成集合

```
01: set0 = set([1,2,2,3,3,4])
02: print(set0)
```

输出为

```
{1, 2, 3, 4}
```

也可将元组转换为集合，如代码 2.73 所示。

代码 2.73　元组转换为集合

```
01: set1 = set((1,2,2,3,3,4))
02: print(set1)
```

输出为

```
{1, 2, 3, 4}
```

重复两次的元素 2,3 只出现一次，因此一个集合中的每个元素都是不同的。

2. 内置函数

先声明两个集合作为示例数据，如代码 2.74 所示。

代码 2.74　示例集合

```
01: set1 = set([1,2,3])
02: set2 = set([2,3,4,5])
```

1）union()函数

union()函数返回一个集合，该集合是两个集合的并集，如代码 2.75 所示。

代码 2.75　集合的并集

```
01: set1.union(set2)
```

输出为

```
{1, 2, 3, 4, 5}
```

2）add()函数

add()函数向集合中添加一个特定的元素，如代码 2.76 所示。

代码 2.76　集合中添加元素

```
01: print(set1)
02: set1.add(0)
03: print(set1)
```

输出为

```
{1, 2, 3}
{0, 1, 2, 3}
```

3）intersection()函数

intersection()函数输出一个集合，该集合是两个集合的交集，如代码 2.77 所示。

代码 2.77　集合的交集

```
01: set1.intersection(set2)
```

输出为

```
{2, 3}
```

4）difference()函数

difference()函数输出一个集合，其中包含在 set1 中而不在 set2 中的元素，如代码 2.78 所示。

代码 2.78　集合的差

```
01: print(set1)
02: print(set2)
03: set1.difference(set2)
```

输出为

```
{0, 1, 2, 3}
{2, 3, 4, 5}
{0, 1}
```

5）pop()函数

pop()函数用于删除集合中最小的元素，如代码 2.79 所示。

代码 2.79　集合弹出元素

```
01: set1=set([10, 9, 1, 2, 4])
02: set1.pop()
03: print(set1)
```

输出为

```
{2, 4, 9, 10}
```

6）remove()函数

remove()函数从集合中删除指定的元素，如代码 2.80 所示。

代码 2.80　集合删除元素

```
01: set1.remove(2)
02: print(set1)
```

输出为

```
{1, 4, 9, 10}
```

7）clear()函数

clear()函数用于清除集合中的所有元素并将集合设为空集，如代码 2.81 所示。

代码 2.81　集合清空

```
01: set1.clear()
02: print(set1)
```

输出为

```
set()
```

2.6.4　字符串

字符串（String）是字符序列，或者说是一串字符。字符只是一个符号，如英语有 26 个字符。Python 不支持单字符类型，单字符在 Python 中也作为一个字符串使用。将字符括在单引号或双引号中创建字符串。Python 中可以使用三引号，常用于表示多行字符串和文档字符串。

1．基本用法

字符串的基本用法如代码 2.82 所示。

代码 2.82　字符串的基本用法

```
01: String0 = 'Python is beautiful'
02: String1 = "Python is beautiful"
03: String2 = '''Python
04: is
05: beautiful'''
```

使用 print()函数输出字符串，如代码 2.83 所示。

代码 2.83　字符串输出

```
01: print(String0, type(String0))
02: print(String1, type(String1))
```

```
03: print(String2, type(String2))
```

输出为

```
Python is beautiful <class 'str'>
Python is beautiful <class 'str'>
Python is
beautiful <class 'str'>
```

字符串索引和切片类似于前面详细解释的列表，如代码 2.84 所示。

代码 2.84　字符串切片访问

```
01: print(String0[4])
02: print(String0[4:])
```

输出为

```
o
on is beautiful
```

2. 内置函数

下面介绍关于字符串的一些常用函数。注意，这里所用的字符串变量仍承接上文的定义。

1）find() 函数

find() 函数的具体用法如代码 2.85 所示。

代码 2.85　查找子字符串 1

```
01: str.find(str, beg = 0, end = len(string))
```

第二个和第三个参数的默认值分别为 0 和被搜索字符串的长度。返回值是在字符串中找到的给定数据的索引值，如果未找到，那么返回-1。

注意：不要混淆 find() 函数返回的 "-1" 与列表索引值 "-1"，此处返回的 "-1" 表示没有找到符合要求的子字符串。

代码 2.86 给出了一个简单的例子。

代码 2.86　查找子字符串 2

```
01: print(String0)
02: print(String0.find('are'))
03: print(String0.find('is'))
```

输出为

```
Python is beautiful
-1
7
```

可以看出未找到时返回-1，找到时返回第一个元素的索引。代码 2.87 给出了另一个例子。

代码 2.87　查找子字符串 3

```
01: print(String0[7])
```

输出为

```
i
```

下面将后两个参数用上，如代码 2.88 所示。

代码 2.88　查找子字符串 4

```
01: print(String0.find('is',1))
02: print(String0.find('is',1,3))
```

输出为

```
7
-1
```

第一行代码在从 1 到字符串末尾的区间上查找，第二行代码则在索引区间 1～3 上查找。

2）index()函数

index()和 find()函数的工作方式相同，唯一的区别是当输入的元素未在字符串中找到时，find()函数返回-1，而 index()函数抛出 ValueError，如代码 2.89 所示。

代码 2.89　定位子字符串

```
01: print(String0.index('Python'))
02: print(String0.index('is',0))
03: print(String0.index('Python',10,20))
```

输出为

```
0
7
ValueError: substring not found
```

可以看出第三行代码报错，因为未找到子字符串。

3）split()函数

split()函数以指定字符串为依据分割字符串对象，并将分割后的字符串序列以列表的形式返回。我们可将它视为 join()的反函数，如代码 2.90 所示。

代码 2.90　字符串分割

```
01: c = "Python is beautiful"
02: d = c.split(' ')
03: print(d)
```

输出为

```
['Python', 'is', 'beautiful']
```

在 split()函数中，还可指定分割字符串的次数，或者新返回列表中应包含的元素数量。元素的数量总比指定的数量多 1，因为它被分割了指定的次数，如代码 2.91 所示。

代码 2.91　字符串分割

```
01: e = c.split(' ', 1)
02: print(e)
03: print(len(e))
```

输出为

```
['Python', 'is beautiful']
2
```

4）join()函数

join()函数在输入字符串的列表之间添加给定的字符串，如代码 2.92 所示。

代码 2.92　字符串列表合并 1

```
01: 'a'.join('*_-')
02: '\n'.join(['1', '2'])
```

输出为

```
'*a_a-'
'1\n2'
```

这里，'*_-'是输入字符串，字符'a'被添加到每个元素之间。join()函数也可用来将列表转换为字符串，如代码 2.93 所示。

代码 2.93　字符串列表合并 2

```
01: a = list(String0)
02: print(a)
03: b = ''.join(a)
04: print(b)
```

输出为

```
['P', 'y', 't', 'h', 'o', 'n', ' ', 'i', 's', ' ', 'b', 'e', 'a', 'u', ' t', 'i', 'f', 'u', 'l']
Python is beautiful
```

5）lower()函数

lower()函数的作用是将大写字母转换为小写字母，如代码 2.94 所示。

代码 2.94　字母转换为小写

```
01: print(String0)
02: print(String0.lower())
```

输出为

```
Python is beautiful
python is beautiful
```

6）upper()函数

upper()函数的作用与 lower()函数的相反，即将小写字母转换为大写字母，如代码 2.95 所示。

代码 2.95　字母转换为大写

```
01: String0.upper()
```

输出为

```
'PYTHON IS BEAUTIFUL'
```

7）replace()函数

replace()函数的作用是将一个字符串替换为另一个字符串，如代码 2.96 所示。

代码 2.96　字符串替换

```
01: print(String0.replace('Python', 'PYTHON'))
```

输出为

```
'PYTHON is beautiful'
```

8）strip()函数

strip()函数用于从右端和左端删除不需要的元素，如果未指定字符，则默认删除数据左边和右边的所有空格、制表符、换行符，如代码 2.97 所示。

代码 2.97　字符串清理

```
01: f = ' hello       '
02: print(f.strip())
```

输出为

```
'hello'
```

2.6.5　字典

字典（Dictionary）是 Python 提供的一种常用数据结构，由键（key）和值（value）组成，键和值中间用冒号 ":" 分隔，数据项之间用逗号分隔，整个字典被花括号 "{ }" 括起。由于可以使用定义的字符串索引特定的数据，所以字典更像数据库。Python 的字典使用键值对即 key-value 来存储，因此具有极快的查找速度。

1．基础操作

要定义一个字典，可让一个变量等于{}或 dict()，如代码 2.98 所示。

代码 2.98　字典定义

```
01: d0 = {}
02: d1 = dict()
03: print(type(d0), type(d1))
```

输出为

```
<class 'dict'> <class 'dict'>
```

1）字典构建

字典的工作方式类似于列表，但增加了自己分配索引样式的功能。自己分配的索引就是 "键"，而后面等于的元素就是 "值"，通过对键进行搜索可以很快地匹配到它的值，如代码 2.99 所示。

代码 2.99　字典创建

```
01: d0['One'] = 1
02: d0['OneTwo'] = 12
03: print(d0)
04: d1 = {"key1":1, "key2":[1,2,4], 3:(1, 4, 6)}
05: print(d1)
```

输出为

```
{'One': 1, 'OneTwo': 12}
{'key1': 1, 'key2': [1, 2, 4], 3: (1, 4, 6)}
```

可以通过设为'One'的索引值来访问 1，如代码 2.100 所示。

代码 2.100　字典访问元素

```
01: print(d0['One'])
```

输出为

```
1
```

也可通过循环来构建字典，如代码 2.101 所示。

代码 2.101　字典生成

```
01: # 字典直接生成
02: a1 = {names[i]:numbers[i] for i in range(len(names))}
03: print(a1)
04:
05: # 传统方法
06: for i in range(len(names)):
07:     a1[names[i]] = numbers[i]
08: print(a1)
```

输出为

```
{'One': 1, 'Two': 2, 'Three': 3, 'Four': 4, 'Five': 5}
{'One': 1, 'Two': 2, 'Three': 3, 'Four': 4, 'Five': 5}
```

2）字典合并

两个相关的列表可以合并成一个字典，这个功能由 zip() 函数实现，如代码 2.102 所示。

代码 2.102　字典合并

```
01: names = ['One', 'Two', 'Three', 'Four', 'Five']
02: numbers = [1, 2, 3, 4, 5]
03:
04: d3 = {names[i]:numbers[i] for i in range(len(names))}
05: print(d3)
06:
07: d2 = zip(names,numbers)
08: print(dict(d2))
```

输出为

```
{'One': 1, 'Two': 2, 'Three': 3, 'Four': 4, 'Five': 5}
{'One': 1, 'Two': 2, 'Three': 3, 'Four': 4, 'Five': 5}
```

上述代码首先定义两个列表并一一比对输出，通过 zip() 函数处理后，再由 dict() 函数将其转换为字典并输出。

2．内置函数

这里主要介绍字典中较为常用的内置函数。

1）clear() 函数

clear() 函数用于清除所创建的整个字典，如代码 2.103 所示。

代码 2.103　字典清空

```
01: a1 = {1:10, 2:20}
02: a1.clear()
03: print(a1)
```

输出为

```
{}
```

2）values() 函数

values() 函数返回一个包含字典中所有元素的值的列表，如代码 2.104 所示。

代码 2.104　所有元素的值的列表

```
01: a1.values()
```

输出为

```
dict_values([1, 2, 3, 4, 5])
```

3）keys()函数

keys()函数返回包含所有元素的索引或键的列表，如代码 2.105 所示。

代码 2.105　所有元素的索引或键的列表

```
01: a1.keys()
```

输出为

```
dict_keys(['One', 'Two', 'Three', 'Four', 'Five'])
```

4）items()函数

items()函数返回一个包含可遍历键值对的列表，与用 zip()函数的结果相同，见代码 2.106。

代码 2.106　字典中键值对的列表

```
01: for (k,v) in d3.items():
02:     print("[%6s] %d" % (k, v))
```

输出为

```
[   One] 1
[   Two] 2
[ Three] 3
[  Four] 4
[  Five] 5
```

5）pop()函数

pop()函数删除字典中的给定键及对应的值，返回值为被删除的值。键值必须给出，否则会产生类型错误，如代码 2.107 所示。

代码 2.107　字典弹出元素

```
01: a2 = d3.pop('One')
02: print(a2)
```

输出为

```
1
```

2.7　控制流语句

一般情况下，程序按照语句编写顺序依次执行，形成标准的面向过程的结构化形式。然而，由于程序具有很强的逻辑性，有时需要根据某些条件选择性地执行某些语句或者跳过某些语句。控制流语句用于控制程序流程的选择、循环、转向和返回等，以实现程序的各种结构。Python 的流程控制语句和其他语言的类似，如 C 语言。下面主要根据不同之处介绍 Python 的特点。

注意：输入代码时，要注意缩进表示的代码块的所属关系，建议使用 4 个空格来缩进一层。

2.7.1　判断语句

对于条件判断，下面先介绍最经典的 if 语句，如代码 2.108 所示。

代码 2.108　if 的基本用法

```
01: if some_condition:
02:     algorithm
```

下面看一个实例，如代码 2.109 所示。

代码 2.109　if 用法实例

```
01: x = 4
02: if x < 10:
03:     print("Hello")
```

输出为

```
Hello
```

可以看出，因为 x<10，所以跳入分支语句，输出 Hello。

注意：Python 中没有其他语言中的代码块开始标识符和结束标识符，如 C/C++中的{或}，而使用代码缩进表示代码的层级关系。

1. if-else

if-else 的作用是，如果不符合 if 判断语句的条件，就不进入 if 分支而跳入 else 分支，如代码 2.110 所示。

代码 2.110　if-else 的基本用法

```
01: if some_condition:
02:     code_block1
03: else:
04:     code_block2
```

用法示例如代码 2.111 所示。

代码 2.111　if-else 用法示例

```
01: x = 4
02: if x > 10:
03:     print("hello")
04: else:
05:     print("world")
```

输出为

```
world
```

可以看出，由于 x=4，不满足 x>10，所以跳入 else 分支输出 world。

2. if-elif

elif 是 else-if 的缩写，即在 if-else 的基础上多加了一个分支，以增强其灵活性，如代码 2.112 所示。

代码 2.112　if-elif 的基本用法

```
01: if some_condition:
02:     algorithm
03: elif some_condition:
```

```
04:     algorithm
05: else:
06:     algorithm
```

用法示例如代码 2.113 所示。

代码 2.113　if-elif 用法示例
```
01: x = 10
02: y = 12
03: if x > y:
04:     print("x>y")
05: elif x < y:
06:     print("x<y")
07: else:
08:     print("x=y")
```

输出为

x<y

if 语句可以嵌套，即在 if 语句中可以嵌入其他的 if 语句，如代码 2.114 所示。

代码 2.114　if 的嵌套
```
01: x = 10
02: y = 12
03: if x > y:
04:     print("x>y")
05: elif x < y:
06:     print("x<y")
07:     if x==10:
08:         print("x=10")
09:     else:
10:         print("invalid")
11: else:
12:     print("x=y")
```

输出为

x<y x=10

2.7.2　循环语句

循环语句可以在某个条件下循环执行某段程序，以便重复处理的相同任务。循环语句主要分为两个模块：for 和 while。

1. for 循环

for 循环是迭代循环，在 Python 中相当于一个通用的序列迭代器，可以遍历任何有序序列，如 str、list、tuple 等，也可以遍历任何可迭代对象，如 dict，如代码 2.115 所示。

代码 2.115　for 循环
```
01: for variable in something:
02:     algorithm
```

使用示例如代码 2.116 所示。

代码 2.116　for 循环示例

```
01: for i in range(5):
02:     print(i)
```

range(5) 表示生成一个长度为 5 的迭代器，通过 for 循环依次遍历每个元素。输出为

```
0
1
2
3
4
```

也可以遍历一个给定的列表，如代码 2.117 所示。

代码 2.117　for 循环遍历列表

```
01: a = [1, 2, 5, 6]
02: for i in a:
03:     print(i)
```

输出为

```
1
2
5
6
```

由上面的例子可以发现，不同于 C 语言，Python 中的 for 循环偏向于自然语言，可以直接使用列表等作为对象进行遍历。

注意：range() 函数的作用是返回一个可以迭代的对象，如 range(5) 返回 0～4 的迭代器对象，range(1,5) 返回 1～4 的迭代器对象。

for 循环也可以嵌套，如代码 2.118 所示。

代码 2.118　for 嵌套

```
01: list_of_lists = [[1, 2, 3], [4, 5, 6], [7, 8, 9]]
02: # 第一重循环
03: for list1 in list_of_lists:
04:     # 第二重循环
05:     for x in list1:
06:         print(x)
07:     print()
```

输出为

```
1
2
3

4
5
6

7
```

```
8
9
```

2. while 循环

while 循环在某个条件下循环执行给定的代码块，如代码 2.119 所示。

代码 2.119　while 的用法

```
01: while some_condition:
02:     algorithm
```

使用示例如代码 2.120 所示。

代码 2.120　while 使用示例

```
01: i = 1
02: while i < 3:
03:     print(i ** 2)
04:     i = i+1
05: print('Bye')
06:
07: # do-untile
08: while True:
09:     #do something
10:     i = i+1
11:     print('looping %3d' % i)
12:
13:     # check stop condition
14:     if i >= 11: break
```

输出为

```
1
4
Bye
looping    4
looping    5
looping    6
looping    7
looping    8
looping    9
looping   10
looping   11
```

3. break 语句

break 语句在某个条件下退出循环，它只能用在循环中而不能单独使用；在嵌套循环中，break 语句只对最近的一层循环起作用，如代码 2.121 所示。

代码 2.121　break 的用法

```
01: for i in range(100):
02:     print(i)
03:     if i>=7:
04:         break
```

输出为

```
0
1
2
3
4
5
6
7
```

4. continue 语句

continue 语句与 C 语言中的使用方式相同，作用是跳出本次执行但不跳出整个循环，如代码 2.122 所示。

代码 2.122　continue 的用法

```
01: for i in range(10):
02:     if i>4:
03:         print("Although then 4, but continue.")
04:         continue
05:     elif i<7:
06:         print(i)
```

输出为

```
0
1
2
3
4
Although larger then 4, but continue.
Although larger then 4, but continue.
Although larger then 4, but continue.
Although larger then 4, but continue.
Although larger then 4, but continue.
```

可以看出，当 i>4 时触发 continue，导致不再执行 print(i)。

5. 列表推导

Python 使用列表推导（List Comprehensions）模式，用一行代码就可生成所需的列表或字典等容器。例如，需要生成 2 的倍数时，可以先用 for 循环，如代码 2.123 所示。

代码 2.123　列表推导

```
01: res = []
02: for i in range(1,11):
03:     x = 2*i
04:     res.append(x)
05: print(res)
```

输出为

```
[2, 4, 6, 8, 10, 12, 14, 16, 18, 20]
```

上面需要 4 行代码才能生成一个简单的列表，而使用 Python 可在定义变量时直接生成列表的内容，这种方法就是列表推导，即通过区间、元组、列表、字典和集合等数据类型快速生成一个满足指定要求的列表，如代码 2.124 所示。

代码 2.124　列表推导

```
01: [2*x for x in range(1,11) if x<5]
02:
03: print(a)
```

输出为

```
[2, 4, 6, 8]
```

列表推导的用法说明如图 2.12 所示，主要分为三部分：①元素的值：当前循环想要插入某个值，这个值可以是包含 x 的某个表达式，也可以是不包含 x 的某个表达式；②需要多少个元素：x 的取值范围是从 1 到 11，即需要循环 10 次；③判断本次循环是否插入新的元素：虽然共需要 10 次循环，但并非每次循环都必须插入一个新元素（列表不一定要包含 10 个数值），每次循环时需要按照某种判断条件，如当前循环的 x 是否小于 5，如果小于 5，就插入一个新值，否则不插入新值。

图 2.12　列表推导的用法说明

列表推导不仅适用于列表，而且适用于字典，如代码 2.125 所示。

代码 2.125　列表推导用于字典生成

```
01: a = {str(2*x):2*x for x in range(1,20) if x<=5}
02: print(a)
```

输出为

```
{'2': 2, '4': 4, '6': 6, '8': 8, '10': 10}
```

列表推导还可定义元组，如代码 2.126 所示。

代码 2.126　列表推导用于生成元组

```
01: tuple((2*x for x in range(1,20) if x<=5))
```

输出为

```
(2, 4, 6, 8, 10)
```

此外，列表推导还支持嵌套，如代码 2.127 所示。

代码 2.127　列表推导嵌套

```
01: [10*i+z for i in range(10) if i<5 for z in range(1,5)]
```

输出为

```
[1, 2, 3, 4, 11, 12, 13, 14, 21, 22, 23, 24, 31, 32, 33, 34, 41, 42, 43, 44]
```

可以看出，当 i<5 时，继续执行后面 z 的生成，列表继续增加；一旦不满足条件，循环就终止，列表推导随之结束。

2.8　函数

在一个程序中，有时需要重复执行一组语句，如果每次都写出这组语句，那么不仅乏味，而且编程效率很低，降低程序的可读性和维护性。为使程序简洁明了，可以使用函数封装一组操作，并给出名称和参数列表作为函数的输入。Python 中的函数定义如代码 2.128 所示。

代码 2.128　函数定义

```
01: def func_name(arg1, arg2,..., argN):
02:     '''Document String'''
03:     statements
04:     return <value>
```

以上语法的理解如下：定义一个名为 func_name 的函数，它接受参数 arg1,arg2,...,argN，并在执行语句后返回一个值。下面通过一个具体的例子说明函数的用法和意义，如代码 2.129 所示。

代码 2.129　函数操作

```
01: print("Hey Python!")
02: print("Python, How do you do?")
```

输出为

```
Hey Python!
Python, How do you do?
```

如果不想每次都写出上面的两条语句，可以定义一个函数替代它，定义函数后，需要使用上方的两行代码时就只需写一行代码。下面定义一个函数 first_func()，如代码 2.130 所示。

代码 2.130　函数定义

```
01: def first_func():
02:     print("Hey Python!")
03:     print("Python, How do you do?")
04:
05: first_func()
06: funca = first_func
07: funca()
```

在上例中，除了直接调用函数名 first_func，将函数赋值给另一个变量 funca 同样可以调用和执行。输出为

```
Hey Python!
Python, How do you do?
Hey Python!
Python, How do you do?
```

2.8.1　函数的参数

first_func() 每次都只打印固定的消息。一般来说，函数需要执行不同的内容，这时可让函数 first_func() 接受一个存储名称的参数，然后打印相应的字符串。为此，需要在函数内添加一个参数，如代码 2.131 所示。

代码 2.131　函数参数

```
01: def first_func(username):
```

```
02:      print("Hey", username + "!")
03:      print(username + "," ,"How do you do?")
```

可以使用 input()函数输入用户的名称，如代码 2.132 所示。

代码 2.132　函数参数示例
```
01: name1 = input("Please enter your name : ")
```

输出为

```
Please enter your name : Jack
```

名称 Jack 实际上存储在 name1 中。将这个变量传递给函数 first_func()作为变量 username，在调用函数时，就会根据输入的参数做不同的响应，如代码 2.133 所示。

代码 2.133　函数参数示例
```
01: first_func(name1)
```

输出为

```
Hey Jack!
Jack, How do you do?
```

定义另一个函数 second_func()可进一步简化，该函数接受名称并将其存储在一个变量中，然后从函数内部调用 first_func()，如代码 2.134 所示。

代码 2.134　函数定义
```
01: def first_func(username):
02:      print("Hey", username + "!")
03:      print(username + "," ,"How do you do?")
04:
05: def second_func():
06:      name = input("Please enter your name : ")
07:      first_func(name)
08:
09: second_func()
```

输出为

```
Please enter your name : Tom
Hey Tom!
Tom, How do you do?
```

2.8.2　返回语句

当函数产生某个值且这个值需要返回给主算法以进行下一步操作时，可使用 return 语句，如代码 2.135 所示。

代码 2.135　函数返回
```
01: def times(x,y):
02:      z = x*y
03:      return z
```

上面定义的 times()函数接受两个参数并返回变量 z，该变量是两个参数的乘积，运行代码 2.136 可以查看效果。

代码 2.136 函数返回示例 1

```
01: c = times(4,5)
02: print(c)
```

输出为

20

函数计算的 z 值返回后存储在变量 c 中，可用于下一步操作。也可在 return 语句中直接使用表达式而不声明另一个变量，以便节省代码长度，如代码 2.137 所示。

代码 2.137 函数返回示例 2

```
01: def times(x,y):
02:     '''This multiplies the two input arguments'''
03:     return x*y
04: c = times(4,5)
05: print(c)
```

输出为

20

上述代码中写入了一行文本（或注释），在 help() 函数中调用 times() 函数时将返回该文本，如代码 2.138 所示。

代码 2.138 函数使用帮助

```
01: help(times)
```

输出为

```
Help on function times in module __main__:
times(x,y)
    This multiplies the two input arguments
```

函数也可以按照变量被定义的顺序返回多个变量的值，如代码 2.139 所示。

代码 2.139 函数返回多个变量的值 1

```
01: def multireturn_func(eglist):
02:     highest = max(eglist)
03:     lowest = min(eglist)
04:     first = eglist[0]
05:     last = eglist[-1]
06:     return highest,lowest,first,last
```

若调用函数时未为其分配任何变量，则结果在一个元组中返回，否则以 return 语句中声明的变量顺序输出结果，如代码 2.140 所示。

代码 2.140 函数返回多个变量的值 2

```
01: eglist = [10,50,30,12,6,8,100]
02: a = multireturn_func(eglist)
03: print(a)
04: a,b,c,d = egfunc(eglist)
05: print(' a  =',a,'\n b =',b,'\n c =',c,'\n d =',d)
```

输出为

```
(100, 6, 10, 100)
a = 100
b = 6
c = 10
d = 100
```

2.8.3 默认参数

当一个函数的参数在大多数情况下使用一个固定值时，可将这个值写到函数的参数列表中，如代码 2.141 所示。

代码 2.141　函数默认参数 1

```
01: def implicit_add(x, addnumber=3):
02:     return x+addnumber
```

implicit_add()接受两个参数，但大多数时候第一个参数只需加 3，因此第二个参数被默认赋值为 3。这里，第二个参数是隐式的，即第二个参数是有默认值的。现在，如果调用 implicit_add() 函数时未定义第二个参数，那么第二个参数就默认为 3，如代码 2.142 所示。

代码 2.142　函数默认参数 2

```
01: implicitadd(4)
```

输出为

```
7
```

若定义了第二个参数值，则该值将覆盖分配给该参数的默认值，如代码 2.143 所示。

代码 2.143　函数默认参数 3

```
01: implicitadd(4, 4)
02: implicitadd(5, addnumber=6) # 建议采用这种调用方式，能够清楚地知道参数的含义
```

输出为

```
8
11
```

2.8.4 任意数量的参数

当函数接受的参数数量未知时，可在参数前使用星号，这样的变量是一个列表，它将所有参数都包含在列表中，如代码 2.144 所示。

代码 2.144　任意数量参数的函数

```
01: def add_n(*args):
02:     res = 0
03:     reslist = []
04:     for i in args:
05:         reslist.append(i)
06:     print(reslist)
07:     return sum(reslist)
```

上面的函数接受任意数量的参数，它定义一个列表，将所有参数包含到该列表中，并返回所有参数的总和，如代码 2.145 所示。

代码 2.145 任意数量参数的函数示例

```
01: add_n(1,2,3,4,5)
02: add_n(1,2,3)
```

输出为

```
[1, 2, 3, 4, 5]
15
[1, 2, 3]
6
```

与上例不同，下例展示如何使用变量名和值将任意数量的参数传入函数，如代码 2.146 所示。

代码 2.146 任意数量变量名和值的函数

```
01: def add_nd(**kwargs):
02:     res = 0
03:     reslist = []
04:     for (k,v) in kwargs.items():
05:         reslist.append(v)
06:     print(reslist)
07:     return sum(reslist)
08:
09: add_nd(x=10, y=20, c=30)
```

输出为

```
[10, 20, 30]
60
```

2.8.5 全局变量和局部变量

在 Python 语言中，函数内部声明的变量通常是局部变量，而函数外部声明变量的通常是全局变量。下面通过一个示例说明全局变量和局部变量的差别。在下面的函数中，向内部声明的列表中追加一个元素，函数内部声明的 eg1 是一个局部变量，如代码 2.147 所示。

代码 2.147 全局变量和局部变量示例

```
01: eg1 = [1,2,3,4,5]
02:
03: def egfunc1():
04:     eg1 = [1, 2, 3, 4, 5, 7]
05:     print("egfunc1>> eg1: ", eg1)
06:
07: def egfunc2():
08:     eg1.append(8)
09:     print("egfunc2>> eg1: ", eg1)
10:
11: def egfunc3():
12:     global eg1
13:     eg1 = [5, 4, 3, 2, 1]
14:     print("egfunc3>> eg1: ", eg1)
15:
16: egfunc1()
17: print("eg1: ", eg1, "\n")
```

```
18:
19: egfunc2()
20: print("eg1: ", eg1, "\n")
21:
22: egfunc3()
23: print("eg1: ", eg1, "\n")
```

输出为

```
egfunc1>> eg1: [1, 2, 3, 4, 5, 7]
eg1:  [1, 2, 3, 4, 5]

egfunc2>> eg1: [1, 2, 3, 4, 5, 8]
eg1:  [1, 2, 3, 4, 5, 8]

egfunc3>> eg1: [5, 4, 3, 2, 1]
eg1:  [5, 4, 3, 2, 1]
```

上述程序在 egfunc1 中给变量名 eg1 赋值，因此 eg1 是一个局部变量；在 egfunc2 中调用 eg1 对象的 append() 函数，由于函数中未定义 eg1 对象，因此此处访问的是全局变量 eg1；在 egfunc3 中显式定义 eg1 为全局变量，因此访问的是全局变量。可以看出，如果是在局部空间中，那么局部变量可以覆盖全局变量的数据；一旦离开局部空间，局部变量就失效，全局变量就恢复到最初的值。

2.8.6 lambda 函数

程序中有时需要临时使用一个简单的函数，而单独定义这个函数则比较麻烦。为了提高编程效率，Python 等语言引入了 lambda 函数。lambda 函数不使用任何名称进行定义，只携带一个表达式，返回的是函数本身（类似于函数指针或函数对象）。这些函数由关键字 lambda 定义，后面跟变量、冒号和相应的表达式。lambda 函数在操作列表时非常方便，或者作为函数参数，如代码 2.148 所示。

代码 2.148 lambda 函数示例

```
01: z = lambda x: x * x
02: print(z(8))
03: print(type(z))
```

输出为

```
64
<class 'function'>
```

lambda 函数也可接受多个参数，如代码 2.149 所示。

代码 2.149 lambda 函数接受多个参数

```
01: zz = lambda x, y: (x*y, x**y)
02: zz(2, 3)
```

输出为

```
(6, 8)
```

2.9 类和对象

Python 中的变量、列表、字典等在底层都是对象，对象是类的实例，而类是用来描述具有相同属性和方法的对象集，它定义集合中每个对象共有的属性和方法。面向对象编程具有质量高、效率高、易扩展、易维护等优点，下面重点介绍"类"的概念。本书不涉及面向对象编程的理论部分[①]，仅介绍面向对象的概念及其在 Python 中的实现。

类声明如代码 2.150 所示。

代码 2.150　类声明

```
01: class ClassName:
02:     def functions(self, args):
03:         statements
```

在上面的代码中，functions 是类的成员函数。将一组与类关联的函数实现为类的成员函数，可以使程序的结构更清晰，并且便于对类进行扩展。

下面定义一个最简单的类——空类，如代码 2.151 所示。

代码 2.151　空类的定义

```
01: class FirstClass:
02:     pass
```

其中，pass 在 Python 中意味着什么都不做。

以上代码声明了一个名为 FirstClass 的类对象。下面考虑具有 FirstClass 的所有特征的变量 egclass。要做的是将 egclass 作为 FirstClass 的一个实例。在 Python 的术语中，这一操作称为创建实例，egclass 是 FirstClass 的实例，如代码 2.152 所示。

代码 2.152　类的实例化

```
01: egclass = FirstClass()
02: print(type(egclass))
03: print(type(FirstClass))
```

输出为

```
<class '__main__.FirstClass'>
<class 'type'>
```

2.9.1　成员函数与变量

类是现实事物的抽象表达，往往存在一些对内和对外的操作，即实现一些功能。这些功能一般代表类中的函数和变量，而类内的函数称为该类的"方法"，类中的变量称为属性。大多数类中都有一个名为__init__()的函数，它是类的构造方法，会在类实例化时自动调用。这个方法的作用一般是初始化类的变量，或者指定所有方法的初始化算法。例如，构造 FirstClass 接受两个变量名称和符号，可以更好地完成类的实例，生成特定功能的对象，如代码 2.153 所示。

代码 2.153　类的构造函数

```
01: class FirstClass:
02:     """My first class"""
03:     class_var = 10
04:     def __init__ (self, name, symbol):
05:         self.name = name
06:         self.symbol = symbol
```

[①] 面向对象编程的参考资料见https://zhuanlan.zhihu.com/p/338269391。

上面定义了一个函数，并且添加了__init__方法。下面创建一个 FirstClass 的实例，它接受两个参数，如代码 2.154 所示。

代码 2.154　类的实例化示例

```
01: eg1 = FirstClass('one', 1)
02: eg2 = FirstClass('two', 2)
03: print(eg1.name, eg1.symbol)
04: print(eg2.name, eg2.symbol)
05: print(eg1.__doc__)
```

输出为

```
one 1
two 2
My first class
```

可以看出，调用 FirstClass 时，它自动调用__init__函数，传入括号内的值，并将其赋值给类中的属性。

dir()函数在查看类包含什么及它提供什么方法时非常方便，如代码 2.155 所示。

代码 2.155　输出类的内容

```
01: dir(FirstClass)
```

输出为

```
['__class__',
 '__delattr__',
 '__dict__',
 '__dir__',
...
 '__str__',
 '__subclasshook__',
 '__weakref__',
 'class_var']
```

实例的 dir()也能显示对象的属性和函数，如代码 2.156 所示。

代码 2.156　输出对象的内容

```
01: dir(eg1)
```

输出为

```
['__class__',
 '__delattr__',
 '__dict__',
 '__dir__',
...
 '__str__',
 '__subclasshook__',
 '__weakref__',
 'class_var']
 'name',
 'symbol']
```

注意：self 不是 Python 内置的关键词，而由用户定义。可以使用任何名称，但使用 self 已成为默认写法，因此不建议替换成其他名称。代码 2.157 没有语法错误，但不建议这么写。

代码 2.157　类的构造函数
```
01: class FirstClass:
02:     def __init__(asdf1234,name,symbol):
03:         asdf1234.n = name
04:         asdf1234.s = symbol
05:
06: eg1 = FirstClass('one',1)
07: eg2 = FirstClass('two',2)
08: print(eg1.n, eg1.s)
09: print(eg2.n, eg2.s)
```

输出为

```
one 1
two 2
```

因为 eg1 和 eg2 是 FirstClass 的实例，所以不需要限制到 FirstClass 本身。它可以通过声明其他属性的方式来扩展自己，而不需要在 FirstClass 中声明属性，如代码 2.158 所示。

代码 2.158　对象的变量访问
```
01: eg1.cube = 1
02: eg2.cube = 8
03: dir(eg1)
```

输出为

```
['__class__',
 '__delattr__',
 ...
 '__str__',
 '__subclasshook__',
 '__weakref__',
 'n',
 's',
 'cube']
```

就像全局变量和局部变量那样，类也有自己的变量类型。下面是类属性、实例属性的对比。
- 类属性：在方法外部定义的属性，适用于所有实例。
- 实例属性：在对象内部定义的属性，只适用于该对象，并且对每个实例都是独立的。

下面通过一个具体的例子来演示两种属性的差异，如代码 2.159 所示。

代码 2.159　类的变量访问
```
01: class FirstClass:
02:     test = 'test'
03:     def __init__(self,name,symbol):
04:         self.name = name
05:         self.symbol = symbol
```

这里 test 是一个类属性，而 name 是一个实例属性，如代码 2.160 所示。

代码 2.160　对象的变量访问

```
01: eg3 = FirstClass('Three', 3)
02: eg4 = FirstClass('Four', 4)
03: eg4.test = 'test4'
04: print(eg4.test)
05: print(eg3.test, eg3.name)
```

输出为

```
test4
test Three
```

2.9.2　继承

继承是面向对象编程的一种重要方式，通过继承，子类可以扩展父类的功能。父类是继承的类，也称基类；子类是从另一个类继承的类，也称派生类。

下面通过实例学习继承的用法。考虑 Person 类，它具有 salary 方法，如代码 2.161 所示。

代码 2.161　Person 类的设计

```
01: class Person:
02:     def __init__(self,name,age):
03:         self.name = name
04:         self.age = age
05:     def salary(self, value):
06:         self.money = value
07:         print(self.name,"earns",self.money)
08:
09: a = Person('Tom', 26)
10: a.salary(40000)
```

输出为

```
Tom earns 40000
```

下面考虑 Artist 类，它设置艺术家的薪水和艺术形式，如代码 2.162 所示。

代码 2.162　Artist 类的设计

```
01: class Artist:
02:     def __init__(self,name,age):
03:         self.name = name
04:         self.age = age
05:     def salary(self,value):
06:         self.money = value
07:         print(self.name, "earns", self.money)
08:     def artform(self, job):
09:         self.job = job
10:         print(self.name, "is a", self.job)
11:
12: b = Artist('Nitin', 20)
13: b.salary(50000)
14: b.artform('Musician')
```

输出为

```
Nitin earns 50000
Nitin is a Musician
```

可以发现两个类中 salary 方法的实现是一样的,这样重复实现同一功能会导致后续代码维护复杂等多种问题。为了消除代码重复,可在父类中实现重复的功能,而子类可以通过继承直接拥有父类已实现的函数。使用继承重新实现的 Artist 类如代码 2.163 所示。

代码 2.163　重新实现 Artist 类

```
01: class Artist(Person):
02:     def artform(self, job):
03:         self.job = job
04:         print(self.name,"is a", self.job)
05:
06: c = Artist('Nishanth',21)
07: c.salary(60000)
08: c.artform('Dancer')
```

输出为

```
Nishanth earns 60000
Nishanth is a Dancer
```

假设子类在继承一个特定的方法时,该方法不适合新类,那么可在新类中用相同的名称再次定义该方法来重写,如代码 2.164 所示。

代码 2.164　继承类的定义

```
01: class Artist(Person):
02:     def artform(self, job):
03:         self.job = job
04:         print(self.name, "is a", self.job)
05:
06:     def salary(self, value):
07:         self.money = value
08:         print(self.name,"earns",self.money)
09:         print("I am overriding the SoftwareEngineer class's salary method")
10:
11: c = Artist('Nishanth',21)
12: c.salary(60000)
13: c.artform('Dancer')
```

输出为

```
Nishanth earns 60000
I am overriding the SoftwareEngineer class's salary method
Nishanth is a Dancer
```

关于 Python 的类继承,需要注意的事项如下。

- 在继承中,基类的构造方法(__init__方法)不会被自动调用,它需要在其派生类的构造方法中专门调用。
- 在调用基类的方法时,需要加上基类的类名前缀,并且需要带上 self 参数变量。而在类中调用普通函数时,不需要带上 self 参数。

- Python 总是先查找对应类的方法，如果在派生类中找不到对应的方法，就开始到基类中逐个查找。

2.10　小结

通过本章的学习，读者应初步掌握 Python 的基本语法和用法[①]，但这还远远不够。本书仅介绍 Python 的基本用法，要想真正学懂 Python，还需要读者利用课后时间通过查阅一些资料（如廖雪峰的 Python 教程[②]）系统地学习 Python。和其他编程语言一样，需要进行大量的编程、调试、重构代码才能学好 Python，因此强烈建议读者完成本书配套的作业与习题。如果认为自己的编程能力比较弱，那么最好有意识地找一些练习题训练自己的编程能力，以将 Python 的用法记得更牢，发现学习 Python 的窍门。编写的代码越多，发现的窍门越多，就越欣赏这门语言。为了看懂并且编写实际中能用的程序，通常需要学习 Python 的第三方库。Python 框架、库和软件列表[③]总结了很多 Python 的第三方库，使用这些库可以加快解决问题的速度。

最后，享受解决问题的快乐吧！生命短暂，你需要 Python！

2.11　练习题

01. 统计单词出现的频数。给定一篇文章，找出每个单词的出现次数。例如，对代码 2.165 中的文本进行操作。当单词之间是两个空格或制表位时，程序是否有问题？如果出现 "?" "/" 等与单词挨着的标点符号，应如何处理？

代码 2.165　示例文本

```
01: '''One is always on a strange road, watching strange scenery and
    listening to strange music. Then one day, you will find that the
    things you try hard to forget are already gone. '''
```

02. 无重复数字的三位数。有 1、2、3、4 个数字，能组成多少个互不相同且无重复数字的三位数？它们是多少？算法的复杂度是多少？

03. 判断。企业发放的奖金是根据利润提成的，具体规则如下。

- 利润低于或等于 10 万元时，按 10% 提成。
- 利润大于 10 万元但低于 20 万元时，低于 10 万元的部分按 10% 提成，高于 10 万元的部分按 7.5% 提成。
- 利润在 20 万到 40 万之间时，高于 20 万元的部分按 5% 提成。
- 利润在 40 万到 60 万之间时，高于 40 万元的部分按 3% 提成。
- 利润在 60 万到 100 万之间时，高于 60 万元的部分按 1.5% 提成。
- 利润高于 100 万元时，超过 100 万元的部分按 1% 提成。

从键盘输入当月的利润 I，求应发放的奖金总数。除了用 if 来实现，能否用其他方式（如用 list，然后自动实现所有的判断）来实现？

---

① 本章的内容参考了 Python-Lectures，https://github.com/rajathkmp/Python-Lectures。

② 廖雪峰的 Python 教程：https://www.liaoxuefeng.com/wiki/1016959663602400。

③ http://awesome-python.com。

04. 乘法口诀表。输出 9×9 乘法口诀表。如何对齐，使得乘法口诀表看上去清楚？

05. while 循环。使用 while 循环输出 $2-3+4-5+\cdots+100$ 的和。除了直接法，能否用一句话写完？

06. 顺序排列。给出一个如代码 2.166 所示的数字列表，将其从大到小排序。

代码 2.166　示例数据
```
01: 1, 10, 4, 2, 9, 2, 34, 5, 9, 8, 5, 0
```

07. 矩阵搜索。编写一个高效的算法搜索 $m \times n$ 矩阵 matrix 中的一个目标值 target，这个矩阵具有以下特性：每行的元素从左到右升序排列，每列的元素从上到下升序排列。例如，考虑代码 2.167 所示的矩阵。给定 target=5，返回 True；给定 target=20，返回 False。

代码 2.167　示例数据
```
01: [
02: [1, 4, 7, 11, 15],
03: [2, 5, 8, 12, 19],
04: [3, 6, 9, 16, 22],
05: [10, 13, 14, 17, 24],
06: [18, 21, 23, 26, 30]
07: ]
```

08. 生成随机激活码。作为 Apple Store App 的独立开发者，你要开展限时促销活动，并为应用生成激活码（或优惠券）。使用 Python 如何生成 200 个激活码？例如，'KR603guyVvR' 是一个激活码。需要考虑什么是激活码？有什么特性？

09. 找到特定的文件。找到某个目录下某类型的所有文件。例如，找到 c:目录下的所有.dll 文件。注意，需要递归到每个目录中去查找。

10. 统计代码行数。假设你有一个目录，其中存储的是程序（假设是 C 或 Python 程序），统计写了多少行代码，包括空行和注释，但要分别列出（如 C 程序有多少行、Python 程序有多少行等）。

2.12　在线练习题

扫描如下二维码，访问在线练习题。

第3章 Python 常用库

使用 Python 进行机器学习编程时，数值计算必不可少，如果只依靠 Python 内置的列表等数据结构，那么计算效率很低。要同时获得高开发效率和高执行效率，就需要使用第三方库来实现这个看似矛盾的需求。核心思想是底层的计算使用 C/C++/Fortran 等语言实现，高层的调用等则使用 Python 来实现，这样既可保证开发的便捷性，又可保证较高的执行效率。本章简要介绍两个最重要的第三方库 NumPy 和 Matplotlib，其他第三方库如 scikit-learn、PyTorch 等将在后续章节中介绍。

对于数值计算，Python 中最常用的库是 NumPy[①]（Numerical Python），它是 Python 语言的一个扩展程序库，支持大量的多维数组与矩阵运算，还针对数组运算提供大量的数学函数库。NumPy 的前身是 Numeric，最早由 Jim Hugunin 和其他协作者共同开发。2005 年，Travis Oliphant 在 Numeric 中结合了另一个相同性质的程序库 Numarray 的特色，加入其他扩展后，开发了 NumPy，它的源码是开放的，并且由许多协作者共同维护与开发。NumPy 常与 SciPy（Scientific Python）和 Matplotlib 绘图库一起使用，这种组合应用广泛，可以替代 MATLAB 软件。图 3.1 显示了本章配套资源的二维码。

(a)本章配套在线视频　　　　(b)本章配套在线讲义

图 3.1　本章配套资源的二维码

3.1　NumPy 数值计算库

NumPy 主要用于 Python 的数值计算，为 Python 提供高性能向量、矩阵和高维数组的计算。NumPy 是用 C 和 Fortran 语言实现的，因此计算向量化数据时的性能非常好。NumPy 是 Python 中用于科学计算的一个非常基础的库，可以进行线性代数与高维函数计算、傅里叶变换，以及产生伪随机数等。NumPy 极大地简化了向量和矩阵的运算，是 Python 中数据分析、机器学习和科学计算的"主力军"。在 Python 中，与数据科学相关的一些主要软件包如 scikit-learn、SciPy、Pandas、PyTorch 和 Tensorflow 都留有 NumPy 的接口。同时，NumPy 还支持用数学函数进行向量化运算，从而直接对数组进行操作。

要使用 NumPy 模块，可按代码 3.1 所示的方法加载它。

代码 3.1　加载 NumPy 库
```
01: from numpy import *  # 不建议用这种方式导入库
02: import numpy as np   # 建议用这种方式导入库
```

这里建议使用上面的第二种导入方法：不仅方便跟踪代码，而且能够避免名称空间污染。

在 NumPy 模块中，用于向量、矩阵和高维数据集的数据结构是数组，下面介绍对数组的各种操作。

---

① 官方网站为https://numpy.org/。

3.1.1　创建 NumPy 数组

初始化新 NumPy 数组的方法有多种，如下所示。

- 由列表创建数组。
- 使用函数生成数组，如使用 arange 函数、linspace 函数等。
- 从文件中读取数据形成数组。

1. 由列表创建数组

可以使用 np.array() 函数由 Python 列表创建新的向量或矩阵，如代码 3.2 所示。

代码 3.2　创建数组

```
01: import numpy as np
02: a = [1, 2, 3, 4]
03: print(a)
04: v = np.array(a)
05: print(v)
```

输出为

```
[1, 2, 3, 4]
[1 2 3 4]
```

生成一个二维数组的例子如代码 3.3 所示。

代码 3.3　生成二维数组

```
01: # 矩阵：数组函数的参数是一个嵌套的 Python 列表
02: M = np.array([[1, 2], [3, 4], [5, 6]])
03: print(M)
```

输出为

```
[[1 2]
 [3 4]
 [5 6]]
```

v 和 M 都是 NumPy 提供的 ndarray 类型，区别仅在于它们的形状。可用属性函数 ndarray.shape 得到数组形状的信息，如代码 3.4 所示。

代码 3.4　NumPy 数组的类型和尺寸

```
01: print(type(v), type(M))
02: print(v.shape)
03: print(M.shape)
```

输出为

```
<class 'numpy.ndarray'> <class 'numpy.ndarray'>
(4,)
(3, 2)
```

使用属性函数 ndarray.size 可以得到数组中元素的个数，如代码 3.5 所示。

代码 3.5　NumPy 数组中的元素个数

```
01: M.size
```

输出为

6

使用函数 np.shape() 和 np.size() 也可得到数组的形状和元素个数，如代码 3.6 所示。

代码 3.6　NumPy 数组的形状和元素个数

```
01: print(np.shape(M))
02: print(np.size(M))
```

输出为

```
(3, 2)
6
```

到目前为止，ndarray 看起来非常像 Python 列表（或嵌套列表）。为何不简单地使用 Python 列表来计算，而要创建一个新的数组类型？原因如下。

- Python 列表是通用的数据结构，可以包含任何类型的对象，且类型是动态的。由于动态类型的关系，使用 Python 列表实现大规模矩阵计算的效率不高。
- NumPy 数组是静态类型的和同构的，元素的类型是在创建数组时确定的；NumPy 数组的内存是高效的。
- 由于是静态类型的，数学函数的快速实现如 NumPy 数组的乘法和加法可用编译语言实现（使用 C 或 Fortran）。

利用 ndarray 的属性函数 dtype（数据类型），可以得出数组的数据类型，如代码 3.7 所示。

代码 3.7　NumPy 数组的数据类型

```
01: M.dtype
```

输出为

```
dtype('int64')
```

若给 NumPy 数组中的元素赋错误类型的值，则得到异常，如代码 3.8 所示。

代码 3.8　NumPy 数组的错误类型赋值

```
01: M[0,0] = "hello"
```

输出为

```
Traceback (most recent call last):
<ipython-input-17-3eecc5e8509b> in <module>
----> 1 M[0,0,0] = "hello"
ValueError: invalid literal for int() with base 10: 'hello'
```

要设定数组的数据类型，可用 dtype 关键字参数显式地定义创建的数组数据类型，如代码 3.9 所示。

代码 3.9　NumPy 数组的指定类型赋值

```
01: M = np.array([[1, 2], [3, 4]], dtype=complex)
02: print(M)
```

输出为

```
array([[1.+0.j, 2.+0.j],
```

```
      [3.+0.j, 4.+0.j]])
```

dtype 常用的数据类型包括 int、float、complex、bool、object 等，也可显式地定义数据类型的位数，如 int64、int16、float128、complex128 等。

2. 使用函数生成数组

对于较大的数组，使用显式的 Python 列表来初始化数据的效率较低，且代码是冗余的。因此，可以使用 NumPy 库中的多个函数来生成不同类型的数组。

1）arange()函数

arange()函数的作用是创建等差数组，如代码 3.10 所示。

代码 3.10　arange()函数示例 1

```
01: # 创建一个范围的数组
02: x = np.arange(0, 10, 1) # 参数: start, stop, step
03: y = range(0, 10, 1)
04: print(x)
05: print(list(y))
```

输出为

```
[0 1 2 3 4 5 6 7 8 9]
[0, 1, 2, 3, 4, 5, 6, 7, 8, 9]
```

和 Python 内置的 range 函数不同，arange 函数还支持浮点数输入，如代码 3.11 所示。

代码 3.11　arange()函数示例 2

```
01: x = np.arange(-1, 1, 0.1)
02: print(x)
```

输出为

```
array([-1.00000000e+00, -9.00000000e-01,  -8.00000000e-01,  -7.00000000e-01,
       -6.00000000e-01, -5.00000000e-01, -4.00000000e-01, -3.00000000e-01,
       -2.00000000e-01, -1.00000000e-01, -2.22044605e-16, 1.00000000e-01,
        2.00000000e-01, 3.00000000e-01, 4.00000000e-01, 5.00000000e-01,
        6.00000000e-01, 7.00000000e-01, 8.00000000e-01, 9.00000000e-01])
```

2）linspace()函数和 logspace()函数

linspace()函数用于创建一个等差数列的一维数组，所创建数组元素的数据格式是浮点型的，一般有三个参数：起始值、终止值（默认包含这个数值）、数的个数。logspace()函数用于创建等比数列，参数也包含起始值、终止值和数的个数，这里的起始值和终止值是 10 的幂（默认基数是 10）。如果要修改基数，可以通过添加参数 base 来实现，如代码 3.12 所示。

代码 3.12　linspace()函数和 logspace()函数示例

```
01: # 使 linspace 两边的端点也被包含
02: a = np.linspace(0, 10, 5)
03: print(a)
04: b = np.logspace(0, 10, 10, base=np.e)
05: print(b)
```

输出为

```
array([ 0. , 2.5, 5. , 7.5, 10. ])
array([1.00000000e+00, 3.03773178e+00, 9.22781435e+00, 2.80316249e+01,
       8.51525577e+01, 2.58670631e+02, 7.85771994e+02, 2.38696456e+03,
       7.25095809e+03, 2.20264658e+04])
```

3）mgrid()函数

mgrid()函数用于返回多维数组，它的三个参数分别是起点、终点和步长。函数左边的返回值按列展开，右边的返回值按行展开。步长是一个隐藏参数，默认为实数 1，当步长为实数时，表示按间隔划分，例如 0.1 表示从起点按 0.1 递增（左闭右开递增）。使用示例如代码 3.13 所示。

代码 3.13　mgrid()函数示例

```
01: y, x = np.mgrid[0:5, 0:5] #和 MATLAB 中的 meshgrid()函数类似
02: print(x)
03: print(y)
```

输出为

```
[[0, 1, 2, 3, 4],
 [0, 1, 2, 3, 4],
 [0, 1, 2, 3, 4],
 [0, 1, 2, 3, 4]]

[[1, 1, 1, 1, 1],
 [2, 2, 2, 2, 2],
 [3, 3, 3, 3, 3],
 [4, 4, 4, 4, 4]]
```

4）random()函数

random()函数用于生成随机数组，如代码 3.14 所示。

代码 3.14　random()函数示例 1

```
01: from numpy import random
02: # 生成 3x2 的随机数组，每个数都随机分布在区间[0,1)上
03: random.rand(3,2)
```

输出为

```
array([[0.42694709, 0.61672306],
       [0.12826306,  0.60573747],
       [0.5473042 ,  0.66715328]])
```

也可以生成正态分布的随机数，用法如代码 3.15 所示。

代码 3.15　random()函数示例 2

```
01: # 标准正态分布随机数
02: random.randn(3,2)
```

输出为

```
array([[ 0.11905835, 0.44561047],
       [ 1.05755809, -0.07468055],
       [ 0.76786518, -0.93804403]])
```

5）zeros()函数和 ones()函数

zeros() 函数用于生成一个全为 0 的多维数组，ones() 函数用于生成一个全为 1 的多维数组，如代码 3.16 所示。

代码 3.16　zeros() 函数和 ones() 函数示例

```
01: a = np.zeros((2,3))
02: print(a)
03:
04: b = np.ones((2,3))
05: print(b)
```

输出为

```
array([[0., 0., 0.],
       [0., 0., 0.]])
array([[1., 1., 1.],
       [1., 1., 1.]])
```

3.1.2　访问数组元素

1. 索引

可以用方括号和下标索引访问特定的元素，如代码 3.17 所示。

代码 3.17　下标索引

```
01: M = np.array([[1, 2], [3, 4], [5, 6]])
02: print(M[1,1])
03: print(M[1][1])
04:
05: # 如果省略其他索引，则返回整行，或者返回一个 N-1 维的数组
06: print(M[1])
07:
08: # 除了使用索引，还可以使用:来实现相同的效果
09: print(M[1,:])  #　行　1
```

输出为

```
3
3
[3 4]
[3 4]
```

采用索引可给数组中的元素赋新值，如代码 3.18 所示。

代码 3.18　下标访问

```
01: M[0,0] = 10       # 给单个元素赋值
02: M[1,:] = 0              # 对行和列也同样有用
03:
04: print(M)
```

输出为

```
[[10 2]
 [0  0]
 [5  6]]
```

2. 切片索引

切片索引是语法[lower:upper:step]的技术名称，用于访问数组中的部分元素，如[1:3]表示从下标为 1 的元素取到下标 3 的前一个元素。步长参数决定切片的间隔，如代码 3.19 所示。

代码 3.19　切片访问 1
```
01: A = np.array([1,2,3,4,5])
02: print(A[1:3])
```

输出为

```
array([2, 3])
```

切片索引是可变的，若为它们分配了新值，则从中提取切片的原始数组将被修改，如代码 3.20 所示。

代码 3.20　切片访问 2
```
01: A[1:3] = [-2,-3] # auto convert type
02: A[1:3] = np.array([-2, -3])
03: A
```

输出为

```
array([ 1, -2, -3, 4, 5])
```

在实际使用中，可以省略[lower:upper:step]中任意的零个、一个、两个甚至三个值，而使用默认值，如代码 3.21 所示。

代码 3.21　切片访问 3
```
01: print(A[::])  # lower、upper、step 都使用默认值，即取所有的元素
02: print(A[:])   # 取所有元素
03: print(A[::2]) # 步长是 2，lower 和 upper 表示数组的开始和结束
```

输出为

```
array([ 1, -2, -3, 4, 5])
array([ 1, -2, -3, 4, 5])
array([ 1, -3, 5])
```

索引切片工作方式对多维数组的操作与对一维数组的操作类似，如代码 3.22 所示。

代码 3.22　切片访问 4
```
01: A = np.array([[n+m*10 for n in range(5)] for m in range(5)])
02: print(A[1:4, 1:4]) # 原始数组中的一个块
```

输出为

```
array([[11, 12, 13],
       [21, 22, 23],
       [31, 32, 33]])
```

3. 花式索引

花式索引利用整数数组作为下标进行索引。与切片索引不同，它将获得的数据复制到新数组中，改变新数组中的值时，原数组不变，如代码 3.23 所示。

代码 3.23　花式索引
```
01: A =  np.array([[n+m*10 for n in range(5)] for m in range(5)])
```

```
02:
03: row_indices = [1, 2]
04: col_indices = [1, -1]  # 索引-1 代表最后一个元素
05:
06: print(A)
07: print(A[row_indices])
08: print(A[row_indices, col_indices])
```

输出为

```
[[ 0  1  2  3  4]
 [10 11 12 13 14]
 [20 21 22 23 24]
 [30 31 32 33 34]
 [40 41 42 43 44]]

[[10 11 12 13 14]
 [20 21 22 23 24]]

[11 24]
```

还可使用索引掩码进行索引。掩码是布尔数据类型的 NumPy 数组，一个元素是被选择（True）还是不被选择（False）取决于索引掩码在每个元素位置的布尔值，如代码 3.24 所示。

代码 3.24　索引掩码 1

```
01: B = np.array([n for n in range(5)])
02: row_mask = np.array([True, False, True, False, False])
03: print(B)
04: print(B[row_mask])
```

输出为

```
[0, 1, 2, 3, 4]
[0, 2]
```

这个特性在需要有条件地从数组中选择元素时非常有用。例如，使用比较运算符可以方便地选择特定的元素，如代码 3.25 所示。

代码 3.25　索引掩码 2

```
01: x = np.arange(0, 10, 0.5)
02: print(x)
03:
04: mask = (5 < x) * (x < 7.5)
05: print(mask)
06: print(x[mask])
07:
08: print(x[(3<x) * (x<6)])     # 也可直接将 mask 放在数组的索引中
```

输出为

```
[0. , 0.5, 1. , 1.5, 2. , 2.5, 3. , 3.5, 4. , 4.5, 5. ,
 5.5, 6. , 6.5, 7. , 7.5, 8. , 8.5, 9. , 9.5]
[False, False, False, False, False, False, False, False, False, False,
```

```
    False, True, True, True, True, False, False, False, False, False]

[5.5, 6. , 6.5, 7. ]

[3.5, 4. , 4.5, 5. , 5.5]
```

使用 where()函数可将索引掩码转换为位置索引。注意，where()函数的输入不同时，返回的输出也不同：若输入是一个一维数组，则返回一个索引数组；若输入是一个二维数组，则返回两个索引数组，这两个索引数组表示所有满足条件的元素的位置。使用示例如代码 3.26 所示。

代码 3.26　where()函数

```
01: x = np.arange(0, 10, 0.5)
02: mask = (5 < x) * (x < 7.5)
03:
04: indices = np.where(mask)
05: print(indices)
```

输出为

```
(array([11, 12, 13, 14]),)
```

4. 遍历数组元素

通常情况下，应尽可能避免遍历数组元素等操作，因为在 Python 这样的解释语言中，迭代操作要比向量化操作慢很多。然而，有时程序会不可避免地进行一些迭代操作。对于这种情况，Python 的 for 循环是最方便的遍历数组的方法，如代码 3.27 所示。

代码 3.27　遍历数组元素

```
01: v = np.array([1,2,3,4])
02:
03: for element in v:
04:     print(element)
```

输出为

```
1
2
3
4
```

当需要遍历一个数组的每个元素并修改数组的元素时，使用 enumerate()函数可以方便地在 for 循环中获得元素及其索引，如代码 3.28 所示。

代码 3.28　enumerate()函数

```
01: M = np.array([[1, 2], [3, 4]])
02:
03: for row_idx, row in enumerate(M):
04:     print("row_idx", row_idx, "row", row)
05:
06:     for col_idx, element in enumerate(row):
07:         print("col_idx", col_idx, "element", element)
08:         # 更新矩阵：对每个元素求平方
09:         M[row_idx, col_idx] = element ** 2
```

输出为

```
row_idx 0 row [1 2]
col_idx 0 element 1
col_idx 1 element 2
row_idx 1 row [3 4]
col_idx 0 element 3
col_idx 1 element 4
```

3.1.3　文件读写

在实际开发中，经常需要从文件中读取数据进行处理。NumPy 中提供一系列读写文件的方法，下面依次介绍它们。

1. 逗号分隔值（CSV）文件

逗号分隔值（Comma-Separated Values，CSV）文件是一种常见的数据文件格式，要从这些文件中将数据读入 NumPy 数组，可以使用 genfromtxt() 函数。genfromtxt() 函数用于创建数组表格数据，它先将文件的每行转换成字符串序列，后将每个字符串序列转换成相应的数据类型。

注意：下面的例子使用在线教程的数据，并使用 Jupyter Notebook 环境，其中 "!" 表示调用操作系统的命令 head（Linux 操作系统下支持）。

下面通过 head 命令查看文件的结构，如代码 3.29 所示。

代码 3.29　查看文件结构
```
01: !head stockholm_td_adj.dat
```

输出为

```
1800    1    1    -6.1     -6.1     -6.1     1
1800    1    2    -15.4    -15.4    -15.4    1
1800    1    3    -15.0    -15.0    -15.0    1
1800    1    4    -19.3    -19.3    -19.3    1
1800    1    5    -16.8    -16.8    -16.8    1
1800    1    6    -11.4    -11.4    -11.4    1
1800    1    7    -7.6     -7.6     -7.6     1
1800    1    8    -7.1     -7.1     -7.1     1
1800    1    9    -10.1    -10.1    -10.1    1
1800    1    10   -9.5     -9.5     -9.5     1
```

使用 NumPy 加载 CSV 文件的方式如代码 3.30 所示。

代码 3.30　加载 CSV 文件
```
01: import numpy as np
02: data = np.genfromtxt('stockholm_td_adj.dat')
03: print(data.shape)
```

输出为

```
(77431, 7)
```

这个文件中的数据较多，因此可以可视化数据以方便查看，如代码 3.31 所示。

代码 3.31 可视化数据

```
01: %matplotlib inline
02: import matplotlib.pyplot as plt
03:
04: fig, ax = plt.subplots(figsize=(14,4))
05: ax.plot(data[:,0]+data[:,1]/12.0+data[:,2]/365, data[:,5])
06: ax.axis('tight')
07: ax.set_title('斯德哥尔摩的温度')
08: ax.set_xlabel('年份')
09: ax.set_ylabel('温度（摄氏度）');
```

所加载数据的可视化效果如图 3.2 所示。

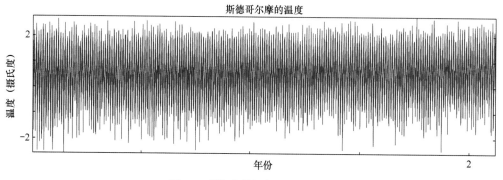

图 3.2 所加载数据的可视化效果

使用 np.savetxt()函数可以按照 CSV 格式来保存 NumPy 数组。np.savetxt()函数将数据保存至本地，它有两个参数：一个是保存的文件名，另一个是需要保存的数组名；另外，还可以通过添加格式参数来确定想要保存的数据的格式，如代码 3.32 所示。

代码 3.32 保存数据

```
01: M = np.random.rand(3,3)
02: np.savetxt("random-matrix.csv", M)
03: !cat random-matrix.csv
```

输出为

```
2.333539099227897040e-01 9.865990104831434682e-02 5.722480315676647944e-02
6.954493301173710895e-01 5.398844914884662893e-01 7.058277231806755481e-01
7.487520572646998440e-01 9.427574847574227146e-02 7.859238035716934467e-01
```

2. NumPy 数据文件

如果不需要和用其他编程语言编写的程序交互数据，就可将数据保存为 NumPy 数据文件，np.save()函数用于将文件保存至本地，np.load()用于加载 NumPy 数组文件，如代码 3.33 所示。

代码 3.33 保存和读取 NumPy 数据文件

```
01: np.save("random-matrix.npy", M)
02: !file random-matrix.npy
03:
04: b = np.load("random-matrix.npy")
05: print(b)
```

输出为

```
random-matrix.npy: data
array([[0.23335391, 0.0986599 , 0.0572248 ],
       [0.69544933, 0.53988449, 0.70582772],
       [0.74875206, 0.09427575, 0.7859238 ]])
```

可以看出，文件格式为 data 数据类型文件，且使用 np.load() 成功加载。

3.1.4　线性代数函数

向量化计算是使用 Python/NumPy 编写高效计算程序的关键，这意味着要尽可多地使用矩阵和向量运算来表示计算程序，如矩阵−矩阵乘法。本节介绍 NumPy 支持的线性代数运算。

1. 标量数组的四则运算

常用的算术运算符可用来对标量数组进行四则运算，如代码 3.34 所示。

代码 3.34　标量数组的四则运算
```
01: v1 = np.arange(0, 5)
02: print(v1 * 2)
03: print(v1 + 2)
```

输出为

```
[0, 2, 4, 6, 8]
[2, 3, 4, 5, 6]
```

2. 数组间的元素运算

对数组进行四则运算时，默认是逐元素运算的，如代码 3.35 所示。

代码 3.35　数组间的元素运算
```
01: A = np.random.rand(2, 3)
02: print(A*A) # element-wise 乘法
```

输出为

```
array([[0.01631387, 0.07979648, 0.17205463],
       [0.4252469 , 0.55350063, 0.0008055 ]])
```

3. 矩阵代数

矩阵的乘法可以使用 dot() 函数，它的两个参数可以计算矩阵−矩阵、矩阵−向量和向量−向量相乘。使用 dot() 函数对两个一维数组进行计算时，结果为两个数组的内积；对两个二维数组进行时，结果为两个二维数组所对应的矩阵乘积，如代码 3.36 所示。

代码 3.36　矩阵代数
```
01: A = np.array([[n+m*10 for n in range(5)] for m in range(5)])
02: v1 = np.array([1, 2, 3, 4, 5])
03:
04: print(np.dot(A, A))
05: print(np.dot(A, v1))
06: print(np.dot(v1.T, v1)) # .T 表示转置运算
```

输出为

```
[[ 300  310  320  330  340]
 [1300 1360 1420 1480 1540]
 [2300 2410 2520 2630 2740]
 [3300 3460 3620 3780 3940]
 [4300 4510 4720 4930 5140]]

[ 40 190 340 490 640]

55
```

另外，可将数组对象转换成矩阵，这将改变标准算术运算符+、-、×的操作而变成矩阵代数。矩阵是 NumPy 函数库中不同于数组的数据类型，它可直接对矩阵数据进行计算，还提供基本的统计功能，如转置、求逆等。矩阵是数组的分支，很多的时候是通用的，不同的是，矩阵可以使用简单的运算符号，而数组则更灵活，如代码 3.37 所示。

代码 3.37　矩阵的操作

```
01: M = np.matrix(A)
02: v = np.matrix(v1).T  # 变成列向量
03:
04: print(M*M)
05: print(M*v)
```

输出为

```
[[ 300  310  320  330  340]
 [1300 1360 1420 1480 1540]
 [2300 2410 2520 2630 2740]
 [3300 3460 3620 3780 3940]
 [4300 4510 4720 4930 5140]]

[[ 40]
 [190]
 [340]
 [490]
 [640]]
```

4．矩阵求逆

调用 np.linalg.inv() 函数可以求矩阵的逆，如代码 3.38 所示。

代码 3.38　矩阵求逆

```
01: A = np.array([[1, 5], [4, 2]])
02: np.linalg.inv(A)
```

输出为

```
array([[-0.11111111, 0.27777778],
 [ 0.22222222, -0.05555556]])
```

3.1.5　数据统计

将数据集存储在 NumPy 数组中通常是非常有用的。NumPy 函数库提供了许多用于对数组中的数据集进行统计的函数，常用的函数主要包括如下几种。

- mean()：计算平均值
- std()：计算标准差
- var()：计算方差
- max()：取最大值

- min()：取最小值
- sum()：计算各个元素之和
- prod()：计算所有元素的乘积
- trace()：计算对角线元素的和

1．统计函数的用法

下面仍以斯德哥尔摩温度数据集为例，说明如何计算平均值、方差等统计值，如代码 3.39 所示。

代码 3.39　统计函数的用法示例

```
01: import numpy as np
02: data = np.genfromtxt('stockholm_td_adj.dat')
03:
04: # 技巧：当数据较多时，可以先打印维度和尺寸
05: print(np.shape(data))
06:
07: # 计算平均值
08: print(np.mean(data[:,3]))
09:
10: # std()函数用于计算标准差，var()函数用于计算方差
11: print(np.std(data[:,3]))
12: print(np.var(data[:,3]))
13:
14: # max()函数用于计算最大值，min()函数用于计算最小值
15: print(data[:,3].min())
16: print(data[:,3].max())
```

输出为

```
(77431, 7)            # 数据的维度

6.197109684751585     # 在过去 200 年里，斯德哥尔摩每天的平均气温约为 6.2℃

8.282271621340573     # 标准差
68.59602320966341     # 方差

-25.8                 # 最小值
28.3                  # 最大值
```

函数 sum()、prod() 和 trace() 的用法如代码 3.40 所示。

代码 3.40　函数 sum()、prod()、cumsum() 的用法示例

```
01: d = np.arange(0, 10)
02:
03: # 将所有元素相加
04: print(np.sum(d))
05:
06: # 全元素积分
07: print(np.prod(d+1))
08:
09: # 累计求和
10:  print(np.cumsum(d))
```

输出为

```
45

3628800

[ 0, 1, 3, 6, 10, 15, 21, 28, 36, 45]
```

2. 数组子集的统计

为了计算部分数据的统计值，可以使用索引、花式索引或者从其他数组中提取所关心的数据，并计算统计值。下面仍以前面的温度数据集来查看文件的结构，如代码 3.41 所示。

代码 3.41　显示文件的前三行

```
01: !head -n 3 stockholm_td_adj.dat
```

输出为

```
1800    1    1    -6.1    -6.1    -6.1    1
1800    1    2   -15.4   -15.4   -15.4    1
1800    1    3   -15.0   -15.0   -15.0    1
```

数据集的格式如下：年，月，日，日平均气温，日最低气温，日最高气温，位置编号。如果对某个月份如二月的平均气温感兴趣，那么可以创建一个索引掩码，然后用它来选择给定月份的数据，如代码 3.42 所示。

代码 3.42　计算二月的温度平均值和标准差

```
01: mask_feb = data[:,1] == 2        # 得到二月的 mask
02:
03: # 获取二月的温度平均值和标准差
04: print(np.mean(data[mask_feb,3]))
05: print(np.std(data[mask_feb,3]))
```

输出为

```
array([ 1., 2., 3., 4., 5., 6., 7., 8., 9., 10., 11., 12.])

-3.212109570736596
5.090390768766271
```

有了这些强大的数据提取方法，就可方便地计算各年各月的平均气温，统计得到的各月的平均气温如图 3.3 所示，具体实现如代码 3.43 所示。

代码 3.43　计算各月的平均

```
01: %matplotlib inline
02: import matplotlib.pyplot as plt
03:
04: months = np.arange(1,13)
05: monthly_mean = [np.mean(data[data[:,1] == month, 3]) for month in months]
06:
07: fig, ax = plt.subplots()
08: ax.bar(months, monthly_mean)
09: ax.set_xlabel("月份")
10: ax.set_ylabel("月平均气温");
```

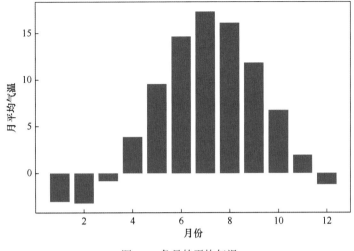

图 3.3　各月的平均气温

3．高维数组的维度

对高维数组应用 min()、max() 等函数时，是对整个数组进行计算的。但在很多情况下，需要计算某个维度的数据统计值，而使用 axis 参数可以根据行或列来决定函数的具体表现，如代码 3.44 所示。

代码 3.44　数组的 max() 函数示例

```
01: import numpy as np
02:
03: m = np.array([[n+m*10 for n in range(5)] for m in range(5)])
04:
05: # 整体最大值
06: m.max()
07:
08: # 各列的最大值
09: m.max(axis=0)
```

输出为

```
44
```

```
array([40, 41, 42, 43, 44])
```

许多适用于数组和矩阵的函数与方法可以接受相同的关键字参数 axis。

3.1.6　数组的操作

1．数组变形、大小调整和堆叠

NumPy 数组的形状确定后就不需要复制底层数据，这就使得即使是对大型数组，计算机也能进行较快的操作，如代码 3.45 所示。

代码 3.45　数组变形

```
01: import numpy as np
02: A = np.array([[n+m*10 for n in range(3)] for m in range(3)])
03: n, m = A.shape
```

```
04:
05: # 将 A 变形为(1,25)，reshape()函数用于改变数组的形状。
06: B = A.reshape((1,n*m))
07: print(B)
08:
09: B2 = A.reshape((n*m, 1))
10: print(B2)
11:
12: B[0, 0:3] = 9
13: print(B)
14: print(A)
```

输出为

```
[[ 0  1  2 10 11 12 20 21 22]]

[[ 0]
 [ 1]
 [ 2]
 [10]
 [11]
 [12]
 [20]
 [21]
 [22]]

# 原始变量发生改变。B 只是相同数据的不同形状
[[ 9  9  9 10 11 12 20 21 22]]
[[ 9  9  9]
 [10 11 12]
 [20 21 22]]
```

2．添加、删除维度

对矩阵进行乘法运算时，两个矩阵对应的维度保持一致才能正确执行。如果两个矩阵的维度不一致，那么可以使用 newaxis()函数来增加一个新维度，例如将一个向量转换为列矩阵或行矩阵，如代码 3.46 所示。

代码 3.46　增加维度

```
01: v = np.array([1,2,3])
02: print(np.shape(v))
03: print(v)
04:
05: # 通过 reshape 改变维度
06: v2 = v.reshape(3, 1)
07: print(v2.shape)
08: print(v2)
09:
10: # 将向量 v 变成列矩阵
11: v3 = v[:, np.newaxis]
12: print(v.shape)
13: print(v3.shape)
```

```
14: print(v3)
```

输出为

```
(3,)
[1 2 3]

(3, 1)
[[1]
[2]
[3]]

(3,)
(3, 1)
[[1]
[2]
[3]]
```

在某些情况下，需要删除长度为 1 的维度，这时可以使用 np.squeeze() 函数，如代码 3.47 所示。

代码 3.47　删除维度

```
01: arr = np.array([[[1, 2, 3], [2, 3, 4]]])
02: print(arr.shape)
03: print(arr)
04:
05: # 实际上第一个维度为 1，但我们不需要
06: arr2 = np.squeeze(arr, 0)
07: print(arr2.shape)
08: print(arr2)
```

输出为

```
(1, 2, 3)
[[[1 2 3]
  [2 3 4]]]

(2, 3)
[[1 2 3]
[2 3 4]]
```

注意：仅当数组长度在某个维度上为 1 时，才能删除该维度，否则报错。

3. 叠加和重复数组

利用函数 repeat()、tile()、vstack()、hstack() 和 concatenate()，可以用较小的向量和矩阵来创建更大的向量和矩阵。repeat() 函数用于重复数组中的元素，tile() 函数用于横向和纵向地复制原矩阵，如代码 3.48 所示。

代码 3.48　重复数组

```
01: a = np.array([[1, 2], [3, 4]])
02: b = np.array([[5, 6]])
03:
04: # 重复每个元素三次
```

```
05: np.repeat(a, 3)
06:
07: # 更好的方案，保证原数组的形状
08: np.tile(a, (1, 3))
09:
10: # concatenate()函数用于连接多个数组
11: np.concatenate((a, b), axis=0)
12: np.concatenate((a, b.T), axis=1)
13:
14: # vstack()函数沿第一个轴堆叠数组，hstack()函数按水平方向组合两个数组
15: np.vstack((a,b))
16: np.hstack((a,b.T))
```

输出为

```
array([1, 1, 1, 2, 2, 2, 3, 3, 3, 4, 4, 4])

array([[1, 2, 1, 2, 1, 2],[3, 4, 3, 4, 3, 4]])

array([[1, 2],[3, 4],[5, 6]])
array([[1, 2, 5],[3, 4, 6]])

array([[1, 2],[3, 4],[5, 6]])
array([[1, 2, 5],[3, 4, 6]])
```

4. 数组的复制和"深度复制"

为了获得高性能，NumPy 中的赋值通常不复制底层数据。例如，在函数之间传递对象时，复制数组通常可以避免产生大量不必要的内存复制，代码 3.49 所示。

代码 3.49　数组复制

```
01: A = np.array([[1, 2], [3, 4]])
02:
03: # 现在B和A指的是同一个数组数据
04: B = A
05:
06: # 改变B影响A
07: B[0,0] = 10
08:
09: print(A)
10: print(B)
```

输出为

```
[[10, 2],
 [ 3, 4]]

[[10, 2],
 [ 3, 4]]
```

在上例中，改变数组 B 中元素的值，数组 A 也发生变化，说明 B 和 A 共用同一个数组的内容。要避免这种情况，即改变对象 B 时不改变 A，可在从 A 复制一个完全独立的新对象 B 时，使用函数 copy()做"深度复制"，如代码 3.50 所示。

代码 3.50　数组深度复制

```
01: B = np.copy(A)
02:
03: # 现在如果改变B，A 不受影响
04: B[0,0] = -5
05:
06: print(A)
07: print(B)
```

输出为

```
[[10, 2],
 [ 3, 4]]
```

```
array([[-5, 2],
       [ 3, 4]])
```

5．类型转换

NumPy 数组是静态类型的，而数组的类型一旦创建就不会改变。然而，使用 astype() 函数［参见类似的 asarray() 函数[①]］可以显式地将一个数组的类型转换为其他类型，进而创建一个新类型的数组，如代码 3.51 所示。

代码 3.51　数组类型转换

```
01: M = np.array([[1, 2], [3, 4]])
02: print(M.dtype)
03:
04: M2 = M.astype(float)
05: print(M2)
```

输出为

```
dtype('int64')
```

```
[[1. 2.]
 [3. 4.]]
```

3.2　Matplotlib 绘图库

Matplotlib 是 Python 的绘图库，它与 NumPy 一起使用，提供了有效的 MATLAB 开源替代方案。它也可与图形工具包一起使用，如 PyQt 和 wxPython，以让自己开发的程序支持图形绘制。Matplotlib 库可通过 pip 或 Conda 直接安装，十分方便。

matplotlib.pyplot 是一组命令风格的函数，使用方式类似于 MATLAB。每个 Pyplot 都对图形进行一些操作，如创建图形、在图形中创建绘图区域、在绘图区域中绘制一些线、使用标签装饰图形等。matplotlib.pyplot 的各种状态保存在函数调用中，因此能跟踪当前图、绘图区域，且绘图功能是针对当前轴的，如代码 3.52 所示。

代码 3.52　基本绘图示例

```
01: import numpy as np
```

[①] 资料参考见https://numpy.org/doc/stable/reference/generated/numpy.asarray.html。

```
02: import matplotlib.pyplot as plt
03:
04: # 设置 x 轴的数据和 y 轴的数据，'o-r'配置绘制的类型与颜色
05: plt.plot([1,2,3,4],[1,2,3,4], 'o-r')
06: plt.ylabel('some  numbers')
07: plt.xlabel('variable')
```

所绘的一条直线如图 3.4 所示，折线图中的 x 和 y 由 plt.plot() 函数的前两个参数给出，类型由第三个参数给出。对每对 x, y 参数，都有一个可选的第三个参数，它是表示图形颜色和线条类型的格式字符串。

格式字符串的字母和符号与 MATLAB 中的一致，可将一个彩色字符串与一个行样式字符串连接起来。默认的格式字符串是'b-'，它表示一条纯蓝色的线，也可以指定其他颜色，如图 3.5 所示。Pyplot 还支持许多其他自定义的类型和颜色。

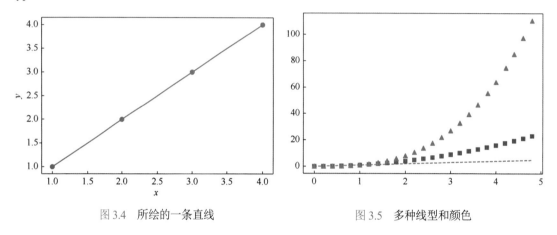

图 3.4　所绘的一条直线　　　　　　　图 3.5　多种线型和颜色

表 3.1 显示了 Pyplot 支持的绘图样式，这些样式有助于更好地区分不同的数据类型，因此赋予了使用者很大的自由度[①]。

表 3.1　Pyplot 支持的绘图样式

o	圆圈	.	点	D	菱形	s	正方形	*	星号	_	水平线
v	朝下三角形	<	朝左三角形	^	朝上三角形	+	加号	|	竖线	x	X

3.2.1　多子图绘制

类似于 MATLAB，Pyplot 也有当前图的概念，所有的绘图命令都适用于当前图。例如，plt.subplot (nrows, ncols, index) 将绘图区域分成 nrows 行和 ncols 列，并在第 index 个子图下绘制。代码 3.53 演示了如何绘制两个子图，结果如图 3.6 所示。

代码 3.53　子图绘制示例

```
01: t = np.arange(0.0, 5.0, 0.1)
```

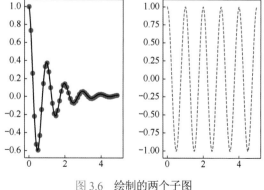

图 3.6　绘制的两个子图

---

① 更多示例请参考http://matplotlib.org/examples/index.html。

```
02: plt.subplot(1,2,1)
03: plt.plot(t, np.exp(-t1) * np.cos(2*np.pi*t1), 'bo', t2, f(t2), 'k')
04: plt.subplot(1,2,2)
05: plt.plot(t, np.cos(2*np.pi*t), 'r--')
```

3.2.2 图像处理

在后面的学习中，我们需要显示图像，而使用 pyplot.imshow()函数可以显示图像。该函数有一个参数 cmap，它提供多种类型的颜色映射。使用时指定 cmap 参数，可为图像添加一些效果。例如，代码 3.54 的结果如图 3.7 所示，即使用 hot 效果后的样子。

代码 3.54 显示图像
```
01: plt.imshow(img, cmap="hot") # cmap 的可选参数还有 hsv、turbo、pink、spring 等
```

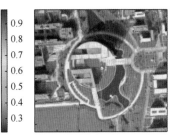

图 3.7 代码 3.54 的结果

3.3 小结

本章简要介绍了 NumPy 和 Matplotlib 的基本用法。为了更好地完成后面的机器学习课程，还需要读者系统地进行学习，并通过做练习题来深刻地了解这些库的特点与用法。掌握这些基本知识后，重要的是需要知道遇到不会的用法时可去哪里查阅资料。

下面给出一些常用的资料，以方便读者查阅。

- NumPy 简易教程（http://matplotlib.org/examples/index.html）。
- NumPy 官方用户指南（https://www.numpy.org.cn/user/）。
- NumPy 官方参考手册（https://www.numpy.org.cn/reference/）。
- 针对 MATLAB 使用者的 NumPy 教程（http://scipy.org/NumPy_for_Matlab_Users）。
- Matplotlib 的示例（http://www.matplotlib.org.cn/gallery/）。

3.4 练习题

01. 对于一个已有的数组，如何添加一个用 0 填充的边界？例如，如何将代码 3.55 所示的二维矩阵变换为代码 3.56 所示的矩阵？

代码 3.55
```
01: 10, 34, 54, 23
02: 31, 87, 53, 68
03: 98, 49, 25, 11
04: 84, 32, 67, 88
```

代码 3.56
```
01: 0,  0,  0,  0,  0, 0
02: 0, 10, 34, 54, 23, 0
03: 0, 31, 87, 53, 68, 0
04: 0, 98, 49, 25, 11, 0
05: 0, 84, 32, 67, 88, 0
06: 0,  0,  0,  0,  0, 0
```

02. 创建一个 5×5 的矩阵，并将其对角线上元素的值设为 1, 2, 3, 4。

03. 创建一个 8×8 的矩阵，并将其设置为国际象棋棋盘样式（黑用 0，白用 1）。

04. 求解方程组的方法有多种，试分析各种方法的优缺点（最简单的方法是消元法）。对代码 3.57 所示的多元线性方程组，编写求解的程序。

代码 3.57

```
01: 3x + 4y + 2z = 10
02: 5x + 3y + 4z = 14
03: 8x + 2y + 7z = 20
```

05. 翻转一个数组（第一个元素变成最后一个元素）。

06. 生成一个 10×10 的随机数组，求数组中的最大值和最小值。

07. 参照图 3.8，画出一个二次函数，同时画出采用梯形法求积分时的各个梯形。

08. 绘制函数 $f(x) = \sin^2(x-2)\mathrm{e}^{-x^2}$，需要画出图题、$x$ 轴和 y 轴，其中 x 的取值范围是 [0, 2]。

09. 模拟一名醉汉在二维空间的随机漫步。例如，在一维情况下，x 轴表示步子，y 轴表示游走的位置，如图 3.9 所示。在二维情况下，x 和 y 分别表示游走的位置。当然，也可在三维情况下绘制，其中 z 表示步子。

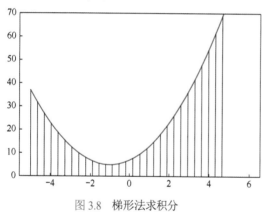

图 3.8　梯形法求积分

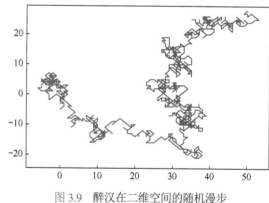

图 3.9　醉汉在二维空间的随机漫步

3.5　在线练习题

扫描如下二维码，访问在线练习题。

第4章 k 最近邻算法

分类是机器学习的基本任务之一，是指将数据样本映射到一个已事先定义的类别中的学习过程，即生成一个分类函数或分类模型，将每个数据样本分配到某个定义好的类别中。为了让读者更好地理解机器学习方法，本章首先介绍一种最基本的分类方法——k 最近邻（k-Nearest Neighbor，kNN）算法。k 最近邻算法是机器学习中的基础算法之一，它既能用于分类，又能用于回归。k 最近邻算法的核心思想是，通过度量给定样本到训练数据集中所有样本的特征距离，将与给定样本特征距离最近的 k 个样本中出现次数最多的类别指定为该样本最优估计的类别。图 4.1 显示了本章配套资源的二维码。

(a)本章配套在线视频 (b)本章配套在线讲义

图 4.1 本章配套资源的二维码

4.1 k 最近邻原理

在分类问题中，对于一个样本 x_u，可以根据距离其最近的样本的类别来判断其所属的类别，也就是说，新加入的待分类样本在距离上接近哪个类别，它就属于哪个类别。简单地说，k 最近邻算法的策略如下：有一堆已知类别的样本，当一个新样本进入时，依次求它与训练样本中的每个样本点的距离，然后挑选训练样本中最近的 k 个点，通过被选样本所属的类别来决定待分配样本所属的类别。如图 4.2 所示，已知三个类 ω_1、ω_2 和 ω_3，当 k 为 5 时，新加入的样本 x_u 属于类 ω_1，因为在与 x_u 最近的 5 个样本中，有 4 个样本属于类 ω_1。

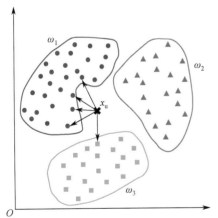

图 4.2 k 最近邻算法的基本原理

在实际应用中，样本可能不是简单的二维数据。事实上，算法的"距离"定义在样本的特征空间中，使用时应该仔细设计样本的特征，也就是说，不同类别的样本在特征空间中要有一定的区分度。k 最近邻算法虽然原理上也依赖于极限定理，但是在进行类别决策时只与极少量的相邻样本有关。由于 k 最近邻算法主要依靠周围邻近的有限样本而非判别类别的方法来确定所属的类别，所以对类别交叉或重叠较多的待分样本集，较其他方法来说更合适。

k 最近邻算法虽然简单实用，但在实际应用中存在如下问题。

- 当样本不平衡时，如一个类别的样本容量很大而其他类别的样本容量很小时，有可能导致输入一个新样本时，该样本的 k 个邻居中大容量类别的样本占多数。在这种情况下，可能会产生误判。因此，可以采用加权的方法（与该样本距离短的邻居的权重大）来改进。
- 仅适合在数据量少的情况下使用，因为对每个待分类的数据，都要计算它到全体已知样本的距离才能求得它的 k 个最近邻点，计算复杂度较大。目前，常用的解决方法是事先对已知样本点进行剪辑，去除对分类作用不大的样本。

k 最近邻算法不仅可以用于分类，而且可以用于回归。通过找出一个样本的 k 个最近邻居，并将这些邻居的属性的平均值赋给该样本，就可得到该样本的最优估计值。更常用的方法是，为不同距离的邻居对样本的影响分配不同的权重，如将权重设置为与距离成反比。

4.1.1　特征距离计算

在 k 最近邻算法中，需要比较给定样本到其他样本的特征距离，因此要引入特征空间中的距离度量方式。在机器学习中有几种常用的距离度量方式，如曼哈顿距离、欧氏距离等，k 最近邻算法中使用的通常是欧氏距离。下面以二维平面为例加以说明。在二维空间中，两个点之间的欧氏距离的计算公式为

$$d = \sqrt{(x_2^1 - x_1^1)^2 + (x_2^2 - x_1^2)^2} \tag{4.1}$$

式中，x_1、x_2 分别表示第 1 个样本和第 2 个样本，上标表示特征维度。

在二维空间中，该距离实际上是 (x_1^2, x_1^2) 和 (x_2^1, x_2^2) 之间的距离。拓展到 D 维空间，公式变成

$$d(x_1, x_2) = \sqrt{(x_1^1 - x_2^1)^2 + (x_1^2 - x_2^2)^2 + \cdots + (x_1^D - x_2^D)^2} = \sqrt{\sum_{i=1}^{D}(x_1^i - x_2^i)^2} \tag{4.2}$$

k 最近邻算法的本质是，计算待预测样本到所有已知样本的距离，然后对计算得到的距离排序，选出距离最小的 k 个值，看哪些类别较多。

4.1.2　算法步骤

有了上面的基本原理介绍，就可动手实现 k 最近邻算法的程序。为了让读者养成较好的思维习惯，下面先分析算法的步骤，再逐步增加细节，最终实现程序的编写与测试。根据前面对 k 最近邻算法的原理分析，具体操作如算法 4.1 所示。

算法 4.1　k 最近邻算法流程

输入：训练数据 $\boldsymbol{T} = \{(x_1, y_1), (x_2, y_2), \cdots, (x_N, y_N)\}$，其中 $x_i \in \mathbb{R}^D$，
　　　　$y_i \in \boldsymbol{Y} = \{0, 1, \cdots, K-1\}$，$i = 1, 2, \cdots, N$；待分类的样本 $\boldsymbol{x}_u$；最近邻的数量 k

输出：预测的最优类别 y_{pred}

1. 准备数据
2. 计算待分类样本 $\boldsymbol{x}_u$ 与每个样本之间的距离
3. 按递增关系对距离排序
4. 取出与 $\boldsymbol{x}_u$ 最近的前 k 个样本 $\boldsymbol{X}_k$
5. 统计 $\boldsymbol{X}_k$ 的标签类型，设出现得最多的类别为 y_{pred}
6. 返回 y_{pred}

以上流程的第一步是准备数据；第二步是计算待分类样本 $\boldsymbol{x}_u$ 与训练数据集中每个样本的特征距离，这一步可以采用循环方式来计算，或者利用 NumPy 的矩阵来计算；第三步是将计算得到的 N 个距离值按从小到大的顺序排序；第四步是根据距离值，取出前 k 个距离最小的样本点；第五步是统计前 k 个距离最小的样本点在哪个类中出现的次数最多，并设出现次数最多的类为 y_{pred}；最后一步是返回最优的类 y_{pred}。

注意：上述处理过程的难点有哪些？关键的技术点有哪些？如何将算法转换成可执行的程序？每个处理步骤如何用程序语言来描述？

上述算法分析可帮助读者理清处理流程，并根据每步操作选用合适的语句、函数和第三方库。刚开始学习编程时，不用追求完美，实现程序的功能即可，等到程序通过测试后，再思考每个步骤如何才能做得更好。例如，参阅他人编写的程序，不断积累经验，进而重构程序。

4.2　机器学习的思维模型

学习 k 最近邻算法的原理和实现时，需要思考机器学习解决问题的思维方式，即在给定问题后，如何思考并解决机器学习问题。从问题到测试，机器学习的思维模型如图 4.3 所示。

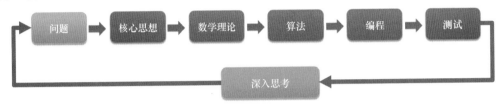

图 4.3　机器学习的思维模型

机器学习解决实际问题的主要流程包含如下几个步骤。

- 问题：需要解决的问题是什么？用什么表达待解决问题的关键要素？
- 核心思想：采用什么手段解决问题？
- 数学理论：如何构建数学模型？使用什么数学方法？
- 算法：如何将数学理论、处理流程转换成计算机可以实现的算法？
- 编程：如何将算法变成计算机可以执行的程序？
- 测试：如何使用训练数据和测试数据来验证算法？
- 深入思考：所用的方法能够取得什么效果？存在什么问题？如何改进？

采用上述过程，就可解决给定的问题。可以看出，机器学习不仅包含数学理论，而且包含算法、编程、测试三个环节。实际操作这三个环节，能帮助读者掌握机器学习的思维，进而深入理解机器学习的内在逻辑与规律。

4.3　数据生成

采用机器学习解决问题时，编程的第一步是生成并整理训练数据和测试数据，然后可视化这些数据。观察数据在特征空间中的分布，可以大致了解数据的特性。因此先生成一些训练数据和测试数据，具体实现的程序如代码 4.1 所示。

代码 4.1　生成训练数据和测试数据

```
01: %matplotlib inline
02:
03: import numpy as np
04: import matplotlib.pyplot as plt
05:
06: # 生成模拟数据
07: np.random.seed(314)
08:
09: data_size1 = 100
```

```
10: x1 = np.random.randn(data_size1, 2) + np.array([4,4])
11: y1 = [0 for _ in range(data_size1)]
12:
13: data_size2 = 100
14: x2 = np.random.randn(data_size2, 2)*2 + np.array([10,10])
15: y2 = [1 for _ in range(data_size2)]
16:
17: # 合并生成全部数据
18: x = np.concatenate((x1, x2), axis=0)
19: y = np.concatenate((y1, y2), axis=0)
20:
21: data_size_all = data_size1 + data_size2
22: shuffled_index = np.random.permutation(data_size_all)
23: x = x[shuffled_index]
24: y = y[shuffled_index]
25:
26: # 分割训练数据与测试数据
27: split_index = int(data_size_all*0.7)
28: x_train = x[:split_index]
29: y_train = y[:split_index]
30: x_test = x[split_index:]
31: y_test = y[split_index:]
32:
33: # 绘制结果
34: plt.scatter(x_train[:,0], x_train[:,1], c=y_train, marker='.')
35: plt.title("训练数据")
36: plt.show()
37: plt.scatter(x_test[:,0], x_test[:,1], c=y_test, marker='.')
38: plt.title("测试数据")
39: plt.show()
```

以上代码分别从以(4, 4)为中心和以(10, 10)为中心的两个不同高斯分布中抽取 100 个样本点。来自不同高斯分布的样本点属于不同的类。合并样本后，打乱顺序，取前 70%作为训练数据，取后 30%作为测试数据，同时可视化数据点的分布，结果如图 4.4 所示。

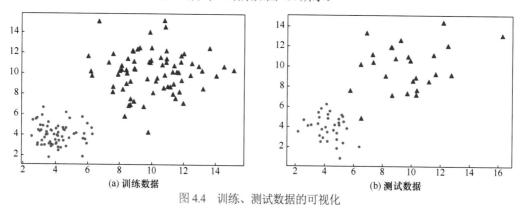

(a) 训练数据　　　　　　　　　　　　　　(b) 测试数据

图 4.4　训练、测试数据的可视化

4.4 程序实现

结合算法步骤，*k* 最近邻算法的实现主要分为三步：计算距离、按距离取样本点和投票决定类别。为了加深理解，下面编写函数实现 *k* 最近邻算法，编写思路如下。

- kNN_distance()函数：计算测试数据与各个训练数据之间的距离。在 kNN 算法中，通过计算出对象之间的距离作为各个对象之间的非相似性指标，可以避免对象之间的匹配问题。距离一般使用欧氏距离，其计算方法为 $d(x,y) = \sqrt{\sum_{i=1}^{D}(x^i - y^i)^2}$ 。在实现过程中，使用 np.square()函数计算两个向量的差的平方，然后使用 np.sum()函数将各个维度的平方和相加，求得两个向量之间的距离平方和。由于这里的程序不关心真正的距离值，而只关心距离的远近，所以不计算平方根。

- kNN_vote()函数：确定 *k* 个点中不同类别的出现频率，返回其中出现频率最高的类别作为测试数据的预测类别。在这个函数中，首先统计每个类别出现的次数，使用字典 vote_dict 存储统计的次数，其中键表示类别，值表示出现的次数。然后，循环遍历这个字典，找到最大的那个类别，并将它记录到 maxk 中。

- kNN_predict()函数：调用 kNN_distance()函数计算距离，对距离排序后，选取距离最小的 *k* 个点，再调用 kNN_vote()函数得到预测类别。

具体的程序实现如代码 4.2 所示。

代码 4.2　kNN 算法的程序实现

```
01: import numpy as np
02: import operator
03:
04: def kNN_distance(v1, v2):
05:     """计算两个多维向量的距离"""
06:     return np.sum(np.square(v1-v2))
07:
08: def kNN_vote(ys):
09:     """根据 ys 的类别，挑选类别最多的一类作为输出"""
10:     vote_dict = {}
11:     for y in ys:
12:         if y not in vote_dict.keys():
13:             vote_dict[y] = 1
14:         else:
15:             vote_dict[y] += 1
16:
17:     # 使用循环遍历找到类别最多的一类
18:     maxv = maxk = 0
19:     for y in ys:
20:         if maxv < vote_dict[y]:
21:             maxv = vote_dict[y]
22:             maxk = y
23:     return maxk
24:
25: def kNN_predict(x, train_x, train_y, k = 3):
26:     """
```

```
27:        针对给定的数据进行分类，参数：
28:        x - 输入的待分类样本
29:        train_x - 训练数据的样本
30:        train_y - 训练数据的标签
31:        k - 最近邻的样本数
32:        """
33:        dist_arr = [kNN_distance(x, train_x[j]) for j in range(len( train_x))]
34:        sorted_index = np.argsort(dist_arr)
35:        top_k_index = sorted_index[:k]
36:        ys=train_y[top_k_index]
37:        return kNN_vote(ys)
38:
39: # 对每个样本进行分类
40: y_train_est = [kNN_predict(x_train[i], x_train, y_train) for i in range(10)]
41: print(y_train_est)
```

预测的输出为

```
[1, 0, 0, 0, 1, 0, 1, 0, 0, 1]
```

统计训练数据的精度，如代码 4.3 所示。

代码 4.3　统计训练数据的精度

```
01: # 计算训练数据的精度
02: n_correct = 0
03: for i in range(len(x_train)):
04:     if y_train_est[i] == y_train[i]:
05:         n_correct += 1
06: accuracy = n_correct / len(x_train) * 100.0
07: print("Train Accuracy:  %f%%" % accuracy)
```

输出为

```
Train Accuracy: 100.000000%
```

统计测试数据的精度，如代码 4.4 所示。

代码 4.4　统计测试数据的精度

```
01: # 计算测试数据的精度
02: y_test_est = [kNN_predict(x_test[i], x_train, y_train, 3) for i in range(len(x_test))]
03: n_correct = 0
04: for i in range(len(x_test)):
05:     if y_test_est[i] == y_test[i]:
06:         n_correct += 1
07: accuracy = n_correct / len(x_test) * 100.0
08: print("Test Accuracy:  %f%%" % accuracy)
09: print(n_correct, len(x_test))
```

输出为

```
Test Accuracy: 96.666667%
```

　　运行上述程序，先后对训练数据和测试数据应用 kNN 算法，并将分类结果与实际标签对比，发现分类准确性分别达到了 100.00%和 96.67%，说明 kNN 算法对数量少的简单数据具有优秀的分类能力。

4.5　将 kNN 算法封装为类

为了提高代码的复用能力，进一步改进算法，可将 kNN 算法封装为类。使用类封装程序的最大优点如下：①统一调用 API 接口，让调用者更方便地集成各种算法；②将数据和操作集成在一起，降低阅读和理解代码的难度。

下面是实现这一思路的简要描述。

- __init__() 和 fit() 函数：分别用于存储初始化 kNN 类的 *k* 值和分类前已有的含标签数据。
- _square_distance()、_vote() 和 predict() 函数：与函数实现版本 kNN_distance()、kNN_vote() 和 kNN_predict() 的功能相同，区别是前者是基于类的方法，可以调用类存储的训练数据。
- score() 函数：计算分类结果的准确度。

kNN 的类实现如代码 4.5 所示。

代码 4.5　kNN 的类实现

```
01: import numpy as np
02: import operator
03:
04: class KNN(object):
05:     def __init__(self, k=3):
06:         """对象构造函数, 参数为:
07:         k - 近邻个数"""
08:         self.k = k
09:
10:     def fit(self, x, y):
11:         """拟合给定的数据, 参数为:
12:         x - 样本的特征; y - 样本的标签"""
13:         self.x = x
14:         self.y = y
15:         return self
16:
17:     def _square_distance(self, v1, v2):
18:         """计算两个样本点之间的特征空间距离, 参数为:
19:         v1 - 样本点 1; v2 - 样本点 2"""
20:         return np.sum(np.square(v1-v2))
21:
22:     def _vote(self, ys):
23:         """投票算法, 参数为:
24:         ys - k 个最近邻样本的类别"""
25:         ys_unique = np.unique(ys)
26:         vote_dict = {}
27:         for y in ys:
28:             if y not in vote_dict.keys():
29:                 vote_dict[y] = 1
30:             else:
31:                 vote_dict[y] += 1
32:         sorted_vote_dict = sorted(vote_dict.items(), key=operator.
                itemgetter(1), reverse=True)
33:         return  sorted_vote_dict[0][0]
34:
35:     def predict(self, x):
```

```
36:        """预测给定数据的类别，参数为：
37:        x - 输入样本的特征"""
38:        y_pred = []
39:        for i in range(len(x)):
40:            dist_arr = [self._square_distance(x[i], self.x[j]) for j
                    in range(len(self.x))]
41:            sorted_index = np.argsort(dist_arr)
42:            top_k_index = sorted_index[:self.k]
43:            y_pred.append(self._vote(ys=self.y[top_k_index]))
44:        return np.array(y_pred)
45:
46:    def score(self, y_true=None, y_pred=None):
47:        """评估准确度，参数为：
48:        y_true - 样本的真值标签
49:        y_pred - 样本的预测标签
50:        """
51:        if y_true is None and y_pred is None:
52:            y_pred = self.predict(self.x)
53:            y_true = self.y
54:        score = 0.0
55:        for i in range(len(y_true)):
56:            if y_true[i] == y_pred[i]:
57:                score += 1
58:        score /= len(y_true)
59:        return score
```

执行 kNN 分类并统计准确度，具体如代码 4.6 所示。

代码 4.6　执行 kNN 分类并统计准确度

```
01: # 生成 kNN 分类器
02: clf = KNN(k=3)
03: train_acc = clf.fit(x_train, y_train).score() * 100.0
04:
05: y_test_pred = clf.predict(x_test)
06: test_acc = clf.score(y_test, y_test_pred) * 100.0
07:
08: print('train accuracy: %f  %%' % train_acc)
09: print('test accuracy:  %f  %%' % test_acc)
```

输出为

```
train accuracy: 100.000000 %
test accuracy: 96.666667 %
```

4.6　基于 sklearn 的分类实现

动手编程实现 kNN 分类器能够提高自己的算法思维与编程能力，但是考虑的细节不多。例如，①未优化算法，当数据量较大时，算法的效率很低；②通用性较差。解决实际问题时，可以使用比较成熟的机器学习库，如传统机器学习领域中著名的 scikit-learn[①]（也称 sklearn），这个库包括了大部分机器学习方法，涵盖了几乎所有的主流机器学习算法，是基于 Python 语言的开源机器学习工具包，可通过 NumPy、SciPy 和 Matplotlib 等 Python 数值计算库高效地实现算法应用。sklearn 中的 *k*

① https://sklearn.org。

近邻分类器是 KNeighborsClassifier。下面通过一个实例讲解如何对 sklearn 中包含的手写字体数据集 digits 进行 kNN 分类，具体实现如代码 4.7 所示。

代码 4.7　加载数据

```
01: import matplotlib.pyplot as plt
02: from sklearn import datasets, neighbors, linear_model
03:
04: # 加载数据
05: digits = datasets.load_digits()
06: X_digits = digits.data
07: y_digits = digits.target
08:
09: print("Feature dimensions: ", X_digits.shape)
10: print("Label dimensions: ", y_digits.shape)
```

输出为

```
Feature dimensions: (1797, 64)
Label dimensions:   (1797,)
```

下面对结果可视化，程序如代码 4.8 所示，结果即数据集 digits 的前十个样本如图 4.5 所示。

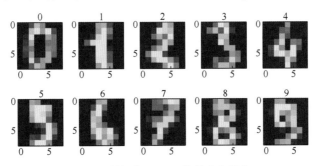

图 4.5　数据集 digits 的前十个样本

代码 4.8　数据可视化

```
01: # 可视化
02: nplot = 10
03: fig, axes = plt.subplots(nrows=1, ncols=nplot)
04:
05: for i in range(nplot):
06:     img = X_digits[i].reshape(8, 8)
07:     axes[i].imshow(img)
08:     axes[i].set_title(y_digits[i])
```

运行上述代码，导入手写字体数据集 digits，绘图显示前十个样本。可以看出，数据集 digits 中共有 1797 个样本，每个样本都包括一幅 8×8 的图像和一个在区间[0, 9]内的整数标签，其中图像为手写数字，标签为代表每幅图像的数字。具体实现过程如代码 4.9 所示。

代码 4.9　使用 kNN 分类器

```
01: # 将数据集分为测试数据和训练数据
02: n_samples = len(X_digits)
03: n_train = int(0.4 * n_samples)
04:
05: X_train = X_digits[:n_train]
```

```
06: y_train = y_digits[:n_train]
07: X_test = X_digits[n_train:]
08: y_test = y_digits[n_train:]
09:
10: # 使用 kNN 分类器
11: kNN = neighbors.KNeighborsClassifier()
12: logistic = linear_model.LogisticRegression()
13:
14: print('KNN score: %f' % kNN.fit(X_train, y_train).score(X_test, y_test))
15: print('LogisticRegression score: %f' % logistic.fit(X_train, y_train).score(X_test, y_test))
```

输出为

```
KNN score: 0.953661
LogisticRegression score: 0.927711
```

将数据集中前 40%的样本作为训练数据，后 60%的样本作为测试数据，然后用 sklearn 中的 kNN 分类模块和逻辑斯蒂回归模型 LogisticRegression 对测试数据进行分类。从最终的分类准确率来看，kNN 算法更胜一筹。

4.7　小结

本章介绍了基本的监督学习方法—— k 最近邻算法，引入了机器学习的基本思想和流程。对 k 最近邻算法进行分析、编程和封装，可以帮助读者基本认识机器学习；此外，本章还介绍了机器学习中比较重要的特征、特征距离和数据可视化等，这些基本概念和方法可方便读者后续学习并理解其他机器学习算法。为了更好地学习理论并掌握将理论转换为程序的方法，建议读者独立自主地编写本章所介绍方法的程序，并使用数据验证和测试程序的正确性与性能。

4.8　练习题

01. 如果输入的数据非常多，如何快速地计算距离？

02. 如何选择最好的 k？

03. k 最近邻算法存在的问题有哪些？如何改进？

4.9　在线练习题

扫描如下二维码，访问在线练习题。

第5章 k 均值聚类算法

k 均值聚类算法是一种简单的迭代型算法，它使用距离来评判相似性，发现给定数据集中的 k 个类别，其中每个类别的中心都由该类别中的所有值的均值得到，最后每个类别由聚类中心描述。聚类目标是使得每个样本到其类别中心点的特征距离的平方和最小，一般使用欧氏距离作为特征距离。k 均值聚类是一种经典的聚类算法，学习该算法不仅可让读者了解聚类的核心概念，而且可让读者深入理解机器学习方法编程实现过程中的一种重要思想——循环迭代求解。图 5.1 所示为本章配套资源的二维码。

(a)本章配套在线视频　　(b)本章配套在线讲义

图 5.1 本章配套资源的二维码

5.1 无监督学习思想

在介绍 k 均值聚类算法前，首先回顾第 1 章介绍的监督学习和无监督学习。监督学习是指当训练集有明确的答案时，需要寻找问题（又称输入、特征、自变量）与答案（又称输出、目标、因变量）之间关系的学习方式。第 4 章介绍的 k 最近邻算法就是一种经典的监督学习。而在现实问题中，很多问题是没有明确的答案的，这时机器应该如何学习这些数据之间的内在关系呢？为此，人们发展了另一种经典的学习方式——无监督学习。无监督学习只需要数据，即使没有明确的答案，也可以挖掘数据之间的关系，本章介绍的 k 均值聚类算法就是一种典型的无监督学习算法。通俗地讲，k 最近邻算法的类别是已知的（即分类），而 k 均值聚类算法的类别是未知的（即聚类），如图 5.2 所示。

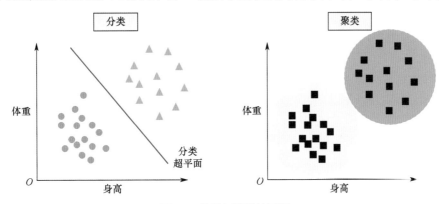

图 5.2 分类与聚类的区别

聚类这种行为不是机器学习所独有的，恰恰相反，聚类的行为本源来自人类天生具备的归纳和总结能力。人能够将归类认知的事物，此时各类事物可以彼此不同，但是它们的区别也要有"限度"，只要在这个限度内，特征稍有区别也无大碍，仍然是这类事物。机器学习的聚类方法作为一种无监督学习方法，目标就是通过感知样本间的相似度进行类别归纳。

5.2　k 均值聚类原理

由于速度快、扩展性好，k 均值聚类算法是经典的聚类算法之一。k 均值聚类算法的处理过程如下：首先，重复移动类别的中心——将类别的中心（或重心）移至其包含的成员的平均位置；然后，重新划分其内部成员；重复执行上述过程直到收敛或者达到最大迭代次数。k 是提前设置的超参数，表示类别数；k 均值可以自动地将样本分配给不同的类别，但是无法确定究竟要分几个类别。k 必须是一个比训练集样本数小的正整数；有时，类别数是由问题的内容确定的。例如，某家鞋厂推出了三种新款式的鞋，为了了解每种鞋对应的客户，销售人员开始收集客户数据，并将数据分成了三类。有些问题未指定聚类的数量，最优的聚类数量是不确定的。

下面使用数学语言描述 k 均值聚类算法。首先将数据集定义为 $\mathcal{T} = \{\boldsymbol{x}_1, \cdots, \boldsymbol{x}_N\}$，$\boldsymbol{x}_i \in \mathbb{R}^D$，即每个 $\boldsymbol{x}_i$ 都是 D 维向量；N 为数据集 $\mathcal{T}$ 的规模，即样本数。与监督学习问题不同的是，k 均值聚类算法属于无监督学习算法，因此无须给出监督学习的标签 y_i。k 均值聚类算法定义了一个损失函数，而迭代过程就是让这个损失函数逐步减小，注意这里使用的距离是欧氏距离。首先将损失函数定义为

$$J(\boldsymbol{c}, \boldsymbol{\mu}) = \sum_{j=1}^{k} \sum_{\boldsymbol{x}_i \in c_j} \left\| \boldsymbol{x}_i - \boldsymbol{\mu}_j \right\|_2^2 \tag{5.1}$$

式中，c_j 是第 j 簇的标签；$\boldsymbol{\mu}$ 是聚类重心数组，$\boldsymbol{\mu}_j$ 是第 j 簇的中心；$\left\| \boldsymbol{x}_i - \boldsymbol{\mu}_j \right\|_2^2$ 是第 i 个数据样本与第 j 簇的重心之差的二范式，即欧氏距离的平方和。于是，k 均值聚类算法的目标就表示为

$$\arg\min_{\boldsymbol{c}} J(\boldsymbol{c}, \boldsymbol{\mu}) = \arg\min_{\boldsymbol{c}} \sum_{j=1}^{k} \sum_{\boldsymbol{x}_i \in c_j} \left\| \boldsymbol{x}_i - \boldsymbol{\mu}_j \right\|_2^2 \tag{5.2}$$

可以看出，k 均值聚类算法也可视为在迭代过程中寻找合适的 k 个聚类重心，并根据这 k 个聚类重心将整个数据集分成 k 个互不相交的子集，同时使这 k 个子集尽可能地靠近聚类重心。

定义最大似然函数为

$$\begin{aligned} \ell(\boldsymbol{c}, \boldsymbol{\mu}) &= \sum_{j=1}^{k} \log J(\boldsymbol{c}, \boldsymbol{\mu}_j) = \sum_{j=1}^{k} \log \left[\sum_{i=1}^{N} \left\| \boldsymbol{x}_i - \boldsymbol{\mu}_j \right\|_2^2 \right]^{1\{c_i = j\}} \\ &= \sum_{j=1}^{k} 1\{c_i = j\} \log \sum_{i=1}^{N} \left\| \boldsymbol{x}_i - \boldsymbol{\mu}_j \right\|_2^2 \end{aligned} \tag{5.3}$$

式中，$1\{x\}$ 是示性函数，x 成立时其值为 1，否则其值为 0。对式（5.3）求导，得到 $\ell(\boldsymbol{c}, \boldsymbol{\mu})$ 对 $\boldsymbol{\mu}_j$ 的偏导数为

$$\frac{\partial \ell}{\partial \boldsymbol{\mu}_j} = 1\{c_i = j\} \frac{-2\sum_{i=1}^{N}(\boldsymbol{x}_i - \boldsymbol{\mu}_j)}{\sum_{i=1}^{N} \left\| \boldsymbol{x}_i - \boldsymbol{\mu}_j \right\|_2^2} = \frac{-2\left[\sum_{i=1}^{N} 1\{c_i = j\}\boldsymbol{x}_i - \boldsymbol{\mu}_j \sum_{i=1}^{N} 1\{c_i = j\} \right]}{\sum_{i=1}^{N} \left\| \boldsymbol{x}_i - \boldsymbol{\mu}_{c_i} \right\|_2^2} \tag{5.4}$$

令上式等于 0，求得 $\boldsymbol{\mu}_j$ 为

$$\boldsymbol{\mu}_j = \frac{\sum_{i=1}^{N} 1\{c_i = j\}\boldsymbol{x}_i}{\sum_{i=1}^{N} 1\{c_i = j\}} \tag{5.5}$$

5.3　k 均值聚类算法

根据上述理论分析，得到如算法 5.1 所示的处理步骤。

算法 5.1　k 均值聚类算法流程

输入： 输入数据 $\{x_1, \cdots, x_N\}$，分类个数 k

输出： 输入数据的分类结果 c, μ

  1　创建 k 个点作为初始重心 $\{\mu_1, \mu_2, \cdots, \mu_k\}$

  2　**while** 不收敛 **or** 未达到最大迭代次数 **do**

  3　 **for**　$x \in \{x_1, \cdots, x_N\}$ **do**

  4　 计算其应该属于的类别

  5　 **end**

  6　 **for**　$c \in \{\mu_1, \mu_2, \cdots, \mu_k\}$ **do**

  7　 重新计算类别 c 的重心

  8　 **end**

  9　**end**

---

k 均值聚类算法内的循环重复执行如下两个步骤：

- 将每个训练样本 x_i 分配给最近簇的重心。
- 将每个簇的重心 μ_j 更新为与之距离最近的训练样本点的平均值。

具体地说，k 均值聚类算法首先保持 μ 不变，重复迭代更新 c 来最小化 J，然后保持 c 不变，更新参数 μ 来最小化 J。因此，J 一定单调递减且收敛。理论上，k 均值聚类算法可能在几个不同的聚类重心之间振荡，对不同的 c 和/或 μ 可能会得到相同的 J 值。

k 均值聚类算法的主要缺点如下：

- 聚类中心的个数 k 需要事先给定，但在实际中 k 值的选定非常难以估计，很多的时候，事先并不知道给定的数据集应该分成多少个类别才最合适。
- k 均值需要人为地确定，或者随机选择初始聚类中心，不同的初始聚类中心可能导致完全不同的聚类结果[①]。

5.4　算法操作过程演示

下面说明 k 均值的操作过程。首先生成一些示例数据并将其可视化，如代码 5.1 和图 5.3 所示。

代码 5.1　示例数据

```
01: %matplotlib inline
02: import matplotlib.pyplot as plt
03: import numpy as np
04:
05: X0 = np.array([7, 5, 7, 3, 4, 1, 0, 2, 8, 6, 5, 3])
06: X1 = np.array([5, 7, 7, 3, 6, 4, 0, 2, 7, 8, 5, 7])
```

---

① 可以使用 k 均值++算法来解决。

```
07: plt.figure()
08: plt.axis([-1, 9, -1, 9])
09: plt.grid(True)
10: plt.plot(X0, X1, 'k.');
```

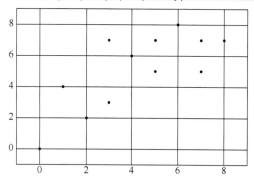

图 5.3　待聚类样本点

假设 k 均值初始化时，将第一个类的重心设在第 5 个样本，将第二个类的重心设在第 11 个样本，于是可以算出每个实例与两个重心的距离，并将其分配到最近的类中，计算结果如图 5.4 所示。

新重心位置和初始聚类结果如图 5.5(a)所示。第一个类用叉表示，第二个类用点表示，重心位置用稍大的叉或点突出显示。

在后面的迭代过程中，重复计算两个类的重心，将重心移到新位置，计算各个样本到新重心的距离，并根据距离的远近重新归类样本，直到类的重心变化小于某个固定值或者达到最大迭代次数。如果这些停止条件足够小，那么 k 均值就能找到最优解，但该最优解不一定是全局最优解。最终迭代结果如图 5.5(c)所示，从图中可以看到在重心移动的过程中，样本所属的类也发生变化。当重心或类所属的关系不发生变化时，算法收敛，此时的重心和所属的类作为结果返回。

样本	X0	X1	与C1的距离	与C2的距离	上次聚类结果	新聚类结果	是否改变
1	7	5	3.16	2.00	None	C2	YES
2	5	7	1.41	2.00	None	C1	YES
3	7	7	3.16	2.83	None	C2	YES
4	3	3	3.16	2.83	None	C2	YES
5	4	6	0.00	1.41	None	C1	YES
6	1	4	3.61	4.12	None	C1	YES
7	0	0	7.21	7.07	None	C2	YES
8	2	2	4.47	4.24	None	C2	YES
9	8	7	4.12	3.61	None	C2	YES
10	6	8	2.83	3.16	None	C1	YES
11	5	5	1.41	0.00	None	C2	YES
12	3	7	1.41	2.83	None	C1	YES
C1重心	4	6					
C2重心	5	5					

图 5.4　第一轮计算结果

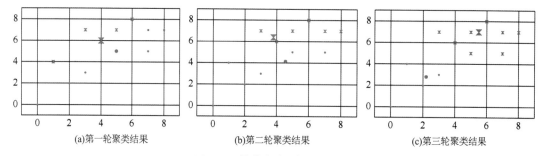

(a)第一轮聚类结果　　　　　(b)第二轮聚类结果　　　　　(c)第三轮聚类结果

图 5.5　k 均值多次迭代直至收敛

5.5 k 均值聚类算法编程实现

下面编程实现 k 均值聚类算法。根据下面的演示程序，读者可以了解如何将算法转换为程序。首先是获取数据，这里使用模拟生成的满足高斯分布的随机数据作为数据集来演示算法。

第一步是生成数据，如代码 5.2 所示。

代码 5.2　生成数据

```
01: # This line configures matplotlib to show figures embedded in the notebook,
02: # instead of opening a new window for each figure. More about that later.
03: # If you are using an old version of IPython, try using '%pylab inline' instead.
04: %matplotlib inline
05:
06: # 加载第三方库
07: import numpy as np
08: from sklearn.datasets import make_blobs
09: import matplotlib.pyplot as plt
10: import random
11:
12: # 生成数据
13: centers = [(7, 0), (0, 0), (5, 5)]
14: n_samples = 500
15:
16: X, y = make_blobs(n_samples=n_samples, n_features=2,
17:                   cluster_std=1.0, centers=centers,
18:                   shuffle=True, random_state=42)
19:
20: # 画出数据
21: plt.figure(figsize=(15, 9))
22: plt.scatter(X[:, 0], X[:, 1], c=y)
23: plt.colorbar()
24: plt.show()
```

绘制原始数据后，其特征分布如图 5.6 所示。

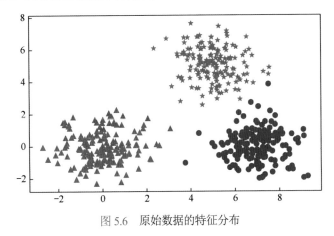

图 5.6　原始数据的特征分布

k 均值聚类算法的程序主体如代码 5.3 所示，其中初始化聚类过程通过随机选择样本的方式实现。

代码 5.3　*k* 均值聚类算法程序主体

```
01:  def calc_distance(v1, v2):
02:      """
03:      计算两个向量之间的距离, 参数为:
04:      v1 - 特征 1
05:      v2 - 特征 2
06:      """
07:      return np.sum(np.square(v1-v2))
08:
09:  def rand_cluster_cents(X, k):
10:      """
11:      初始化聚类中心: 将在区间内随机产生的值作为新中心点。参数为:
12:      X - 数据样本
13:      k - 聚类个数
14:      """
15:
16:      # 样本数
17:      n = np.shape(X)[0]
18:
19:      # 生成随机下标列表
20:      dataIndex = list(range(n))
21:      random.shuffle(dataIndex)
22:      centroidsIndex = dataIndex[:k]
23:
24:      # 返回随机的聚类中心
25:      return X[centroidsIndex, :]
26:
27:  def kmeans(X, k):
28:      """
29:      kMeans 算法, 参数为:
30:      X - 数据样本
31:      k - 聚类个数
32:      """
33:      # 样本总数
34:      n = np.shape(X)[0]
35:
36:      # 分配样本到最近的簇: 保存[簇序号, 距离的平方] (n 行 x 2 列)
37:      clusterAssment = np.zeros((n, 2))
38:
39:      # step1: 通过随机产生的样本点初始化聚类中心
40:      centroids = rand_cluster_cents(X, k)
41:      print('最初的中心=', centroids)
42:
43:      iterN = 0
44:
45:      while True:
46:          clusterChanged = False
47:
48:          # step2: 分配到最近的聚类中心对应的簇中
49:          for i in range(n):
```

```
50:             minDist = np.inf;
51:             minIndex = -1
52:             for j in range(k):
53:                 # 计算第 i 个样本到第 j 个中心点的距离
54:                 distJI = calc_distance(centroids[j, :], X[i, :])
55:                 if distJI < minDist:
56:                     minDist = distJI
57:                     minIndex = j
58:
59:                 # 样本上次的分配结果与本次的不一样，标志位 clusterChanged 置 True
60:                 if clusterAssment[i, 0] != minIndex:
61:                     clusterChanged = True
62:                 clusterAssment[i, :] = minIndex, minDist ** 2    # 分配样本到最近的簇
63:
64:         iterN += 1
65:         sse = sum(clusterAssment[:, 1])
66:         print('the SSE of %d' % iterN + 'th iteration is %f' % sse)
67:
68:         # step3: 更新聚类中心
69:         for cent in range(k): # 样本分配结束后，重新计算聚类中心
70:             ptsInClust = X[clusterAssment[:, 0] == cent, :]
71:             centroids[cent, :] = np.mean(ptsInClust, axis=0)
72:
73:         # 如果聚类重心未发生变化，则退出迭代
74:         if not clusterChanged:
75:             break
76:
77:     return centroids, clusterAssment
```

在上面的程序中，rand_cluster_cents() 函数生成初始聚类中心。在这个程序中，打乱样本的下标后，选择前 k 个样本作为初始聚类中心。k 均值主函数 kmeans() 主要分为三个步骤：步骤 1，调用函数 rand_cluster_cents()，通过随机产生的样本点初始化聚类中心；步骤 2，计算每个样本到每个聚类中心的距离，将距离最近的聚类中心更新为新值；步骤 3，根据每个样本所属的聚类关系计算新的聚类中心。

对给定数据执行 k 均值聚类的代码见代码 5.4。

代码 5.4　执行 k 均值聚类
```
01: # 执行 k 均值聚类
02: k = 3 # 用户定义聚类数
03: mycentroids, clusterAssment = kmeans(X, k)
```

输出为

```
最初的中心 = [[ 4.55381657 3.11045927]
            [ 2.5733598 0.05921843]
            [-0.1580079 -0.42688107]]
the SSE of 1th iteration is 63997.694980
the SSE of 2th iteration is 20276.698293
the SSE of 3th iteration is 4446.593824
the SSE of 4th iteration is 3500.485900
the SSE of 5th iteration is 3502.23903
```

聚类结果的可视化如代码 5.5 所示。

代码 5.5 *k* 均值聚类结果可视化

```
01: def datashow(dataSet, k, centroids, clusterAssment):
02:     '''二维空间显示聚类结果'''
03:
04:     from matplotlib import pyplot as plt
05:     num, dim = np.shape(dataSet) # 样本数 num, 维数 dim
06:
07:     if dim != 2:
08:         print('sorry,the dimension of your dataset is not 2!')
09:             return 1
10:     # 样本图形标记
11:     marksamples = ['or', 'ob', 'og', 'ok', '^r', '^b', '<g']
12:     if k > len(marksamples):
13:         print('sorry,your k is too large!')
14:         return 1
15:     # 绘所有样本
16:     for i in range(num):
17:         # 矩阵形式转为 int 值, 簇序号
18:         markindex = int(clusterAssment[i, 0])
19:         # 特征维对应坐标轴 x,y; 样本图形标记及大小
20:         plt.plot(dataSet[i, 0], dataSet[i, 1],
21:             marksamples[markindex], markersize=6)
22:
23:     # 绘中心点
24:     markcentroids = ['o', '*', '^'] # 聚类中心图形标记
25:     label = ['0', '1', '2']
26:     c = ['yellow', 'pink', 'red']
27:     for i in range(k):
28:         plt.plot(centroids[i, 0], centroids[i, 1], markcentroids[i],
29:             markersize=15, label=label[i], c=c[i])
30:         plt.legend(loc='upper left')  #图例
31:     plt.xlabel('特征 1')
32:     plt.ylabel('特征 2')
33:
34:     plt.title('k-means cluster result')  # 标题
35:     plt.show()
36:
37:
38: # 画出实际图像
39: def trgartshow(dataSet, k, labels):
40:     from matplotlib import pyplot as plt
41:
42:     num, dim = np.shape(dataSet)
43:     label = ['0', '1', '2']
44:     marksamples = ['ob', 'or', 'og', 'ok', '^r', '^b', '<g']
45:     # 通过循环的方式, 完成分组散点图的绘制
46:     for i in range(num):
47:         plt.plot(dataSet[i, 0], dataSet[i, 1],
```

```
48:                    marksamples[int(labels[i])], markersize=6)
49:
50:
51:        # 添加轴标签和标题
52:        plt.xlabel('特征 1')
53:        plt.ylabel('特征 2')
54:        plt.title('true result')  # 标题
55:
56:        # 显示图形
57:        plt.show()
58:        # label = labels.iat[i,0]
59:
60: # 绘图显示
61: datashow(X, k, mycentroids, clusterAssment)
62: trgartshow(X, 3, y)
```

数据的真值如图 5.7 所示，*k* 均值聚类的结果如图 5.8 所示。

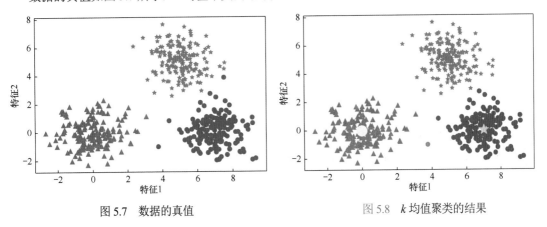

图 5.7　数据的真值　　　　　　　　　　　　　　图 5.8　*k* 均值聚类的结果

5.6　使用 sklearn 进行聚类

下面介绍如何利用机器学习库 sklearn 实现聚类操作。本节所用的数据集是 sklearn.datasets 中内置的手写数字图片数据集——研究图像分类算法的优质数据集之一。首先加载数字图像和对应的标签，并将其分为测试集和训练集。

首先加载数据并将数据可视化，具体操作如代码 5.6 所示。

代码 5.6　加载数据集

```
01: from sklearn.datasets import load_digits
02: import matplotlib.pyplot as plt
03: from sklearn.cluster import KMeans
04:
05: # 加载数据
06: digits, dig_label = load_digits(return_X_y = True)
07:
08: # 显示一个数据
09: plt.gray()
```

```
10: plt.matshow(digits[0].reshape([8, 8]))
11: plt.show()
12:
13: # 切割训练集和测试集
14: N = len(digits)
15: N_train = int(N*0.8)
16: N_test = N - N_train
17: x_train = digits[:N_train, :]
18: y_train = dig_label[:N_train]
19: x_test = digits[N_train:, :]
20: y_test = dig_label[N_train:]
```

可视化结果即数据集中的数字 0 如图 5.9 所示。

创建 k 均值对象并聚类，具体如代码 5.7 所示。

代码 5.7   聚类并可视化结果

```
01: # 创建分类器 kmeans 并对 x_train 进行分类
02: kmeans = KMeans(n_clusters = 10, random_state = 0).fit(x_train)
03: # 加载每个类的重心图像
04: fig, axes = plt.subplots(nrows = 1, ncols = 10)
05: for i in range(10):
06:     img = kmeans.cluster_centers_[i].reshape(8, 8)
07:     axes[i].imshow(img)
```

聚类结果如图 5.10 所示。

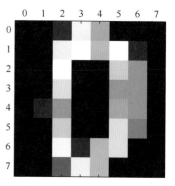

图 5.9   数据集中的数字 0

图 5.10   聚类结果

5.7   评估聚类性能

对于分类问题，可以直接计算被错误分类的样本数量，得出分类算法的准确率。然而，对于聚类问题，由于没有标签，所以不能使用绝对数量的方法来评估性能。聚类性能比较好，说明同一簇的样本尽可能相似，不同簇的样本尽可能不同，即聚类结果的簇内相似度（Intra-cluster Similarity）高，而簇间相似度（Inter-cluster Similarity）低。下面介绍几种常见的聚类评估方法。

5.7.1   调整兰德指数

调整兰德指数（Adjust Rand Index，ARI）是一种衡量两个序列相似性的算法。用于评估的数据本身带有正确的类别信息时，可以使用 ARI。ARI 与分类问题中计算准确性的方法类似，兼顾了聚类所得类别无法和分类标记一一对应的问题。

ARI 的定义为

$$\mathrm{ARI} = \frac{\sum_{ij}\left(\dfrac{n_{ij}}{2}\right) - \left[\sum_i\left(\dfrac{a_i}{2}\right)\sum_j\left(\dfrac{b_j}{2}\right)\right]\Big/\left(\dfrac{n}{2}\right)}{\dfrac{1}{2}\left[\sum_i\left(\dfrac{a_i}{2}\right) + \sum_j\left(\dfrac{b_j}{2}\right)\right] - \left[\sum_i\left(\dfrac{a_i}{2}\right)\sum_j\left(\dfrac{b_j}{2}\right)\right]\Big/\left(\dfrac{n}{2}\right)} \tag{5.6}$$

ARI 的优点如下：对任意数量的聚类中心和样本数，随机聚类的 ARI 都非常接近 0；ARI 的值域为[−1,1]，负数代表结果不好，值越接近 1，结果就越好；可用于聚类算法之间的比较。ARI 的缺点是需要真实的标签。

5.7.2　轮廓系数

当用于评估的数据没有所属的类时，无法使用 ARI 方法进行评估，但可使用轮廓系数（Silhouette Coefficient）来度量聚类结果的质量，进而评估聚类的效果。轮廓系数兼顾了聚类的凝聚度和分离度，取值范围是[-1, 1]，轮廓系数越大，表示聚类效果越好。

轮廓系数的具体计算步骤如下：

- 对于已聚类数据中的第 i 个样本 $\boldsymbol{x}_i$，计算 $\boldsymbol{x}_i$ 与同一簇内所有其他样本的距离的平均值，记为 a_i，用于量化簇内的凝聚度。
- 选取 $\boldsymbol{x}_i$ 外的一簇 b，计算 $\boldsymbol{x}_i$ 与簇 b 中所有样本的平均距离，遍历所有其他簇，找到最近的平均距离，记为 b_i，用于量化簇之间的分离度。
- 对于样本 $\boldsymbol{x}_i$，轮廓系数为

$$\mathrm{SC}_i = \frac{b_i - a_i}{\max(b_i, a_i)} \tag{5.7}$$

- 最后，对所有样本集 $\boldsymbol{X}$ 求出平均值，这个平均值即是当前聚类结果的整体轮廓系数。

图 5.11 显示了 k 值不同时轮廓系数的变化情况，图 5.12 显示了轮廓系数随 k 值变化而变化的曲线，可以看到当 $k = 3$ 时，轮廓系数最大，聚类效果也最好。

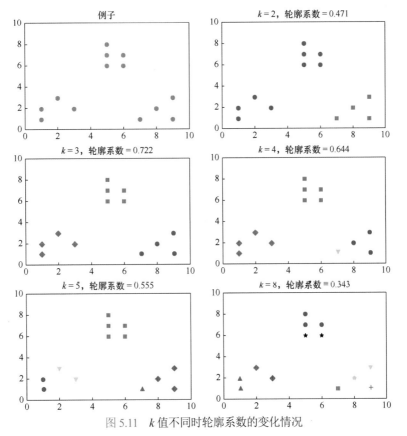

图 5.11　k 值不同时轮廓系数的变化情况

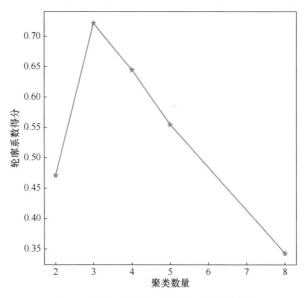

图 5.12　轮廓系数随 k 值变化而变化的曲线

5.8　k 均值图像压缩

下面举例说明 k 均值聚类算法的具体应用。图 5.13 显示了一幅无人机航拍图像，图像的尺寸是 800×499，颜色是 24 位。在这幅图像中，很多区域的颜色是相近的，因此可用一种颜色代替相近的颜色。也就是说，我们可人为地使用 8 种、16 种、24 种、32 种或 64 种颜色来表示整幅图像的颜色，即对图像进行像素向量量化（Vector Quantization，VQ），将显示图像所需的颜色从原有的 16777216 种减少为设定的几种，同时保持图像整体的观感质量。

图 5.13　无人机航拍图[①]

颜色量化流程如图 5.14 所示，具体如下：

（1）从图像中随机选取 K 个 RGB 分量（K 是 k 均值的类别数）。

---

① 图片来自 https://www.thesun.co.uk/news/5249036/most-breathtaking-drone-shots-from-2017-showcase-the-power-of-nature。

（2）将图像中的像素分配到颜色距离最短的那个类别的索引中，颜色距离的计算公式为

$$\text{dis} = \sqrt{(R-R')^2 + (G-G')^2 + (B-B')^2}$$

（3）计算各个索引下像素的颜色的平均值，它们将成为新的类别。

（4）若原类别和新类别一致，算法结束，否则重复步骤 2 和步骤 3。

（5）将原图像中的各个像素分配到色彩距离最小的那个类别中。

例如，对于无人机航拍图像中的像素在三维空间中的表示，可以使用 k 均值找到 64 个颜色簇。由 k 均值（聚类中心）得到的码本在图像处理领域被称为调色板。调色板的个数可以是指定的颜色数，如 256，每个调色板的单元记录该编号颜色的红、绿、蓝数值。例如，GIF 文件格式[①]就使用了这样一个调色板。

加载图像、求解最优调色板，以及使用调色板的颜色显示图像的方式，如代码 5.8 所示。

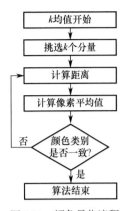

图 5.14　颜色量化流程

代码 5.8　图像颜色压缩

```
01: %matplotlib inline
02: import numpy as np
03: import matplotlib.pyplot as plt
04: from sklearn.cluster import KMeans
05: from sklearn.metrics import pairwise_distances_argmin
06: from sklearn.datasets import load_sample_image
07: from sklearn.utils import shuffle
08: from time import time
09:
10: n_colors = 64
11:
12: # 加载图像
13: img = plt.imread("./images/UAV.jpg")
14:
15: # 转换为浮点数而非默认的 8 位整数编码
16: # 除以 255，使 plt.imshow 在浮点数区间[0,1]内，从而更好地呈现图像
17: img = np.array(img, dtype=np.float64)/255
18:
19: # 加载图像并转换为二维 NumPy 数组。
20: w, h, d = original_shape = tuple(img.shape)
21: assert d == 3
22: image_array = np.reshape(img, (w * h, d))
23:
24: image_array_sample = image_array
25: kmeans = KMeans(n_clusters=n_colors, random_state=0).fit(
26:     image_array_sample)
27:
28: # 获得所有点的标签
29: labels = kmeans.predict(image_array)
30:
```

① https://en.wikipedia.org/wiki/GIF。

```
31: def recreate_image(codebook, labels, w, h):
32:     """Recreate the (compressed) image from the code book & labels"""
33:     d = codebook.shape[1]
34:     image = np.zeros((w, h, d))
35:     label_idx = 0
36:     for i in range(w):
37:         for j in range(h):
38:             image[i][j] = codebook[labels[label_idx]]
39:             label_idx += 1
40:     return image
```

显示原始图像及 64 种量化颜色的结果，如代码 5.9 所示。

代码 5.9　显示原始图像及量化颜色的结果

```
01: # 原始图像
02: plt.figure(1)
03: ax = plt.axes([0, 0, 0.7, 0.7])
04: plt.axis('off')
05: plt.title('(a)原始图像')
06: plt.imshow(img)
07:
08: # 64 VQ 图像
09: plt.figure(2)
10: ax = plt.axes([0, 0, 0.7, 0.7])
11: plt.axis('off')
12: plt.title('(b)使用 64 种颜色的图像')
13: plt.imshow(recreate_image(kmeans.cluster_centers_, labels, w, h))
```

聚类结果如图 5.15 所示，其中图 5.15(a)是原始图像，图 5.15(b)是颜色压缩后的结果。从结果图像可以看出，使用聚类将颜色数压缩到 64 种后，能够得到与原始图像非常接近的结果，但存储空间已压缩到原始图像的 25%。

(a)原始图像　　　　　　　　　　　　　(b)使用 64 种颜色的图像

图 5.15　颜色压缩后的结果

5.9　小结

本章介绍了经典聚类算法——k 均值聚类算法的原理、算法和编程实现，这种算法在 k 最近邻算法的基础上，增加了循环迭代，即最优结果不是一次计算就能得到的，而要通过多次迭代与更新。为了让读者更好地理解如何将原理和公式转换为算法，本章还通过一个例子演示了整个操作过程。最后，本章通过一个彩色图像压缩的真实例子，演示了如何应用 k 均值聚类去解决实际问题。

5.10　练习题

01. 聚类环形数据。对下列数据[1]进行特征变换，并进行 k 均值聚类。可视化后的样本数据如图 5.16 所示。具体要求：①不使用特征变化，使用聚类方法的结果；②使用特征变化，并使用聚类方法的结果；③自己查找并尝试使用其他聚类方法，看看效果如何。

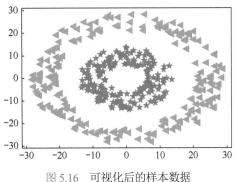

图 5.16　可视化后的样本数据

02. 研究不同聚类算法的性能。学习其他聚类算法（如 DBSCAN[2]），编写实现聚类的程序，尝试在不同数据上对比分析不同算法的聚类性能。

5.11　在线练习题

扫描如下二维码，访问在线练习题。

第6章 逻辑斯蒂回归

在统计学中，线性回归（Linear Regression）是利用称为线性回归方程的最小平方函数对一个或多个自变量和因变量之间的关系进行建模的一种回归分析方法，是确定两个或两个以上变量之间的相互依赖关系的一种统计分析手段。逻辑斯蒂回归（Logistic Regression）则是一种广义的线性回归，它在线性回归的基础上套用了一个逻辑函数，以加入非线性拟合能力。逻辑斯蒂回归在解决二分类问题方面有着广泛的应用，是机器学习中的分类算法之一。图 6.1 中显示了本章配套资源的二维码。

(a)本章配套在线视频　　(b)本章配套在线讲义

图 6.1　本章配套资源的二维码

6.1 最小二乘法

要理解逻辑斯蒂回归，就要了解其理论支撑和回归问题。学习线性回归的理论和方法，可以深入理解逻辑斯蒂回归的基础。到目前为止，线性回归模型仍然是工业界应用最广泛的模型之一，而在线性回归分析中应用最广泛的方法是最小二乘法（Least Squares）。

最小二乘法是一种数学优化技术，它通过最小化误差的平方和来找到一组数据的最佳拟合函数。最小二乘法原理示意图如图 6.2 所示，图中的红点表示观测值，蓝线表示拟合的线性函数，绿线表示观测值和模型值的误差。通过调整模型参数，使所有观测值和模型值的误差平和方最小，可得到最优的模型参数。最小二乘法通常用于函数拟合、求解模型，其他优化问题也可通过最小化能量或最大化熵，使用最小二乘形式表达。

最小二乘法法原理的一般形式为

$$L = \sum_{i=1}^{N} \left(V_{obv}(i) - V_{target}(i;\theta) \right)^2 \qquad (6.1)$$

式中，i 表示样本编号，$V_{obv}(i)$ 表示观测得到的样本值，$V_{target}(i;\theta)$ 表示拟合函数的输出值，θ 表示所构造模型的参数，N 表示观测数据的个数，L 表示目标函数。若调整模型参数 θ 使 L 下降到最小，则表明拟合函数与观测值最接近，也就是说，这时找到了最优模型。

6.1.1 数据生成

假设我们有一些数据，但不知道这些数据的规律，希望通过最小二乘法找到这些数据的内在规律。示例数据的生成如代码 6.1 所示。

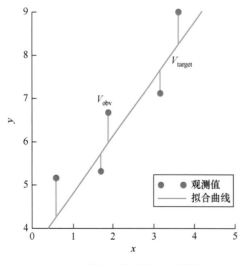

图 6.2　最小二乘法原理示意图

代码6.1　示例数据的生成

```
01: %matplotlib inline
02:
03: import matplotlib.pyplot as plt
04: import numpy as np
05:
06: # 生成数据
07: data_num = 50
08: X = np.random.rand(data_num, 1)*10
09: Y = X * 3 + 4 + 4*np.random.randn(data_num, 1)
10:
11: # 画出数据的分布
12: plt.scatter(X, Y)
13: plt.xlabel("X")
14: plt.ylabel("Y")
15: plt.show()
```

示例数据有 50 个，X 的值域为[0, 10)，Y 和 X 的关系满足如下模型：

$$y = 3x + 4 + 4\omega \tag{6.2}$$

式中，ω 是高斯噪声。样本可视化的结果如图 6.3 所示。

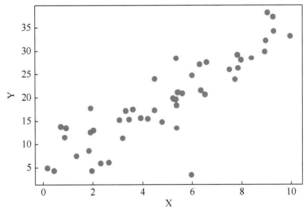

图 6.3　样本可视化的结果

6.1.2　最小二乘法的数学原理

图 6.3 所示示例数据中有 N 个观测数据。观测数据的数学定义为

$$\boldsymbol{X} = \{x_1, x_2, \cdots, x_N\} \tag{6.3}$$
$$\boldsymbol{Y} = \{y_1, y_2, \cdots, y_N\}$$

式中，$\boldsymbol{X}$ 为自变量，$\boldsymbol{Y}$ 为因变量。我们希望找到一个模型来表示这些数据之间的关系。假设使用最简单的线性模型来拟合数据：

$$y = ax + b \tag{6.4}$$

于是，问题就变成求解参数 a, b 使得模型输出与观测数据之间的误差尽可能地小。

构建函数来评估模型输出与观测数据之间的误差是解决该问题的关键。这里使用观测数据与模型输出的平方和来构建评估函数，也称损失函数（Loss Function）：

$$L = \sum_{i=1}^{N}\left[y_i - (ax_i + b)\right]^2 = \sum_{i=1}^{N}(y_i - ax_i - b)^2 \qquad (6.5)$$

上述损失函数是一个二次函数，它存在一个极小值点，且这个极值点位于导数为零的位置。因此，分别求损失函数关于自变量 a, b 的偏导数，就可以求出模型的最优参数：

$$\begin{cases} \dfrac{\partial L}{\partial a} = -2\sum_{i=1}^{N}(y_i - ax_i - b)x_i \\[2mm] \dfrac{\partial L}{\partial b} = -2\sum_{i=1}^{N}(y_i - ax_i - b) \end{cases} \qquad (6.6)$$

当偏导数为零时，误差函数最小，得到如下公式：

$$\begin{cases} -2\sum_{i=1}^{N}(y_i - ax_i - b)x_i = 0 \\[2mm] -2\sum_{i=1}^{N}(y_i - ax_i - b) = 0 \end{cases} \qquad (6.7)$$

在以上各式中，x_i 和 y_i 是观测数据，它们在求解过程中是已知的；参数 a 和 b 是待求解的参数，是未知量。调整式（6.7）的顺序，可得如下二元一次方程组：

$$\begin{cases} a\sum x_i^2 + b\sum x_i = \sum y_i x_i \\[2mm] a\sum x_i + bN = \sum y_i \end{cases} \qquad (6.8)$$

求解该方程组，就可求出模型的最优参数 a 和 b。

6.1.3 最小二乘法的程序实现

下面将上面的公式编写为程序，以求解模型参数，具体实现如代码 6.2 所示。

代码 6.2 最小二乘解析解

```
01: N = X.shape[0]
02:
03: S_X2 = np.sum(X*X)
04: S_X = np.sum(X)
05: S_XY = np.sum(X*Y)
06: S_Y = np.sum(Y)
07:
08: A = np.array([[S_X2, S_X], [S_X, N]])
09: B = np.array([S_XY, S_Y])
10:
11: # numpy.linalg 模块包含线性代数的函数
12: # 使用这个模块，可以计算逆矩阵、求特征值、解线性方程组及求解行列式等
13: coeff = np.linalg.inv(A).dot(B)
14:
15: print('a = %f, b = %f' % (coeff[0], coeff[1]))
16:
17: x_min = np.min(X)
18: x_max = np.max(X)
19: y_min = coeff[0] * x_min + coeff[1] 20: y_max = coeff[0] * x_max + coeff[1]
21:
22: plt.scatter(X, Y, label = 'original data')
23: plt.plot([x_min, x_max], [y_min, y_max], 'r', label = 'model')
```

```
24: plt.legend()
25: plt.show()
```

在上面的程序中，第 3～6 行算出二元一次方程组的 4 个系数，即 $\sum x_i^2$、$\sum x_i$、$\sum x_i y_i$ 和 $\sum y_i$；第 8 行、第 9 行将方程组表示成矩阵 A 和向量 B；第 13 行通过矩阵 A 求逆，然后乘以向量 B，得到模型的最优参数。程序运行结果如图 6.4 所示。

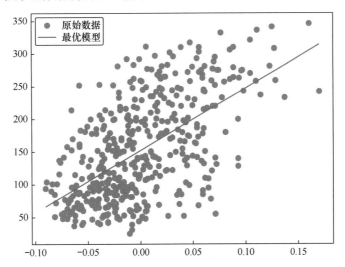

图 6.4　程序运行结果。蓝色圆点为原始数据，红色直线是得到的最优模型

在以上程序中，matplotlib.pyplot 是绘图工具，NumPy 库用于计算。可以看到，在 Python 中求解最小二乘问题是比较简单的，这段代码的大部分内容都在处理数据加载与绘图输出，真正的算法部分只有 6～7 行，而核心运算是使用 numpy.linalg 模块。

注意：numpy.linalg 模块包含线性代数的函数。使用这个模块，可以计算逆矩阵、求特征值、解线性方程组及求解行列式等。这里使用方程组求解得到最优模型的参数 a 和 b。

6.2　梯度下降法

当数据较多或者模型是非线性模型时，参数较多并且较复杂，无法直接求出模型参数的解析解。这时，更有效的方法是采用迭代方式逐步逼近模型的最优参数，而梯度下降法是机器学习中常用的一种优化求解方法。

6.2.1　梯度下降法的原理

在机器学习算法中，首先需要构建损失函数来评判数据的拟合效果，然后使用优化算法来最小化（或最大化）损失函数。在求解机器学习模型参数的优化算法中，用得较多的是梯度下降法（Gradient Descent，GD）。梯度下降法的主要优点是在求解过程中只需损失函数的一阶导数，计算相对简单，这就使得梯度下降法适用于大规模数据。

梯度下降法的核心思想是，通过当前点的梯度方向寻找新的迭代点，不断迭代，直至找到最优参数。梯度下降法的处理过程可以类比为如下的下山过程：

● 一个人被困在山上，需要从山上下来，例如找到山的最低点（山谷）。

- 然而，此时山上的雾很大，能见度很低。因此，他无法直接确定下山的路，必须利用周围的信息找到下山的路。
- 以当前所在的位置为基准，寻找这个位置的最陡峭方向，然后朝该方向前进一段距离。
- 重复上述步骤，最后就能成功到达山谷。

如图 6.5 所示，沿梯度方向前进若干次，就可得到局部最优解。图中，θ_0 和 θ_1 表示模型参数；$L(\theta_0, \theta_1)$ 表示损失函数；黑色五角星表示每次迭代的位置，黑色五角星之间的线段表示每次前进的步长。显然，出发点不同时，最后到达的收敛点可能是不同的；当然，当损失函数呈碗状时，收敛点就应是相同的。

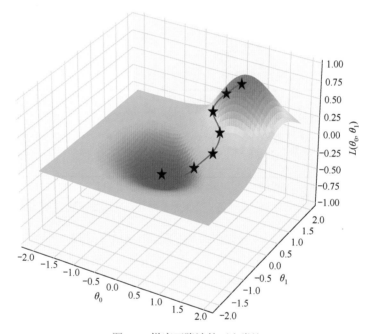

图 6.5　梯度下降法的下山类比

求解最优参数的整个过程（下山过程）中会面临如下两个问题：

- 如何测量山峰的"陡峭"程度？
- 每次走多长距离后重新进行陡峭程度测量？如果所走的距离太长，测量次数就较少，可能导致走的路线不是最佳路线而错过最低点；如果所走的距离太短，测量次数过于频繁，可能导致整体耗时太长。

第一个问题是如何计算"陡峭"程度——这里将其称为梯度，表示为 $\nabla L(\theta)$。第二个问题是步长问题，用学习率 α 表示步长，α 越大，步长就越大。前述最小二乘问题的损失函数可定义为

$$L = \sum_{i=1}^{N} (y_i - ax_i - b)^2 \tag{6.9}$$

结合学习率后，θ 等参数的更新策略为

$$\theta \leftarrow \theta - \alpha \nabla L(\theta) \tag{6.10}$$

式中，θ 代表模型中的参数，如 a 和 b。该式的意义是，L 是关于 θ 的一个函数，当前所在的位置是 θ 点，要从这个点走到 L 的最小值点，也就是山谷。首先确定前进方向，也就是梯度的反方向，然

后沿梯度方向前进一个步长的距离，即 α，走完这段距离后，就到达下一个参数最优点。结合前面对参数求梯度的式（6.6），可得具体参数的更新公式为

$$a \leftarrow a + 2\alpha[y-(ax+b)]x$$
$$b \leftarrow b + 2\alpha[y-(ax+b)]$$

$$(6.11)$$

这里需要重点理解如下两个要点：

- α 的含义是什么？α 在梯度下降算法中被称为学习率或步长，意味着可通过 α 来控制每步所走的距离，保证步子不因跨得太大而错过最低点，同时保证不因走得太慢导致太阳下山后还未到达山谷，如图 6.6 所示。因此，α 的选择在梯度下降法中非常重要。

- 为什么梯度要乘以一个负号？梯度前面加一个负号，意味着朝与梯度相反的方向前进。梯度方向实际上是函数在该点上升最快的方向，而本优化问题需要朝下降最快的方向走，自然就是负梯度方向，所以要加上负号。

学习率太小，需要多个训练步骤，训练较慢　　　　学习率太大会导致错过最低点

图 6.6　学习率的选择

6.2.2　梯度下降法的实现

下面通过例子来说明如何用梯度下降法来求最优模型的参数。这里采用的数据与 6.1 节示例程序采用的数据相同，库函数的调用也与 6.1 节的相同，如代码 6.3 所示。

代码 6.3　最小二乘的梯度下降法求解

```
01: # import library
02: import matplotlib.pyplot as plt
03: import numpy as np
04: import sklearn
05:
06: # 生成数据
07: data_num = 50
08: X = np.random.rand(data_num, 1)*10
09: Y = X * 3 + 4 + 1*np.random.randn(data_num, 1)
10:
11: N = X.shape[0]
12:
13: # 参数设置
14: n_epoch = 500        # 迭代次数
15: a, b = 1, 1          # 初始模型参数
16: epsilon = 0.001      # 学习率
17:
```

```
18: # 对每次迭代
19: for i in range(n_epoch):
20:     data_idx = list(range(N))
21:     random.shuffle(data_idx)
22:
23:     # 对每个数据
24:     for j in data_idx:
25:         a = a + epsilon*2*(Y[j] - a*X[j] - b)*X[j]
26:         b = b + epsilon*2*(Y[j] - a*X[j] - b)
27:
28:     # 计算损失函数
29:     L = 0
30:     for j in range(N):
31:         L = L + (Y[j]-a*X[j]-b)**2
32:
33:     if i % 100 == 0:
34:         print("代 %4d: loss = %f, a = %f, b = %f" % (i, L, a, b))
35:
36: # 画出结果
37: x_min = np.min(X)
38: x_max = np.max(X)
39: y_min = a * x_min + b
40: y_max = a * x_max + b
41:
42: plt.scatter(X, Y, label='original data')
43: plt.plot([x_min, x_max], [y_min, y_max], 'r', label='模型')
44: plt.legend()
45: plt.show()
```

在以上程序中，核心代码是第 25 行和第 26 行，它们是参数更新公式（6.11）的程序实现。对所有数据进行 n_epoch 次迭代，优化得到最终模型的参数 a 和 b，如图 6.7 所示。

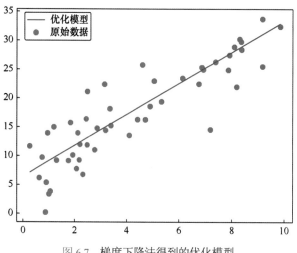

图 6.7　梯度下降法得到的优化模型

6.2.3　迭代可视化

上一节采用梯度下降法和迭代法求解了线性模型，本节使用 matplotlib 来可视化迭代过程，以便更直观地观察梯度下降法的求解过程。具体实现如代码 6.4 所示。

代码 6.4　迭代可视化

```
01: import matplotlib.pyplot as plt
02: import matplotlib.animation as animation
03:
04: # 生成数据
05: data_num = 50
06: X = np.random.rand(data_num, 1)*10
07: Y = X * 3 + 4 + 4*np.random.randn(data_num, 1)
08:
09: N = X.shape[0]
10:
11: # 参数
12: n_epoch = 300          # 迭代次数
13: a, b = 1, 1            # 初始化参数
14: epsilon = 0.0001       # 学习率
15:
16: fig = plt.figure()
17: imgs = []
18:
19: for i in range(n_epoch):
20:     data_idx = list(range(N))
21:     random.shuffle(data_idx)
22:
23:     for j in data_idx[:10]:
24:         a = a + epsilon*2*(Y[j] - a*X[j] - b)*X[j]
25:         b = b + epsilon*2*(Y[j] - a*X[j] - b)
26:
27:     if i<80 and i % 5 == 0:
28:         x_min = np.min(X)
29:         x_max = np.max(X)
30:         y_min = a * x_min + b
31:         y_max = a * x_max + b
32:
33:         img = plt.scatter(X, Y, label='original  data')
34:         img = plt.plot([x_min, x_max], [y_min, y_max], 'r', label=' model')
35:         imgs.append(img)
36:
37: # 动画显示结果
38: ani = animation.ArtistAnimation(fig, imgs)
39: plt.show()
```

以上程序使用 matplotlib.animation 模块实现了迭代过程的可视化。由于书本不便展示动态过程，读者可自行运行上述代码来观察梯度下降法的迭代过程，部分结果如图 6.8 所示。

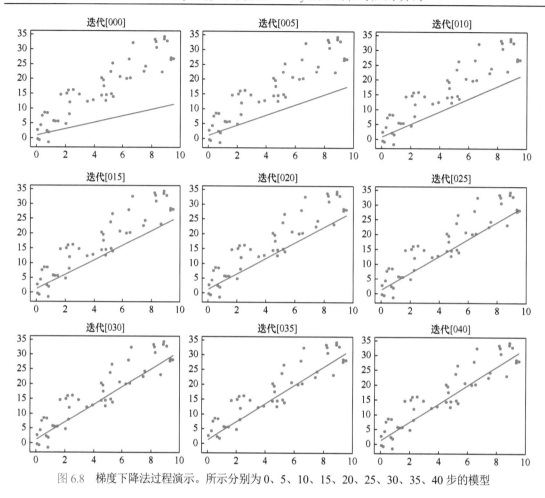

图 6.8　梯度下降法过程演示。所示分别为 0、5、10、15、20、25、30、35、40 步的模型

6.2.4　梯度下降法的优化

上一节介绍的方法是全梯度下降法（**Full Gradient Descent**），它使用整个数据集作为样本进行计算，具有易于并行实现以及能够代表样本总体的优点。然而，如果有些数据中包含错误（如异常数据），那么每次更新时只使用一个数据将导致结果不精确，且每次只使用一个数据来计算、更新还会导致计算效率低下，而需要处理大量数据的机器学习应用会耗时过长。

1．随机梯度下降法

为了加速训练过程，随机梯度下降法（**Stochastic Gradient Descent**）在每轮迭代中，以随机选取一个数据样本来优化模型参数的方式进行训练。这样的优化训练方式可使训练速度大大加快，但也带来了一些问题：在某个数据上损失函数更小并不代表在全部数据上损失函数更小，因此其迭代并不指向整体最优的方向，训练结果的准确度降低，且不易于并行实现。

2．小批量梯度下降法

小批量梯度下降法（**Mini-batch Gradient Descent**）综合了全数据梯度下降法和随机梯度下降法的优点，在机器学习的实际应用中被广为采用。这种方法每次计算一小部分训练数据的损失函数来更新模型，通过矩阵运算使得每个批次（**Batch**）上的优化参数计算不会慢太多，可以大大减少收敛所需的次数，并且结果更接近全数据梯度下降法的结果。然而，小批量梯度下降法也会带来一个问题：如何选取最优的批次大小？过小的批次大小会使得梯度下降方向不准确，过大的批次大小会使得训练速度降低。如何根据数据特性与应用场景选取合适的批次大小，是考验算法设计者的难题。

6.3　多元线性回归

前两节介绍了如何使用最小二乘法和梯度下降法来拟合线性模型。如果回归分析中包含两个或两个以上的自变量，且自变量与因变量之间的线性关系仍然满足，就称这样的拟合为多元线性回归。下面通过一个例子来说明如何实现多元线性回归。

6.3.1　导弹弹道预测算法

假设我们要设计一个弹道导弹防御系统，这个系统通过观测导弹的飞行路径来预测未来导弹的飞行轨迹，从而完成摧毁导弹的任务。根据物理学原理可知，导弹飞行的模型为

$$y = at^2 + bt + c \tag{6.12}$$

编写程序实现导弹轨迹的绘制，如代码 6.5 所示，所绘的导弹预测轨迹如图 6.9 所示。

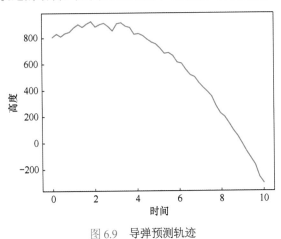

图 6.9　导弹预测轨迹

代码 6.5　导弹轨迹的绘制

```
01: %matplotlib inline
02: import matplotlib.pyplot as plt
03: import numpy as np
04:
05: pa = -20
06: pb = 90
07: pc = 800
08:
09: t = np.linspace(0, 10)
10: y = pa*t**2 + pb*t + pc + np.random.randn(np.size(t))*15
11:
12: plt.plot(t, y)
13: plt.xlabel("时间")
14: plt.ylabel("高度")
15: plt.show()
```

6.3.2 建模与编程求解

要得到导弹飞行轨迹模型，就需要求解三个模型参数 a, b, c。类似于前面的最小二乘法，损失函数定义为

$$L = \sum_{i=1}^{N} (y_i - at_i^2 - bt_i - c)^2 \tag{6.13}$$

分别对模型参数 a, b, c 求导得

$$\frac{\partial L}{\partial a} = -2\sum_{i=1}^{N}(y_i - at_i^2 - bt_i - c)t_i^2$$

$$\frac{\partial L}{\partial b} = -2\sum_{i=1}^{N}(y_i - at_i^2 - bt_i - c)t_i \tag{6.14}$$

$$\frac{\partial L}{\partial c} = -2\sum_{i=1}^{N}(y_i - at_i^2 - bt_i - c)$$

将上面的求导写入模型更新公式，可得求解程序如代码 6.6 所示。为了更好地演示迭代计算的核心原理，程序依次计算所有样本，如第 7 行、第 8 行和第 9 行所示。

代码 6.6　导弹参数估计

```
01: n_epoch = 3000         # epoch size
02: a, b, c = 1.0, 1.0, 1.0  # initial parameters
03: epsilon = 0.0001         # learning rate
04:
05: N = np.size(t)
06: for i in range(n_epoch):
07:     for j in range(N):
08:         a = a + epsilon*2*(y[j] - a*t[j]**2 - b*t[j] - c)*t[j]**2
09:         b = b + epsilon*2*(y[j] - a*t[j]**2 - b*t[j] - c)*t[j]
10:         c = c + epsilon*2*(y[j] - a*t[j]**2 - b*t[j] - c)
11:
12:     L = 0
13:     for j in range(N):
14:         L = L + (y[j] - a*t[j]**2 - b*t[j] - c)**2
15:
16:     if i % 500 == 0:
17:         print("代 %4d: loss = %10g, a = %10g, b = %10g, c = %10g" % (i, L, a, b, c))
18:
19: y_est = a*t**2 + b*t + c
20:
21: plt.plot(t, y, 'r-', label = '真实数据')
22: plt.plot(t, y_est, 'g-x', label = '预测数据')
23: plt.legend()
24: plt.show()
```

程序运行结果即求解得到的导弹轨迹如图 6.10 所示，图中的红色曲线表示观测数据，绿色叉线表示模型预测的轨迹。可以看出，使用梯度下降法能够很好地估计模型的参数。

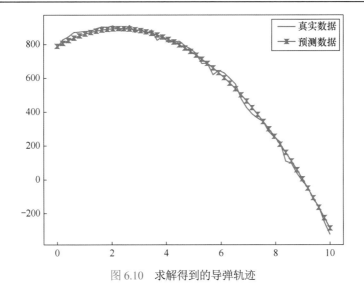

图 6.10 求解得到的导弹轨迹

6.4 使用 sklearn 库进行拟合

除了自己编写拟合程序，也可调用提供多种拟合模型的 sklearn 库来拟合线性模型或多次模型。代码 6.7 演示了 sklearn 库的线性模型拟合。

代码 6.7 sklean 库的线性模型拟合

```
01: %matplotlib inline
02:
03: from sklearn import linear_model
04: import numpy as np
05:
06: # 生成数据
07: data_num = 100
08: X = np.random.rand(data_num, 1)*10
09: Y = X * 3 + 4 + 8*np.random.randn(data_num, 1)
10:
11: # 生成线性回归模型并拟合模型
12: regr = linear_model.LinearRegression()
13: regr.fit(X, Y)
14:
15: a, b = np.squeeze(regr.coef_), np.squeeze(regr.intercept_)
16: print("a = %f, b = %f" % (a, b))
17:
18: x_min = np.min(X)
19: x_max = np.max(X)
20: y_min = a * x_min + b 21: y_max = a * x_max + b 22:
23: plt.scatter(X, Y)
24: plt.plot([x_min, x_max], [y_min, y_max], 'r')
25: plt.show()
```

在上面的程序中，第 8 行和第 9 行生成仿真数据，第 12 行使用 linear_model.LinearRegression 生成线性回归模型，第 13 行代码将数据代入线性模型进行拟合。拟合线性模型的结果如图 6.11 所示。

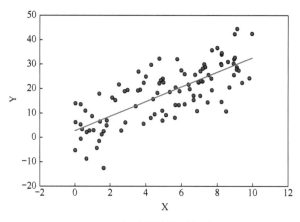

图 6.11 拟合线性模型的结果

代码 6.8 演示了 sklearn 库函数对多项式函数的拟合。

代码 6.8 sklean 库函数对多项式函数的拟合

```
01: # Fitting polynomial functions
02:
03: from sklearn.preprocessing import PolynomialFeatures
04: from sklearn.linear_model import LinearRegression
05: from sklearn.pipeline import Pipeline
06: import numpy as np
07:
08: t = np.array([2, 4, 6, 8])
09:
10: pa = -20
11: pb = 90
12: pc = 800
13:
14: y = pa*t**2 + pb*t + pc
15:
16: model = Pipeline([('poly', PolynomialFeatures(degree=2)),
17:                    ('linear', LinearRegression(fit_intercept=False))])
18: model = model.fit(t[:, np.newaxis], y)
19: model.named_steps['linear'].coef_
```

不同于线性模型的拟合，多项式函数的拟合需要在线性回归（LinearRegression）的基础上增加多项式特征处理（PolynomialFeatures），这两种处理由 Pipeline 组成一个流程处理序列。

6.5 逻辑斯蒂回归的原理

上一节介绍的最小二乘法能够较好地对线性模型进行回归学习，但是不能有效地解决离散的分类问题。只有找到一个单调可微的函数将分类任务的真实值与回归模型的预测值联系起来，才能解决这种离散的预测问题。逻辑斯蒂回归是一种将预测值限定到区间[0, 1]上的回归模型，回归曲线如图 6.12 所示。逻辑斯蒂回归函数在 $x = 0$ 附近对输入值十分敏感，而在 $x \gg 0$ 或 $x \ll 0$ 时对输入值不敏感。

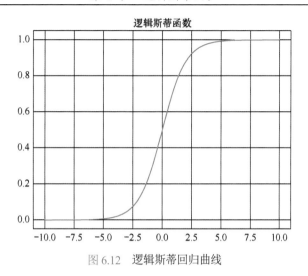

图 6.12　逻辑斯蒂回归曲线

6.5.1　数学模型

下面以简单的二分类问题为例加以说明。二分类问题的值域为 $y \in \{0, 1\}$，而线性回归模型产生的预测值是连续的，因此需要找到线性结果与离散二分类结果之间的映射关系。最简单的映射关系是阶跃函数：

$$y = \begin{cases} 0, & x < 0 \\ 1, & x \geqslant 0 \end{cases} \tag{6.15}$$

阶跃函数看上去是一个很好的映射，但在参数估计过程中需要求导。阶跃函数存在跳跃的间断点，使得函数在 $x = 0$ 处不能求导，因此使用阶跃函数作为映射关系不是好选择。那么能否使用近似阶跃函数的连续函数来代替它呢？对数几率函数（sigmoid）就是这样的一个函数，其定义为

$$y = g(x) = \frac{1}{1 + e^{-x}} \tag{6.16}$$

对数几率函数对阶跃函数的拟合如图 6.13 所示，可以看出对数几率函数形如 S，因此常称 S 形函数。对数几率函数建立了 x 与 $g(x)$ 之间的近似阶跃映射关系，并且满足在整个定义域上可导的要求。将对数几率函数代入广义线性模型，可以得到适合二分类问题的模型。

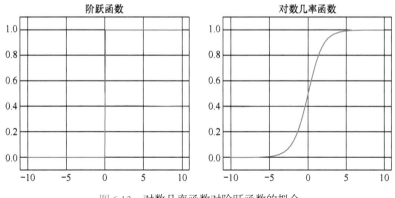

图 6.13　对数几率函数对阶跃函数的拟合

前述最小二乘线性模型用矩阵形式表达为

$$f(\boldsymbol{x}) = \boldsymbol{w}^\mathrm{T}\boldsymbol{x} + b \tag{6.17}$$

式中，$\boldsymbol{w}$ 是对应每个输入数据维度的权重，b 是模型偏置。将式（6.17）代入式（6.16）得

$$y = \frac{1}{1 + \mathrm{e}^{-(\boldsymbol{w}^\mathrm{T}\boldsymbol{x}+b)}} \tag{6.18}$$

若将上式中的 y 视为样本 $\boldsymbol{x}$ 作为正例的概率，则 $1-y$ 就是样本 $\boldsymbol{x}$ 作为反例的概率，二者的比值称为几率，它定义为

$$\frac{y}{1-y} \tag{6.19}$$

对上式取对数，转换为线性关系，可得

$$\begin{aligned} \ln\frac{y}{1-y} &= \ln y - \ln(1-y) \\ &= \ln\frac{1}{1+\mathrm{e}^{-(\boldsymbol{w}^\mathrm{T}\boldsymbol{x}+b)}} - \ln\frac{\mathrm{e}^{-(\boldsymbol{w}^\mathrm{T}\boldsymbol{x}+b)}}{1+\mathrm{e}^{-(\boldsymbol{w}^\mathrm{T}\boldsymbol{x}+b)}} \\ &= \boldsymbol{w}^\mathrm{T}\boldsymbol{x} + b \end{aligned} \tag{6.20}$$

几率反映的是样本 $\boldsymbol{x}$ 作为正例的相对可能性，对几率取对数可得式（6.20）左边的项，因此可以认为式（6.20）就是使用线性回归模型的预测结果去逼近真实标签的对数几率。因此，对应的模型也被称为对数几率回归或逻辑斯蒂回归（Logistic Regression）。虽然该模型被称为回归模型，但它其实是一种常用的分类学习方法。使用对数几率回归处理分类问题的优点如下：

- 直接对分类可能性进行建模，无须事先假设数据分布，避免了假设不准确带来的问题。
- 不仅能够预测出"类别"，而且能够得到近似的概率预测，这对许多需要利用概率进行辅助决策的任务非常有用。
- 对数几率回归求解的目标函数是可导的凸函数，具有很好的数学性质，现有的许多数值优化算法都可直接用于求解最优解。

下面介绍如何式（6.20）中的 $\boldsymbol{w}$ 和 b。若将式（6.20）中的 y 视为类别后验概率估计 $p(y=1|\boldsymbol{x})$，则式（6.19）可写为

$$\ln\frac{p(y=1|\boldsymbol{x})}{p(y=0|\boldsymbol{x})} = \boldsymbol{w}^\mathrm{T}\boldsymbol{x} + b \tag{6.21}$$

显然有

$$p(y=1|\boldsymbol{x},\theta) = \frac{\mathrm{e}^{\boldsymbol{w}^\mathrm{T}\boldsymbol{x}+b}}{1+\mathrm{e}^{\boldsymbol{w}^\mathrm{T}\boldsymbol{x}+b}} = h_\theta(\boldsymbol{x}) \tag{6.22}$$

$$p(y=0|\boldsymbol{x},\theta) = \frac{1}{1+\mathrm{e}^{\boldsymbol{w}^\mathrm{T}\boldsymbol{x}+b}} = 1 - h_\theta(\boldsymbol{x}) \tag{6.23}$$

在式（6.22）和式（6.23）中定义 $h_\theta(\boldsymbol{x}) = p(y=1|\boldsymbol{x},\theta)$。为了方便后续公式的推导，令 $\theta = (\boldsymbol{w};b)$，$\hat{\boldsymbol{x}} = (\boldsymbol{x};1)$，则 $\boldsymbol{w}^\mathrm{T}\boldsymbol{x}+b$ 可简写为 $\theta^\mathrm{T}\hat{\boldsymbol{x}}$。

合并上面的表达式得

$$p(y|\boldsymbol{x},\theta) = (h_\theta(\boldsymbol{x}))^y (1-h_\theta(\boldsymbol{x}))^{1-y} \tag{6.24}$$

给定数据集 $\{(\boldsymbol{x}_i,y_i)\}_{i=1}^N$，其中 N 是样本数，可通过极大似然法（Maximum Likelihood Method）来估计模型参数 θ。

假设训练样本相互独立，那么似然函数表达式为

$$L(\theta) = p(\boldsymbol{y} \mid \boldsymbol{X}; \theta)$$

$$= \prod_{i=1}^{N} p(y_i \mid \boldsymbol{x}_i; \theta) \tag{6.25}$$

$$= \prod_{i=1}^{N} (h_\theta(\boldsymbol{x}_i))^{y_i} (1 - h_\theta(\boldsymbol{x}_i))^{1-y_i}$$

由于关心的是损失函数的变化趋势而不是具体数值，所以对似然函数两边取对数可得

$$\ell(\theta) = \log L(\theta) = \sum_{i=1}^{N} y_i \log h_\theta(\boldsymbol{x}_i) + (1 - y_i) \log(1 - h_\theta(\boldsymbol{x}_i)) \tag{6.26}$$

转换后的似然函数对 θ 求导，在只有一个训练样本的情况下，可得

$$\frac{\partial}{\partial \theta_j} \ell(\theta) = \left(\frac{y}{g(\theta^{\mathrm{T}} \boldsymbol{x})} - \frac{(1-y)}{1 - g(\theta^{\mathrm{T}} \boldsymbol{x})} \right) \frac{\partial}{\partial \theta_j} g(\theta^{\mathrm{T}} \boldsymbol{x})$$

$$= \left(\frac{y}{g(\theta^{\mathrm{T}} \boldsymbol{x})} - \frac{(1-y)}{1 - g(\theta^{\mathrm{T}} \boldsymbol{x})} \right) g(\theta^{\mathrm{T}} \boldsymbol{x}) \left(1 - g(\theta^{\mathrm{T}} \boldsymbol{x}) \frac{\partial}{\partial \theta_j} \theta^{\mathrm{T}} \boldsymbol{x} \right) \tag{6.27}$$

$$= (y(1 - g(\theta^{\mathrm{T}} \boldsymbol{x})) - (1 - y)g(\theta^T \boldsymbol{x})) \boldsymbol{x}$$

$$= (y - h_\theta(\boldsymbol{x})) \boldsymbol{x}$$

在求导过程中：

- 第一步是对 θ 的导数进行转换，依据的导数公式是 $y = \ln x$，$y' = 1/x$。
- 第二步的依据是对数几率函数 $g(x)$ 求导的特性 $g'(x) = g(x)(1 - g(x))$。
- 第三步是普通的变换。

这样，就得到了梯度上升每次迭代的更新方向，于是 θ 的迭代表达式为

$$\theta \leftarrow \theta + \eta(y_i - h_\theta(\boldsymbol{x}_i)) \boldsymbol{x}_i \tag{6.28}$$

式中，η 是学习率。仔细观察上式发现，它与前面介绍的最小二乘更新公式（6.11）非常相似，误差项都是计算标签和模型输出之差，然后乘以自变量，参数更新的步长都由学习率 η 控制。由于计算过程类似于最小二乘的梯度下降法，所以对前面的程序稍做修改即可得到逻辑斯蒂回归程序。

6.5.2　算法流程

下面简要说明逻辑斯蒂回归算法，如算法 6.1 所示。在每轮循环迭代中，随机选择一个样本并计算输出结果与真值之间的误差，使用权重更新方法将误差、学习率代入式（6.28），计算得到新的权重。

算法 6.1　逻辑斯蒂回归算法流程

输入： 训练数据 $T = \{(\boldsymbol{x}_1, y_1), (\boldsymbol{x}_2, y_2), \cdots, (\boldsymbol{x}_N, y_N)\}$，$\boldsymbol{x}_i \in \mathbb{R}^D$，$y_i \in Y = \{0, 1, \cdots, K-1\}$，$i = 1, 2, \cdots, N$

输出： 最优模型参数 θ

1　读取训练数据，初始化模型参数 $\boldsymbol{w}$，或者赋值为随机数
2　**for** $k \in [0, n_{\text{epoch}}]$　**do**
3　　随机选择一个样本 $(\boldsymbol{x}_i, y_i)$
4　　计算误差项 $y - h_\theta(\boldsymbol{x}_i)$
5　　根据式（6.28）更新模型参数
6　**end**

6.6　逻辑斯蒂回归的实现

上一节介绍了逻辑斯蒂回归的理论，下面使用几个示例程序说明如何编程实现逻辑斯蒂回归，以及如何利用逻辑斯蒂回归解决实际问题。

6.6.1　逻辑斯蒂回归示例程序

为了演示程序和算法，首先生成一些实验数据，如代码 6.9 所示。

代码 6.9　逻辑斯蒂回归的数据生成程序

```
01: %matplotlib inline
02:
03: import numpy as np
04: import sklearn.datasets
05: import matplotlib.pyplot as plt
06:
07: np.random.seed(0)
08:
09: # 生成模拟数据
10: data, label = sklearn.datasets.make_moons(200, noise = 0.30)
11:
12: print("data = ", data[:10, :])
13: print("label = ", label[:10])
14:
15: plt.scatter(data[:,0], data[:,1], c=label)
16: plt.title("训练、测试数据")
```

本例使用 sklearn 中的 datasets.make_moons 生成双月形数据，如图 6.14 所示。部分测试数据打印输出如下：

```
data = [[ 0.694565  0.42666408]
[ 1.68353008 -0.80016643]
[-0.25046823  0.24392224]
[-1.13337973 -0.6112787]
[ 1.76905577 -0.31025439]
[ 2.00225511 -0.18592]
[ 0.91169861  0.46995543]
[ 0.88211794 -0.46701178]
[ 0.75006972  0.33995342]
[ 1.30208867 -0.72334923]]
label = [0 1 1 0 1 1 0 1 0 1]
```

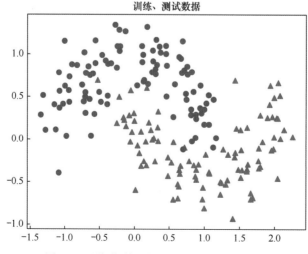

图 6.14　逻辑斯蒂回归的训练数据和测试数据

逻辑斯蒂回归的主程序如代码 6.10 所示。

代码 6.10　辑斯蒂回归的主程序

```
01: def sigmoid(x):
02:     return 1.0 / (1 + np.exp(-x))
03:
04: class  Logistic(object):
05:     """逻辑斯蒂回归模型"""
06:     def __init__(self, data, label):
07:         self.data = data
08:         self.label = label
09:
10:         self.data_num, n = np.shape(data)
11:         self.weights = np.ones(n)
12:         self.b = 1
13:
14:     def train(self, num_iteration=150):
15:         """随机梯度下降法，参数：
16:             data (numpy.ndarray): 训练数据集
17:         labels (numpy.ndarray): 训练标签
18:         num_iteration (int): 迭代次数
19:         """
20:         # 学习率
21:         alpha = 0.01
22:
23:         # 对每次迭代
24:         for j in range(num_iteration):
25:             data_index = list(range(self.data_num))
26:             for i in range(self.data_num):
27:                 # 随机选择一个样本
28:                 rand_index=int(np.random.uniform(0,len(data_index)))
29:
30:                 # 计算误差
31:                 error = self.label[rand_index] - \
32:                     sigmoid(sum(self.data[rand_index] * self.weights + self.b))
33:
34:                 # 更新模型参数
35:                 self.weights += alpha * error * self.data[rand_index]
36:                 self.b += alpha * error
37:                 del(data_index[rand_index])
38:
39:     def  predict(self, predict_data):
40:         """预测函数"""
41:         result = list(map(lambda x: 1 if sum(self.weights * x + self.b
                ) > 0 else 0, predict_data))
42:         return np.array(result)
```

在上面的程序中，第 11~12 行代码将模型的参数初始化为 self.weights 和 self.b；在训练过程中，第 24 行代码对迭代次数进行循环；第 25 行代码生成每个样本的循环列表；第 28 行代码随机选择一个样本；第 31 行代码计算误差，第 35 行和第 36 行代码更新模型参数。

代码 6.11 首先生成逻辑斯蒂回归的对象，对测试数据进行处理，然后绘制结果图，如图 6.15 所示。逻辑斯蒂回归本质上是一个线性模型，因此无法有效地区分交叉的数据，于是用一条直线将特征空间划分成两个不相交的区域。为了更好地分类这样的数据，需要模型具有非线性处理能力。稍后介绍的神经网络由多个非线性处理层组成，能够很好地解决线性不可分的问题。

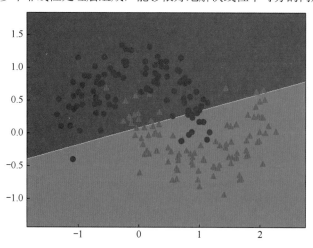

图 6.15   逻辑斯蒂回归的结果

代码 6.11   逻辑斯蒂回归的结果可视化

```
01: logistic = Logistic(data, label)
02: logistic.train(200)
03:
04: def plot_decision_boundary(predict_func, data, label):
05:     x_min, x_max = data[:, 0].min() - .5, data[:, 0].max() + .5
06:     y_min, y_max = data[:, 1].min() - .5, data[:, 1].max() + .5
07:     h = 0.01
08:
09:     xx, yy = np.meshgrid(np.arange(x_min, x_max, h), np.arange(y_min, y_max, h))
10:
11:     Z = predict_func(np.c_[xx.ravel(), yy.ravel()])
12:     Z = Z.reshape(xx.shape)
13:
14:     plt.contourf(xx, yy, Z, cmap = plt.cm.Spectral)   # 画出等高线并填充
15:     plt.scatter(data[:, 0], data[:, 1], c = label, cmap = plt.cm.Spectral)
16:     plt.show()
17: plot_decision_boundary(lambda x: logistic.predict(x), data, label)
```

6.6.2   使用 sklearn 解决逻辑斯蒂回归问题

虽然自己编写程序有助于理解算法的原理，但是编写的代码通常未经过计算优化处理，计算效率低，无法处理大量的数据。sklearn 等第三方库进行了大量的底层优化，并且提供统一、好用的 API 接口，因此解决实际问题时使用 sklearn 是较好的选择。代码 6.12 演示了如何使用 sklearn 来解决逻辑斯蒂问题。

代码 6.12　使用 sklean 解决逻辑斯蒂回归问题

```
01: %matplotlib inline
02:
03: import sklearn.datasets
04: from sklearn.linear_model import LogisticRegression
05: from sklearn.metrics import confusion_matrix
06: from sklearn.metrics import accuracy_score
07: import matplotlib.pyplot as plt
08:
09: # 生成模拟数据
10: data, label = sklearn.datasets.make_moons(200, noise=0.30)
11:
12: # 计算得到训练、测试数据个数
13: N = len(data)
14: N_train = int(N*0.6) 15:  N_test = N - N_train 16:
17: # 分割成训练、测试数据
18: x_train = data[:N_train, :]
19: y_train = label[:N_train]
20: x_test = data[N_train:, :]
21: y_test = label[N_train:]
22:
23: # 进行逻辑斯蒂回归
24: lr = LogisticRegression()
25: lr.fit(x_train,y_train)
26:
27: # 预测
28: pred_train = lr.predict(x_train)
29: pred_test = lr.predict(x_test)
30:
31: # 计算训练/测试精度
32: acc_train = accuracy_score(y_train, pred_train)
33: acc_test = accuracy_score(y_test, pred_test)
34: print("accuracy train = %f" % acc_train)
35: print("accuracy test = %f" % acc_test)
36:
37: # 绘制混淆矩阵
38: cm = confusion_matrix(y_test,pred_test)
39:
40: plt.matshow(cm)
41: plt.title('混淆矩阵')
42: plt.colorbar()

43: plt.ylabel('真实值')
44: plt.xlabel('预测值')
45: plt.show()
```

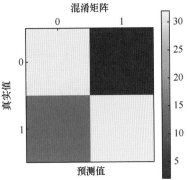

图 6.16　输出结果显示为混淆矩阵

输出结果显示为混淆矩阵，如图 6.16 所示。混淆矩阵是机器学习中总结分类模型预测结果的情形分析表，它以矩阵形式对数据集中的记录按照真实的类别与分类模型预测的类别汇总，其中矩阵的行表示真实值，矩阵的列表示预测值。本例是二分类问题，因此输出结果是 2×2 的矩阵。

6.6.3　多类识别问题

除了基本的二分类，逻辑斯蒂回归还可实现多类数据的分类。

1．加载显示的数据

使用 sklearn.datasets 库加载手写数字数据集，如代码 6.13 所示。

代码 6.13　加载并显示手写数字数据集

```
01: import matplotlib.pyplot as plt
02: from sklearn.datasets import load_digits
03:
04: # load data
05: digits = load_digits()
06:
07: # copied from notebook 02_sklearn_data.ipynb
08: fig = plt.figure(figsize=(6, 6)) # figure size in inches
09: fig.subplots_adjust(left=0, right=1, bottom=0, top=1, hspace=0.05, wspace=0.05)
10:
11: # plot the digits: each image is 8x8 pixels
12: for i in range(64):
13:     ax = fig.add_subplot(8, 8, i + 1, xticks = [], yticks = [])
14:     ax.imshow(digits.images[i], cmap = plt.cm.binary)
15:     # label the image with the target value
16:     ax.text(0, 7, str(digits.target[i]))
```

可视化后的手写数字数据集如图 6.17 所示，其中每幅手写数字图像的大小都是 8×8 像素。

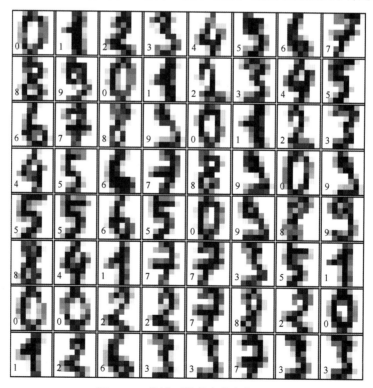

图 6.17　可视化后的数字数字数据集

代码 6.14 演示了如何使用 sklean 来完成多类数据的分类。

代码 6.14 使用 sklean 完成多类数据的分类

```
01: from sklearn.datasets import load_digits
02: from sklearn.linear_model import LogisticRegression
03: from sklearn.metrics import accuracy_score
04: from sklearn.manifold import Isomap
05: import matplotlib.pyplot as plt
06:
07: # 加载示例数据
08: digits, dig_label = load_digits(return_X_y = True)
09: print(digits.shape)
10:
11: # 计算训练/测试数据个数
12: N = len(digits)
13: N_train = int(N*0.8)
14: N_test = N - N_train
15:
16: # 分割训练/测试数据集
17: x_train = digits[:N_train, :]
18: y_train = dig_label[:N_train]
19: x_test = digits[N_train:, :]
20: y_test = dig_label[N_train:]
21:
22: # 进行逻辑斯蒂回归分类
23: lr = LogisticRegression()
24: lr.fit(x_train, y_train)
25:
26: pred_train = lr.predict(x_train)
27: pred_test = lr.predict(x_test)
28:
29: # 计算测试、训练精度
30: acc_train = accuracy_score(y_train, pred_train)
31: acc_test = accuracy_score(y_test, pred_test)
32: print("accuracy train = %f,accuracy_test = %f"%(acc_train,acc_test))
33:
34: score_train = lr.score(x_train, y_train)
35: score_test = lr.score(x_test, y_test)
36: print("score_train = %f,score_test = %f"%(score_train,score_test))
```

程序运行结果如下所示，训练数据的准确度为 100.00%，测试数据的准确度为 90.56%。

```
accuracy train=1.000000,accuracy_test=0.905556
score_train=1.000000,score_test=0.905556
```

2. 可视化特征

对于机器学习中特征维度较高而无法可视化特征分布的问题，较好的解决办法之一是，采用降维方法将原始的高维特征降为两到三维特征后进行可视化处理，以便对所要处理的数据及其分布有个初步认识。下面首先介绍最简单的降维方法——主成分分析（Principal Component Analysis，PCA）。PCA 寻求具有最大方差的特征的正交线性组合，可以更好地表示数据的结构。这里使用 Randomized PCA[①]，因为当数据个数 N 较大时，这种方法的效率更高。PCA 可视化的具体实现如代码 6.15 所示，

① Randomized PCA 的详细解释见 https://mdatools.com/docs/pca--randomized-algorithm.html。

降维后的结果如图 6.18 所示。

代码 6.15　PCA 可视化的具体实现

```
01: from sklearn.decomposition import PCA
02: pca = PCA(n_components = 2, svd_solver = "randomized")
03: proj = pca.fit_transform(digits.data)
04:
05: plt.scatter(proj[:, 0], proj[:, 1], c = digits.target)
06: plt.colorbar()
```

主成分分析的缺点之一是，可能会丢失数据中一些有用的相互连接关系。要想保留数据中的非线性关系，可以使用流形降维方法。这里使用等距特征映射（Isometric Feature Mapping）来演示降维后特征的可视化结果，如图 6.19 所示。由结果可以看出，使用流形降维能够很好地保留原始数据中的非线性近邻关系，因此不同类别的数据在降维后的二维空间中能够很容易区分。

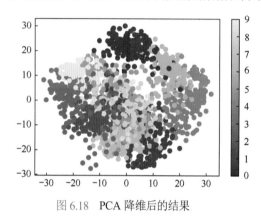

图 6.18　PCA 降维后的结果

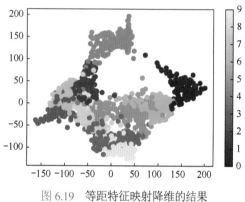

图 6.19　等距特征映射降维的结果

具体的降维和可视化如代码 6.16 所示。

代码 6.16　降维和可视化

```
01: from sklearn.manifold import Isomap
02: iso = Isomap(n_neighbors = 5, n_components = 2)
03: proj = iso.fit_transform(digits.data)
04:
05: plt.scatter(proj[:, 0], proj[:, 1], c = digits.target)
06: plt.colorbar()
```

3. 示例程序

前面介绍了如何降维原始的高维数据及如何可视化降维后的特征。特征降维后，不仅使得可视化成为可能，而且能够提升分类准确度，因为模型可以使用更少的参数，模型更容易学习。代码 6.17 演示了使用降维方法和不使用降维方法时，分类准确度的变化。

代码 6.17　降维和分类

```
01: from sklearn.datasets import load_digits
02: from sklearn.linear_model import LogisticRegression
03: from sklearn.metrics import accuracy_score
04: from sklearn.manifold import Isomap
05: import matplotlib.pyplot as plt
```

```
06:
07: # 加载示例数据
08: digits, dig_label = load_digits(return_X_y = True)
09: print(digits.shape)
10:
11: # 进行特征降维
12: feature_trans = True
13: if feature_trans:
14:     iso = Isomap(n_neighbors = 5, n_components = 8)
15:     digits = iso.fit_transform(digits)
16:
17: # 计算训练/测试数据个数
18: N = len(digits)
19: N_train = int(N*0.8)
20: N_test = N - N_train
21:
22: # 分割训练/测试数据集
23: x_train = digits[:N_train, :]
24: y_train = dig_label[:N_train]
25: x_test = digits[N_train:, :]
26: y_test = dig_label[N_train:] 27:
28: # 进行逻辑斯蒂回归分类
29: lr = LogisticRegression()
30: lr.fit(x_train, y_train)
31:
32: pred_train = lr.predict(x_train)
33: pred_test = lr.predict(x_test)
34:
35: # 计算测试、训练精度
36: acc_train = accuracy_score(y_train, pred_train)
37: acc_test = accuracy_score(y_test, pred_test)
38: print("accuracy train = %f,accuracy_test = %f" % (acc_train,acc_test))
39:
40: score_train = lr.score(x_train, y_train)
41: score_test = lr.score(x_test, y_test)
42: print("score_train = %f,score_test = %f"%(score_train,score_test))
```

经过特征降维，特征从 64 维下降到 8 维，使得逻辑斯蒂回归模型的参数从 65 个下降到 9 个，极大地降低了模型的复杂度。由下方显示的结果可以看出，训练数据的准确度稍有下降，为 99.58%，但是测试数据的准确度提高到了 96.11%，说明模型的泛化能力得到了提升。

```
accuracy train=0.995825,accuracy_test=0.961111
score_train=0.995825,score_test=0.961111
```

绘制混淆矩阵，如代码 6.18 所示。

代码 6.18　绘制混淆矩阵

```
01: from sklearn.metrics import confusion_matrix
02:
03: # 绘制混淆矩阵
04: cm = confusion_matrix(y_test,pred_test)
```

```
05:
06: plt.matshow(cm)
07: plt.title(u'Confusion Matrix')
08: plt.colorbar()
09: plt.ylabel(u'Groundtruth')
10: plt.xlabel(u'Predict')
11: plt.show()
```

得到的混淆矩阵如图 6.20 所示。

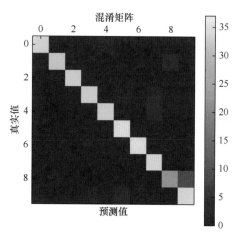

图 6.20　处到的混淆矩阵

6.7　小结

本章首先介绍了经典的最小二乘法，通过引入模型拟合、梯度下降的概念，为读者后续学习机器学习方法奠定了理论和编程基础；然后介绍了逻辑斯蒂回归的数学原理、编程实现、应用及 sklearn 的用法。为了可视化高维特征，还介绍了特征降维方法，包括基本的 PCA 方法和流形学习的等距特征映射方法。本章介绍的方法是神经网络的基础，神经网络求解过程和本章所介绍的方法类似，建议读者静下心来自己推导本章的公式并编写对应的程序，以便为后续的理论和编程学习打下扎实的基础。

6.8　练习题

01．推导逻辑斯蒂回归的公式，构思其算法，编程实现基本的二分类问题。

02．在基本二分类问题的基础上进行扩展，让程序支持多个类别的分类。

03．如何得到错误分类数据的下标？

04．如何根据下标将错误的数据可视化？

6.9　在线练习题

扫描如下二维码，访问在线练习题。

第 7 章　神经网络

人工神经网络（Artificial Neural Networks，ANNs），简称神经网络（Neural Networks，NNs）或类神经网络，是一种模仿生物神经网络结构和功能的数学模型或计算模型，用于对函数进行估计或近似。神经网络由大量神经元及各层之间的连接关系构成，每个神经元都包含一种特定的输出函数，

称为激励函数或激活函数（Activation Function）；每两个节点之间的连接都用权重来代表信号连接的强度，这相当于人工神经网络的记忆。网络的输出则因网络连接方式、权重和激励函数的不同而不同。神经网络通常是对自然界中的某种事物的逼近，也可能是对一种逻辑策略的表达。为了让读者更好地理解神经网络，本章首先介绍感知机，然后讲解多层神经网络的定义、正向计算和反向传播，最后介绍实际应用中比较重要的 softmax 函数和交叉熵代价函数。图 7.1 显示了本章配套资源的二维码。

(a)本章配套在线视频　　　　(b) 本章配套在线讲义

图 7.1　　本章配套资源的二维码

7.1　感知机

早在 1949 年，心理学家唐纳德·赫布（Donald Hebb）就提出了一个影响深远的理论，以说明经验如何塑造某个特定的神经回路。受巴甫洛夫著名的条件反射实验的启发，Hebb 的理论认为在同一时间被激发的神经元之间的联系会被强化。例如，如果铃声响时一个神经元被激发，在同一时间食物的出现会激发附近的另一个神经元，那么这两个神经元之间的联系就会强化，形成一个神经回路，以记住这两个事物之间存在的联系。同理，发生在大脑中的知识和学习过程本质上是神经元间突触的形成与变化，简要表述为赫布法则：当细胞 A 的轴突足够接近以激发细胞 B，反复且持续地对细胞 B 放电时，一些生长过程或代谢变化将发生在其中的某个细胞内或这两个细胞内，从而导致 A 对 B 放电效率提高，意味着 A 和 B 的连接更加密切。

1958 年，计算机科学家 Rosenblatt 提出了一种单层网络特性的神经网络结构，称为感知机（Perceptron），它是解释大脑神经元如何工作的简化数学模型：取一组二进制输入值（附近的神经元），将每个输入值乘以一个连续权重（每个附近的神经元的突触强度），并设置一个阈值，如果这些加权输入值的和超过该阈值，就输出 1，否则输出 0，这样的假设类似于神经元是否放电。对于感知机，绝大多数输入值是一些数据，或者是其他感知机的输出值。神经元的生物学结构和感知机模型的类比关系如图 7.2 所示。

感知机并不完全遵循赫布法则，但通过调整输入值的权重，得到了一个非常简单的学习方案：给定一个有输入/输出实例的训练集，感知机应该"学习"一个函数。对每个例子，若感知机的输出值比实际值低太多，则增大它的权重；若感知机的输出值比实际值高太多，则降低它的权重。

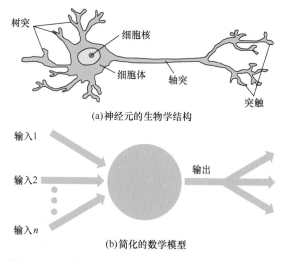

(a)神经元的生物学结构

(b)简化的数学模型

图 7.2　神经元的生物学结构和感知机模型的类比关系

　　感知机模仿的是生物神经系统内的神经元，它能接受来自多个源的信号输入，然后将信号转换为便于传播的信号，最后进行输出，这样的信号传输在生物体内表现为电信号。感知机是二分类线性模型，输入为实例的特征向量，输出为实例的类别，输出的值为+1 或−1。感知机对应于输入空间中将实例划分为两个类别的分离超平面，学习目标是求出这个超平面。为了求得超平面，引入了基于误分类的损失函数，并利用梯度下降法求出使损失函数最小的一组最优参数。感知机的学习算法简单且易于实现，感知机预测是指用学习得到的感知机模型对新的实例进行预测。

7.1.1　感知机模型

　　假设输入空间（特征向量）为 $\boldsymbol{X} \subseteq \mathbb{R}^D$，输出空间为 $\boldsymbol{Y} = \{-1, +1\}$。输入样本特征为 $\boldsymbol{x} \in \boldsymbol{X}$，它对应于输入样本在特征空间中的点；输出 $y \in \boldsymbol{Y}$ 为示例的类别。从输入空间到输出空间的函数为

$$f(\boldsymbol{x}) = \mathrm{sign}(\boldsymbol{w}^\mathrm{T} \cdot \boldsymbol{x} + b) \tag{7.1}$$

上述模型称为感知机。其中，参数 $\boldsymbol{w}$ 称为权重向量，b 称为偏置。$\boldsymbol{w}^\mathrm{T} \cdot \boldsymbol{x}$ 是 $\boldsymbol{w}^\mathrm{T}$ 和 $\boldsymbol{x}$ 的内积，sign 是符号函数，即

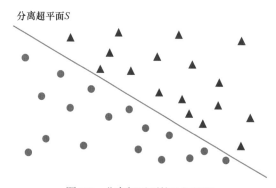

分离超平面 S

图 7.3　分离超平面的几何解释

$$\mathrm{sign}(x) = \begin{cases} +1, & x \geqslant 0 \\ -1, & x < 0 \end{cases} \tag{7.1}$$

　　感知机模型是线性分类模型，其假设空间是定义在特征空间中的所有线性分类模型，即函数集 $\{f \mid f(\boldsymbol{x}) = \boldsymbol{w}^\mathrm{T} \cdot \boldsymbol{x} + b\}$。线性方程 $\boldsymbol{w}^\mathrm{T} \cdot \boldsymbol{x} + b = 0$ 对应于特征空间 $\mathbb{R}^D$ 中的一个超平面 S，其中 $\boldsymbol{w}$ 是超平面 S 的法向量，b 是超平面的截距。这个超平面将特征空间划分为两部分，位于超平面两侧的点分别属于正、负两个类别。超平面 S 称为分离超平面[①]，如图 7.3 所示。

---

① 分离超平面是指将两个不相交的凸集分割成两部分的一个平面。

7.1.2　感知机学习策略

假设训练数据集是线性可分的，那么感知机学习的目标就是求得一个能够将训练数据的正负实例点完全分开的分离超平面，即最终求得参数 $\boldsymbol{w}$ 和 b。这需要一个学习策略，即定义损失函数并将其最小化。

损失函数的一个自然选择是误分类点的总数，但是这样得到的损失函数不是参数 $\boldsymbol{w}, b$ 的连续可导函数，难以优化。损失函数的另一个选择是误分类点到分类超平面的距离之和。

首先，任意一点 $\boldsymbol{x}_o$ 到超平面的距离为

$$\frac{1}{\|\boldsymbol{w}\|}\left|\boldsymbol{w}^{\mathrm{T}} \cdot \boldsymbol{x}_o + b\right| \tag{7.3}$$

其次，对于误分类点 $(\boldsymbol{x}_i, y_i)$，有

$$-y_i(\boldsymbol{w}^{\mathrm{T}} \cdot \boldsymbol{x}_i + b) > 0 \tag{7.4}$$

这样，假设超平面 S 的总误分类点集为 M，则所有误分类点到 S 的距离之和为

$$-\frac{1}{\|\boldsymbol{w}\|}\sum_{\boldsymbol{x}_i \in M} y_i(\boldsymbol{w}^{\mathrm{T}} \cdot \boldsymbol{x}_i + b) \tag{7.5}$$

由于关心的是误分类数值的变化趋势，所以可以忽略系数 $\dfrac{1}{\|\boldsymbol{w}\|}$ 得到感知机学习的损失函数。

给定数据集 $\mathcal{T} = \{\boldsymbol{x}_1, y_1\}, (\boldsymbol{x}_2, y_2), \cdots, (\boldsymbol{x}_N, y_N)$，其中 $\boldsymbol{x}_i \in \mathbb{R}^D$，$y_i \in \{-1, +1\}$，$i = 1, 2, \cdots, N$，$D$ 是特征的维度，N 是样本数。感知机 $\mathrm{sign}(\boldsymbol{w}^{\mathrm{T}} \cdot \boldsymbol{x} + b)$ 学习的损失函数定义为

$$L(\boldsymbol{x}, b) = -\sum_{\boldsymbol{x}_i \in M} y_i(\boldsymbol{w}^{\mathrm{T}} \cdot \boldsymbol{x}_i + b) \tag{7.6}$$

式中，M 为误分类点的集合，这个损失函数就是感知机学习的经验风险函数。显然，损失函数 $L(\boldsymbol{w}, b)$ 是非负的。如果没有误分类点，那么 $L(\boldsymbol{w}, b)$ 为 0；误分类点数越少，$L(\boldsymbol{w}, b)$ 值就越小。这个损失函数若存在误分类，则它是参数 $\boldsymbol{w}, b$ 的线性函数，因此给定训练数据集 $\mathcal{T}$，损失函数 $L(\boldsymbol{w}, b)$ 是 $\boldsymbol{w}, b$ 的连续可导函数。

7.1.3　感知机学习算法

为便于理解，我们可将感知机的学习转换为最优化问题。给定数据集

$$\mathcal{T} = \{(\boldsymbol{x}_1, y_1), (\boldsymbol{x}_2, y_2), \cdots, (\boldsymbol{x}_N, y_N)\} \tag{7.7}$$

$$\boldsymbol{x}_i \in \mathbb{R}^D \tag{7.8}$$

$$y_i \in \{-1, +1\} \tag{7.9}$$

式中，$i = 1, 2, \cdots, N$，待求参数为 $\boldsymbol{w}, b$，M 为误分类的集合。学习过程就是求解最优的模型参数，通过不断调整模型参数，使损失函数的取值达到最小：

$$\min_{\boldsymbol{w}, b} L(\boldsymbol{w}, b) = -\sum_{\boldsymbol{x}_i \in M} y_i(\boldsymbol{w}^{\mathrm{T}} \cdot \boldsymbol{x}_i + b) \tag{7.10}$$

感知机学习是误分类驱动的，具体采用随机梯度下降法。首先，随机设置模型参数 $\boldsymbol{w}, b$ 的初值，然后使用梯度下降法不断极小化目标函数，极小化过程不是一次性地选取 M 中的所有误分类点使其梯度下降，而是一次随机选取一个误分类点使其梯度下降。假设误分类集合 M 是固定的，那么损失函数 $L(\boldsymbol{w}, b)$ 的梯度为

$$\nabla_w L(w,b) = -\sum_{x_i \in M} y_i s_i$$

$$\nabla_b L(w,b) = -\sum_{x_i \in M} y_i \tag{7.11}$$

随机选取一个误分类点 (x_i, y_i)，对 w, b 进行更新：

$$w \leftarrow 2 + \eta y_i x_i$$

$$b \leftarrow b + \eta y_i \tag{7.12}$$

式中，η 是步长，即机器学习中的学习率。步长越大，梯度下降的速度就越快，进而更快地逼近极小点。然而，步长过大，就有可能跨过极小点，导致函数发散；步长过小，就有可能花很长的时间才能到达极小点。梯度下降的直观解释如下：当一个实例点被误分类时，调整 w 和 b，使分离超平面向该误分类点的一侧移动，以减小该误分类点与超平面的距离，直至该点被正确地分类。

上述过程可以转换成算法 7.1。该算法的关键处理步骤如下所示：①第 1 行初始化模型参数 w, b；②第 3 行随机选取一个样本；③第 4 行判断样本是否是误分类点，如果是，则更新模型参数；④第 7～8 行判断是否终止算法。

算法 7.1　感知机学习算法

输入：$\mathcal{T} = \{(x_1,y_1),(x_2,y_2),\cdots,(x_N,y_N)\}$，$x_i \in \mathbb{R}^D$，$y_i \in \{-1,+1\}$，$i=1,2,\cdots,N$，学习率 η

输出：模型参数 w, b；感知机模型 $f(x) = \text{sign}(w^{\mathrm{T}} \cdot x + b)$

1　初始化 w, b
2　**while** 一直运行 **do**
3　　　在训练数据集中选取 (x_i, y_i)
4　　　**if** $y_i(w^{\mathrm{T}} \cdot x + b) \leq 0$ **then**
5　
$$w = w + \eta y_i x_i$$
$$b = b + \eta y_i$$
6　　　**end**
7　　　**if** 所有的本都被正确地分类 **or** 迭代次数超过设定值 **then**
8　　　　终止算法
9　　　**end**
10 **end**

7.1.4　示例程序

下面通过一个示例程序演示如何将算法转换为程序，并演示基本的循环迭代优化方法。首先，生成一些测试数据，如代码 7.1 所示。

代码 7.1　生成测试数据

```
01: %matplotlib inline
02:
03: import numpy as np
04: import matplotlib.pyplot as plt
05:
06: # 生成数据
07: np.random.seed(314)
08:
09: data_size1 = 10
```

```
10:  x1 = np.random.randn(data_size1, 2) + np.array([2,2])
11:  y1 = [-1  for  _ in range(data_size1)]
12:  data_size2 = 10
13:  x2 = np.random.randn(data_size2, 2)*2 + np.array([8,8])
14:  y2 = [1  for  _ in range(data_size2)]
15:
16:  # 拼接两类数据，将数据打散
17:  x = np.concatenate((x1, x2), axis=0)
18:  y = np.concatenate((y1, y2), axis=0)
19:
20:  shuffled_index = np.random.permutation(data_size1 + data_size2)
21:  x = x[shuffled_index]
22:  y = y[shuffled_index]
23:
24:  train_data = np.concatenate((x, y[:, np.newaxis]), axis = 1)
25:
26:  # 可视化数据
27:  plt.scatter(train_data[:,0], train_data[:,1], marker='.', s = 300,
28:              c=label_y, cmap=plt.cm.Spectral)
29:  plt.title("Data")
30:  plt.show()
```

所生成数据的分布如图 7.4 所示。

以上代码分别生成两类满足高斯分布的数据，其中第一类数据的中心点为(2, 2)，第二类数据的中心点为(8, 8)。

下面编程实现感知机学习算法，主要函数是 perceptron_train()，输入的参数是训练数据、学习率和迭代次数，如代码 7.2 所示。

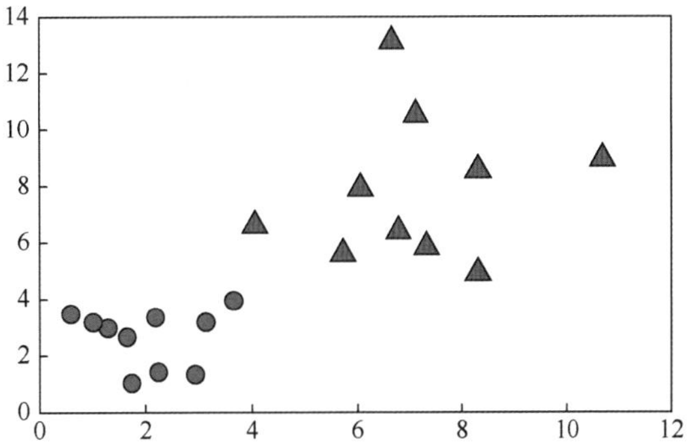

图 7.4 生成数据的分布

代码 7.2 感知机学习算法的程序实现

```
01:  import random
02:  import numpy as np
03:
04:  def sign(v):
05:      """符号函数"""
06:      if v > 0: return 1
07:      else:  return -1
08:
09:  def perceptron_train(train_data, eta = 0.5, n_iter = 100):
10:      """对感知机模型进行训练"""
11:      weight = [0, 0]  # 权重
12:      bias = 0         # 偏置量
13:      learning_rate = eta  # 学习率
14:
15:      train_num = n_iter   # 迭代次数
16:
17:      for i in range(train_num):
18:          # select one data
```

```
19:            ti = np.random.randint(len(train_data))
20:            (x1, x2, y) = train_data[ti]
21:
22:            y_pred = sign(weight[0] * x1 + weight[1] * x2 + bias)
23:
24:            if y * y_pred <= 0:   # 判断误分类点
25:                weight[0] = weight[0] + learning_rate * y * x1   # 更新权重
26:                weight[1] = weight[1] + learning_rate * y * x2
27:                bias = bias   + learning_rate * y                # 更新偏置量
28:                print("update weight/bias: ", weight[0], weight[1], bias)
29:
30:    return   weight, bias
31:
32: def perceptron_pred(data, w, b):
33:     """输入数据，模型，对数据进行分类"""
34:     y_pred = []
35:     for  d  in  data:
36:         x1, x2, y = d
37:         yi = sign(w[0]*x1 + w[1]*x2 + b)
38:         y_pred.append(yi)
39:
40:     return   np.array(y_pred, dtype = float)
41:
42:
43: # 训练感知机
44: w, b = perceptron_train(train_data)
45: print("w = ", w)
46: print("b = ", b)
47:
48: # 预测
49: y_pred = perceptron_pred(train_data, w, b)
50:
51: # 计算分类准确度
52: c = y_pred == y
53: cn = np.sum(c == True) 54: acc = cn / len(y_pred)
55: print()
56:
57: print("\n")
58: print("ground_truth: ", train_data[:, 2])
59: print("predicted:    ", y_pred)
60: print("accuracy:     ", acc)
```

在上述代码中,函数 perceptron_train()对输入的数据进行训练,输入的数据参数为 train_data,学习率为 0.5,迭代次数默认为 100。在每次迭代中，都使用 np.random.randint()函数随机从输入数据中选择一个样本，并判断它是否是误分类点，如果是误分类点，则使用更新公式（7.12）对模型参数进行更新。

程序的输出结果如下：

```
update weight/bias:  2.9024433699190153 3.129619118339762 0.5
update weight/bias:  2.013338198951209 1.9387573294948042 0.0
```

```
...
update weight/bias:  1.0260386110614037 3.6814739404905743 -8.0
update weight/bias:  0.13693344009359731 2.4906121516456166 -8.5
w = [0.13693344009359731, 2.4906121516456166]
b = -8.5

ground_truth:  [-1. -1. -1. -1. -1.  1.  1.  1.  1.  1.  1. -1.  1. -1.  1.
     1. -1. -1. -1.]
predicted:     [-1. -1. -1. -1. -1.  1.  1.  1.  1.  1.  1. -1.  1. -1.  1.
     1. -1. -1. -1.]
accuracy:       0.95
```

可以看出准确度为 95%，仅有 1 个数据分类错误。感知机的学习策略虽然比较简单，但是具备基本的学习能力，能够通过训练数据学习得到区分数据类别的模型参数，因此为后续的多层神经网络奠定了理论和编程实现的基础。

7.2　多层神经网络

为了克服单层神经网络只能解决线性可分问题的局限性，可以组合多个神经元，形成一个网状结构，以实现复杂的数据分析功能。当多个神经元被组织在一起时，有些神经元的输出是另一些神经元的输入，但前面的神经元输出应该是什么值、如何计算误差等都成了问题，因此神经网络的训练是一个有待解决的难题。1986 年，反向传播算法的引入解决了多层神经网络的训练问题。反向传播算法是多层神经网络的代表性学习算法，它提供了一种确定隐藏层节点误差的系统方法，一旦确定隐藏层输出误差，就可应用增量规则来调整权重。

7.2.1　神经元

神经元和感知器本质上是一样的，只不过提到感知器时，其激活函数是阶跃函数；而神经元的激活函数往往选为 sigmoid 函数或 tanh 函数。神经元的结构和示意如图 7.5 所示。

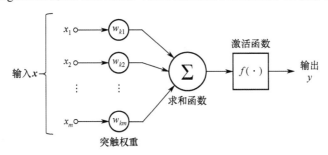

图 7.5　神经元的结构和示意

计算一个神经元的输出的方法与计算一个感知机的输出的方法是一样的。假设神经元的输入是向量 $\boldsymbol{x}$ ，权重向量是 $\boldsymbol{w}$ ，激活函数是 sigmoid 函数，则神经元的输出 y 定义为

$$y = \text{sigmoid}(\boldsymbol{w}^{\text{T}} \cdot \boldsymbol{x}) \tag{7.13}$$

式中，sigmoid 函数的定义为

$$\text{sigmoid}(\boldsymbol{x}) = \frac{1}{1 + \text{e}^{-x}} \tag{7.14}$$

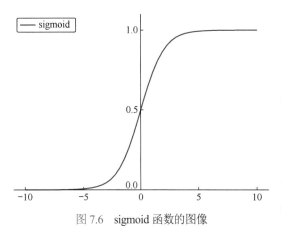

图 7.6　sigmoid 函数的图像

将式（7.13）代入上式得

$$y = \frac{1}{1 + e^{-w^T \cdot x}} \tag{7.15}$$

sigmoid 函数是非线性函数，其值域是(0, 1)，其图像如图 7.6 所示。sigmoid 函数及其导数为

$$y = \text{sigmoid}(x) \tag{7.16}$$

$$y' = y(1 - y) \tag{7.17}$$

可以看到，sigmoid 函数的导数比较特别——可用 sigmoid 函数自身来表示。这样，一旦算出 sigmoid 函数的值，计算其导数就非常方便。

7.2.2　神经网络架构

神经网络其实就是按照一定的规则连接起来的多个神经元。图 7.7 显示了一个全连接（Full Connected，FC）神经网络，观察发现其规则如下：

- 神经元按照层来布局。
- 最左边的层称为输入层，负责接收输入数据。
- 最右边的层称为输出层，可以从该层获取神经网络的输出数据。
- 输入层和输出层之间的层称为隐藏层，因为它们对外部来说是不可见的。
- 同一层的神经元之间没有连接。
- 第 N 层的每个神经元和第 $N-1$ 层的所有神经元相连（这就是全连接的含义），第 $N-1$ 层神经元的输出就是第 N 层神经元的输入；每个连接都有一个权重。

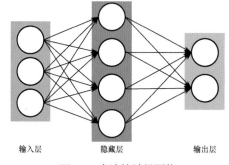

图 7.7　全连接神经网络

上面这些规则定义了全连接神经网络的结构。当然，还存在其他结构的神经网络，如卷积神经网络（Convolutional Neural Networks，CNNs）、循环神经网络（Recurrent Neural Networks，RNNs）等，它们有着不同的连接规则。

7.2.3　神经网络正向计算

假设网络的模型参数已知，那么给出网络的输入向量 x 后，如何计算输出向量 y 呢？根据前面关于神经元的定义和神经网络架构的设置，可知神经网络实际上是一个从输入向量 x 到输出向量 y 的函数，其形式为

$$y = f_{\text{network}}(x) \tag{7.18}$$

式中，y 表示输出可以是多维向量；同样，输入的特征 x 一般也是多维向量。

要根据输入计算神经网络的输出，需要首先将输入向量 x 中每个元素的值 x_i 赋给神经网络的输入层的对应神经元，然后根据式（7.13）依次向前计算每一层的每个神经元的值，直到最后一个输出层的所有神经元的值计算完毕。最后，将输出层的每个神经元的值串在一起就得到了输出向量 y。

下面通过一个具体的网络实例来说明整个计算过程。为便于表示，为神经网络的每个单元加上

编号，如图 7.8 所示。

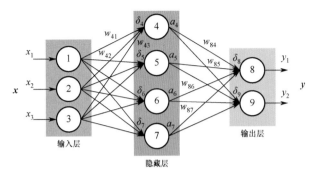

图 7.8　神经网络中神经元的编号

示例神经网络中神经元的编号如下：

- 输入层有 3 个节点，编号分别为 1, 2, 3。
- 隐藏层有 4 个节点，编号分别为 4, 5, 6, 7。
- 输出层有 2 个节点，编号分别为 8, 9。

因为该神经网络是全连接网络，所以每个节点都与上一层的所有节点相连。例如，隐藏层的节点 4 与输入层的三个节点 1, 2, 3 都相连，连接权重分别为 w_{41}, w_{42}, w_{43}。那么怎样计算节点 4 的输出值 a_4 呢？

为了计算节点 4 的输出值，必须先得到其所有上游节点（即节点 1, 2, 3）的输出值。节点 1, 2, 3 是输入层的节点，所以它们的输出值就是输入向量 x 本身。按照图中画出的对应关系，可以看到节点 1, 2, 3 的输出值分别是 x_1, x_2, x_3。

有了节点 1, 2, 3 的输出值，就可根据式（7.13）计算节点 4 的输出值 a_4：

$$a_4 = \text{sigmoid}(\boldsymbol{w}^{\text{T}} \cdot \boldsymbol{x}) \tag{7.19}$$
$$= \text{sigmoid}(w_{41}x_1 + w_{42}x_2 + x_{43}x_3 + w_{4b})$$

式中，w_{4b} 是节点 4 的偏置项，图中未画出；w_{41}, w_{42}, w_{43} 分别是节点 1, 2, 3 到节点 4 的连接权重。

注意：在为权重 w_{ji} 编号时，要将目标节点的编号 j 放在前面，将源节点的编号 i 放在后面。

同样，我们可以继续计算出节点 5, 6, 7 的输出值 a_5, a_6, a_7。这样，隐藏层的 4 个节点的输出值就计算完成，接着就可计算输出层的节点 8 的输出值 y_1：

$$y_1 = \text{sigmoid}(\boldsymbol{w}^{\text{T}} \cdot \boldsymbol{a}) \tag{7.20}$$
$$= \text{sigmoid}(w_{84}a_4 + w_{85}a_5 + w_{86}a_6 + w_{87}a_7 + w_{8b})$$

同理，还可以计算出 y_2 的值。这样，输出层的所有节点的输出值就计算完毕，得到输入向量 $\boldsymbol{x} = [x_1 \ x_2 \ x_3]^{\text{T}}$ 时，神经网络的输出向量 $\boldsymbol{y} = [y_1 \ y_2]^{\text{T}}$。

7.2.4　神经网络矩阵表示

在上面的神经网络计算中，使用的是单个权重、输入或中间神经元的输出值，当神经元较少时，还能将公式表示出来。然而，当神经元的数量较多时，就需要写出很长的数学公式，因此不便于后续的公式推导。仔细观察上面的计算公式发现，每个神经元的计算公式都有一定的规律，如果使用矩阵表达网络的权重，那么每层神经元的计算便可写成矩阵与向量的乘积形式，使得公式表达起来非常简洁；此外，后续还可使用优化加速算法来提高计算速度。

首先依次列出隐藏层的 4 个节点的输出值计算公式，具体如下：

$$a_4 = \mathrm{sigmoid}\,(w_{41}x_1 + w_{42}x_2 + w_{43}x_3 + w_{4b}) \tag{7.21}$$

$$a_5 = \mathrm{sigmoid}\,(w_{51}x_1 + w_{52}x_2 + w_{53}x_3 + w_{5b}) \tag{7.22}$$

$$a_6 = \mathrm{sigmoid}\,(w_{61}x_1 + w_{62}x_2 + w_{63}x_3 + w_{6b}) \tag{7.23}$$

$$a_7 = \mathrm{sigmoid}\,(w_{71}x_1 + w_{72}x_2 + w_{73}x_3 + w_{7b}) \tag{7.24}$$

可以看出，每个计算公式的形式都是类似的，其中权重可以写成矩阵，输入值可以写成向量，因此定义网络的输入向量 $\boldsymbol{x}$ 和隐藏层的每个节点的权重向量 $\boldsymbol{w}_j$ 如下：

$$\boldsymbol{x} = \begin{bmatrix} x_1 \\ x_2 \\ x_3 \\ 1 \end{bmatrix} \tag{7.25}$$

$$\begin{aligned} \boldsymbol{w}_4 &= \begin{bmatrix} w_{41} & w_{42} & w_{43} & w_{4b} \end{bmatrix} \\ \boldsymbol{w}_5 &= \begin{bmatrix} w_{51} & w_{52} & w_{53} & w_{5b} \end{bmatrix} \\ \boldsymbol{w}_6 &= \begin{bmatrix} w_{61} & w_{62} & w_{63} & w_{6b} \end{bmatrix} \\ \boldsymbol{w}_7 &= \begin{bmatrix} w_{71} & w_{72} & w_{73} & w_{7b} \end{bmatrix} \\ f &= \mathrm{sigmoid} \end{aligned} \tag{7.26}$$

代入前面的一组公式得

$$\begin{aligned} a_4 &= f(\boldsymbol{w}_4 \cdot \boldsymbol{x}) \\ a_5 &= f(\boldsymbol{w}_5 \cdot \boldsymbol{x}) \\ a_6 &= f(\boldsymbol{w}_6 \cdot \boldsymbol{x}) \\ a_7 &= f(\boldsymbol{w}_7 \cdot \boldsymbol{x}) \end{aligned} \tag{7.27}$$

如果将计算 a_4, a_5, a_6, a_7 的四个公式写到一个矩阵中，每个公式作为矩阵的一行，就可使用矩阵来表示它们的计算。令

$$\boldsymbol{a} = \begin{bmatrix} a_4 \\ a_5 \\ a_6 \\ a_7 \end{bmatrix} \tag{7.28}$$

$$\boldsymbol{W} = \begin{bmatrix} \boldsymbol{w}_4 \\ \boldsymbol{w}_5 \\ \boldsymbol{w}_6 \\ \boldsymbol{w}_7 \end{bmatrix} = \begin{bmatrix} w_{41} & w_{42} & w_{43} & w_{4b} \\ w_{51} & w_{52} & w_{53} & w_{5b} \\ w_{61} & w_{62} & w_{63} & w_{6b} \\ w_{71} & w_{72} & w_{73} & w_{7b} \end{bmatrix} \tag{7.29}$$

$$f\left(\begin{bmatrix} x_1 \\ x_2 \\ x_3 \\ \vdots \end{bmatrix} \right) = \begin{bmatrix} f(x_2) \\ f(x_2) \\ f(x_3) \\ \vdots \end{bmatrix} \tag{7.30}$$

将式（7.28）至式（7.30）代入式（7.27）得

$$a = f(W \cdot x) \tag{7.31}$$

式中，f 是激活函数，在本例中是 sigmoid 函数；W 是某层的权重矩阵；x 是某层的输入向量；a 是某层的输出向量。式（7.31）说明神经网络中每层的作用实际上是先将输入向量左乘一个矩阵进行线性变换，得到一个新向量，然后对这个向量逐元素应用一个激活函数。

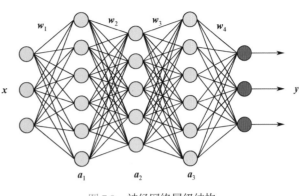

图 7.9　神经网络层级结构

每层的处理方法都是相同的。例如，对于包含一个输入层、一个输出层和三个隐藏层的神经网络，假设权重矩阵分别为 W_1, W_2, W_3, W_4，每个隐藏层的输出分别是 a_1, a_2, a_3，神经网络的输入为 x，神经网络的输出为 y，如图 7.9 所示，则每一层的输出向量的计算可以表示为

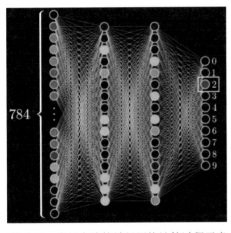

图 7.10　多层全连接神经网络计算过程示意图，左侧的神经元连接图像输入，最右侧为输出层（摘自https://www.youtube.com/watch?v=aircAruvnKk）

$$
\begin{aligned}
a_1 &= f(W_1 \cdot x) \\
a_2 &= f(W_2 \cdot a_1) \\
a_3 &= f(W_3 \cdot a_2) \\
y &= f(W_4 \cdot a_3)
\end{aligned}
\tag{7.32}
$$

以上就是神经网络输出值的矩阵计算方法，写为一个公式时变为

$$y = f(W_4 \cdot f(W_3 \cdot f(W_2 \cdot f(W_1 \cdot x)))) \tag{7.33}$$

可以看出，神经网络正向计算的过程比较简单，即一层一层地进行运算，前一层的输出作为下一层的输入，计算过程如图 7.10 所示。图中左侧的神经元连接图像输入，将大小为 28×28 像素的输入拉伸成 784 维向量；绿色表示有图像内容，神经元接收到高电平输入，黑色表示没有输入；白色连线是神经元之间的权重，依次将输入层数据通过权重，计算后续层的神经元值；最右边为输出层，对应"2"的神经元被激活，表示检测的图像是数字 2。

7.2.5　神经网络训练

如果知道神经网络的每个连接的权重，就可将输入数据代入网络，通过正向计算得到希望的结果。神经网络可视为一个复杂的模型，而连接的权重就是模型的参数，即模型学习需要最优求解的参数。然而，神经网络的连接方式、网络的层数、每层的节点数等不是学习出来的，而是人为事先设置的，因此被称为超参数（Hyper-Parameters）。

使用前面介绍的最小二乘、逻辑斯蒂回归等技术可以直接优化损失函数，求解模型参数的更新值。在多层神经网络中，最后一层的参数就可按照这种方式求得，但是隐藏层节点的输出值没有真值，因此无法直接构建损失函数来求解。

这个难题困扰了人们几十年。1986 年，Rumelhart 和 Hinton 等人提出了用于解决多层神经网络的训练问题的反向传播算法。反向传播算法其实就是链式求导法则的应用，但这种简单且显而易见的方法却是在 Roseblatt 提出感知器算法近 30 年后才被发明和普及的。对此，Bengio 这样回应道：*很多看似显而易见的想法只在事后才变得显而易见。*

按照机器学习的通用方法论，首先要确定神经网络的目标函数，然后使用随机梯度下降法求目标函数取最小值时的参数值。这里取网络中所有输出层节点的误差平方和作为目标函数：

$$E_d = \frac{1}{2} \sum_{i \in \text{outputs}} (t_i - y_i)^2 \tag{7.34}$$

式中，E_d 是样本 d 的误差，t_i 是样本的标签值，y_i 是神经网络的输出值。然后，使用随机梯度下降法对目标函数进行优化：

$$w_{ji} \leftarrow w_{ji} - \eta \frac{\partial E_d}{\partial w_{ji}} \tag{7.35}$$

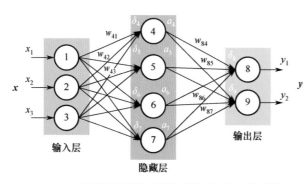

图 7.11　多层神经网络的神经元编号和权重示意图

随机梯度下降算法需要求出误差 E_d 对每个权重 w_{ji} 的偏导数，进而计算权重的更新量。为了方便后续的推导，这里对神经元添加了编号，并标注了连接权重，如图 7.11 所示。

观察图 7.11 可知，权重 w_{ji} 仅能通过影响节点 j 的输入值来影响网络的其他部分。设 net_j 是节点 j 的加权输入，即

$$\text{net}_j = \boldsymbol{w}_j^{\text{T}} \cdot \boldsymbol{x}_j = \sum_i w_{ji} x_{ji} \tag{7.36}$$

E_d 是 net_j 的函数，而 net_j 是 w_{ji} 的函数，根据链式求导法则可得

$$\frac{\partial E_d}{\partial w_{ji}} = \frac{\partial E_d}{\partial \text{net}_j} \frac{\partial \text{net}_j}{\partial w_{ji}} = \frac{\partial E_d}{\partial \text{net}_j} \frac{\partial \sum_i w_{ji} x_{ji}}{\partial w_{ji}} = \frac{\partial E_d}{\partial \text{net}_j} x_{ji} \tag{7.37}$$

式中，x_{ji} 是节点 i 传递给节点 j 的输入值，即节点 i 的输出值。

对于 $\dfrac{\partial E_d}{\partial \text{net}_j}$ 的推导，需要区分输出层和隐藏层两种情况，详见下面的讨论。

1．输出层权重训练

对输出层来说，net_j 仅能通过节点 j 的输出值 y_j 来影响网络的其他部分，也就是说，E_d 是 y_j 的函数，而 y_j 是 net_j 的函数，其中 $y_j = \text{sigmoid}(\text{net}_j)$。因此，我们可以再次使用链式求导法则来求关于 net_j 的偏导数：

$$\frac{\partial E_d}{\partial \text{net}_j} = \frac{\partial E_d}{\partial y_j} \frac{\partial y_j}{\partial \text{net}_j} \tag{7.38}$$

对式（7.38）右侧的第一项，有

$$\frac{\partial E_d}{\partial y_j} = \frac{\partial}{\partial y_j} \frac{1}{2} \sum_{i \in \text{outputs}} (t_i - y_i)^2 = \frac{\partial}{\partial y_j} \frac{1}{2} (t_j - y_j)^2 = -(t_j - y_j) \tag{7.39}$$

对式（7.38）右侧的第二项，有

$$\frac{\partial y_j}{\partial \text{net}_j} = \frac{\partial \text{sigmoid}(\text{net}_j)}{\partial \text{net}_j} = y_j(1 - y_j) \tag{7.40}$$

将式（7.39）和式（7.40）代入式（7.38）得

$$\frac{\partial E_d}{\partial \text{net}_j} = -(t_j - y_j)y_j(1 - y_j) \tag{7.41}$$

令 $\delta_j = -\dfrac{\partial E_d}{\partial \text{net}_j}$，也就是说，一个节点 $\dfrac{\partial E_d}{\partial \text{net}_j} = -(t_j - y_j)y_j(1 - y_j)$ 的误差项 δ 是网络误差对这个节点输入的偏导数的相反数。代入式（7.41）得

$$\delta_j = (t_j - y_j)y_j(1 - y_j) \tag{7.42}$$

将上述推导结果代入随机梯度下降公式（7.35）得

$$\begin{aligned}
w_{ji} &\leftarrow w_{ji} - \eta \frac{\partial E_d}{\partial w_{ji}} \\
&= w_{ji} + \eta(t_j - y_j)y_j(1 - y_j)x_{ji} \\
&= w_{ji} + \eta \delta_j x_{ji}
\end{aligned} \tag{7.43}$$

2. 隐藏层权重训练

下面推导隐藏层的 $\dfrac{\partial E_d}{\partial \text{net}_j}$。首先需要定义节点 j 的所有直接下游节点集 $\text{Downstream}(j)$。例如，节点 4 的直接下游节点是节点 8 和 9。可以看到，net_j 只能通过影响 $\text{Downstream}(j)$ 来影响 E_d。设 net_k 是节点 j 的下游节点的输入，则 E_d 是 net_k 的函数，而 net_k 是 net_j 的函数。因为 net_k 有多个，所以可以应用全导数公式，进而得出如下推导结果：

$$\begin{aligned}
\frac{\partial E_d}{\partial \text{net}_j} &= \sum_{k \in \text{Downstream}(j)} \frac{\partial E_d}{\partial \text{net}_k} \frac{\partial \text{net}_k}{\partial \text{net}_j} \\
&= \sum_{k \in \text{Downstream}(j)} -\delta_k \frac{\partial \text{net}_k}{\partial \text{net}_j} \\
&= \sum_{k \in \text{Downstream}(j)} -\delta_k \frac{\partial \text{net}_k}{\partial a_j} \frac{\partial a_j}{\partial \text{net}_j} \\
&= \sum_{k \in \text{Downstream}(j)} -\delta_k w_{kj} \frac{\partial a_j}{\partial \text{net}_j} \\
&= \sum_{k \in \text{Downstream}(j)} -\delta_k w_{kj} a_j(1 - a_j) \\
&= -a_j(1 - a_j) \sum_{k \in \text{Downstream}(j)} -\delta_k w_{kj}
\end{aligned} \tag{7.44}$$

因为 $\delta_j = -\dfrac{\partial E_d}{\partial \mathrm{net}_j}$，代入上式得

$$\delta_j = a_j(1-a_j)\sum_{k\in\mathrm{Downstream}(j)}\delta_k w_{kj} \tag{7.45}$$

至此，我们推出了反向传播算法最核心的梯度计算公式。注意，刚刚推导出来的训练规则是基于激活函数为 sigmoid 函数、平方和误差、全连接网络、随机梯度下降优化算法情况下的网络参数更新公式。激活函数不同、误差计算方式不同、网络连接结构不同、优化算法不同，具体的训练规则也不同，但训练规则的推导方式是相同的——应用链式求导法则进行推导即可。

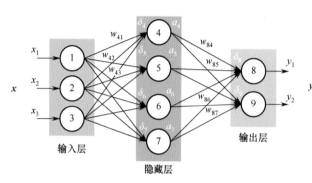

图 7.12　神经网络结构和节点标号

3. 整体过程分析

假设训练样本为 (x, t)，其中向量 x 是训练样本的特征，t 是样本的目标值。神经网络结构和节点编号如图 7.12 所示。

首先，根据上一节介绍的算法，使用样本的特征 x 算出神经网络中每个隐藏层的节点的输出 a_i，以及输出层的每个节点的输出 y_i；然后，按照下面的方法算出每个节点的误差项 δ_i。

1）对于输出层节点

输出层节点的误差定义为

$$\delta_i = y_i(1-y_i)(t_i-y_i) \tag{7.46}$$

式中，δ_i 是节点 i 的误差项，y_i 是节点 i 的输出值，t_i 是样本对应节点 i 的目标值。例如，根据图 7.12，对输出层节点 8 来说，其输出值是 y_1，而样本的目标值是 t_1，代入上面的公式得到节点 8 的误差项为

$$\delta_8 = y_1(1-y_1)(t_1-y_1) \tag{7.47}$$

2）对于隐藏层节点

隐藏层节点的误差定义为

$$\delta_j = a_i(1-a_i)\sum_{k\in\mathrm{outputs}}w_{ki}\delta_k \tag{7.48}$$

式中，a_i 是节点 i 的输出值，w_{ki} 是节点 i 到其下一层节点 k 的连接的权重，δ_k 是节点 i 的下一层节点 k 的误差项。例如，对于隐藏层节点 4，计算方法如下：

$$\delta_4 = a_4(1-a_4)(w_{84}\delta_8 + w_{94}\delta_9) \tag{7.49}$$

最后，更新每个连接的权重：

$$w_{ji} \leftarrow w_{ji} + \eta\delta_j x_{ji} \tag{7.50}$$

式中，w_{ji} 是节点 i 到节点 j 的权重，η 是一个称为学习率的常数，δ_j 是节点 j 的误差项，x_{ji} 是节点 i 传递给节点 j 的输入。例如，权重 w_{84} 的更新方法如下：

$$w_{84} \leftarrow w_{84} + \eta\delta_8 a_4 \tag{7.51}$$

类似地，权重 w_{41} 的更新方法如下：

$$w_{41} \leftarrow w_{41} + \eta\delta_4 x_1 \tag{7.52}$$

偏置项的输入值为 1。例如，对于节点 4 的偏置项 w_{4b}，应按照下面的方法计算：

$$w_{4b} \leftarrow w_{4b} + \eta\delta_4 \tag{7.53}$$

至此，就得到了神经网络中每个节点的误差项的计算方法和权重更新方法，按照上述公式就能实现网络连接权重的更新。显然，要计算一个节点的误差项，就要先计算每个与其相连的下一层节点的误差项。这就要求误差项的计算顺序必须从输出层开始，反向依次计算每个隐藏层的误差项，直到与输入层相连的那个隐藏层，这就是反向传播算法名称的由来。算出所有节点的误差项后，就可以根据式（7.50）更新所有的权重。

7.2.6 激活函数

在逻辑斯蒂回归算法中，输入的特征经过加权、求和后，还要通过一个 sigmoid 逻辑函数，将线性回归值归一化到区间[0, 1]上，进而体现分类概率值。这个逻辑函数在神经网络中被称为激活函数，因为它源自生物神经系统中神经元被激活的过程。在神经网络中，不仅最后的分类输出层需要激活函数，而且每一层都需要被激活，然后向下一层输入被激活后的值。由于神经元需要激活后才能向后传播，因此激活是必要的。类似地，神经网络需要激活函数来实现这一功能。下面从数学角度解释激活函数的必要性。

例如，对于一个两层神经网络，若用 A 表示激活函数，则神经网络的计算可定义为

$$y = w_2 A(w_1 x) \tag{7.54}$$

如果不使用激活函数，那么神经网络的结果是

$$y = w_2(w_1 x) = (w_2 w_1)\, x = \bar{w}\, x \tag{7.55}$$

可以看到，将两层神经网络的参数合在一起，可以用 $\bar{w}$ 来表示整个连接权重，两层神经网络其实变成了一层神经网络，只不过参数变成了 $\bar{w}$。如果不使用激活函数，那么不管是多少层的神经网络，$y = w_n \cdots w_2 w_1 x = \bar{w}\, x$，都会变成单层神经网络，所以在每层中都必须使用激活函数，进而实现复杂的特征变换。

使用激活函数后，神经网络可以通过改变权重来实现任意分离超平面的变化。神经网络越复杂，能够拟合的形状就越复杂，这就是著名的神经网络万有逼近定理。神经网络使用的激活函数都是非线性的，每个激活函数都输入一个值，然后做一种特定的数学运算得到一个结果。

1. sigmoid 激活函数

sigmoid 激活函数是最早出现的激活函数，它将连续实数映射到区间[0, 1]上，用以体现二分类概率。在逻辑斯蒂回归中，当特征比较复杂时，sigmoid 激活函数也有较好的效果。sigmoid 激活函数的定义如式（7.56）所示，图像如图 7.13 所示。

$$\sigma(x) = \frac{1}{1 + e^{-x}} \tag{7.56}$$

然而，在深度神经网络中使用 sigmoid 激活函数有个致命的缺点：梯度消失（Gradient Vanishing）。我们可以这样来理解梯度消失：反向传播求误差时，要对激活函数求导，以将来自输出损失的反馈信号传播到更远的层。sigmoid

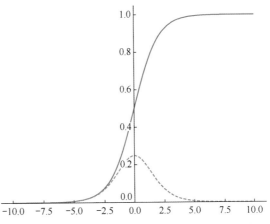

图 7.13 sigmoid 激活函数。蓝色实线表示 sigmoid 激活函数，红色虚线表示其导数

函数的导数是 $y(1 - y)$，由于 y 小于 1，因此二者的乘积变得更小。如果要经过的层很多，误差信号就

会变得非常小，甚至完全丢失，导致网络最终变得无法训练。

2. tanh 激活函数

tanh 激活函数和 sigmoid 激活函数相似，也是非线性函数，它将连续实数映射到区间[-1, 1]上。tanh 激活函数的定义如式（7.57）所示，图像如图 7.14 所示。

$$\tanh(x) = 2\sigma(2x) - 1 \tag{7.57}$$

tanh 激活函数是一个以 0 为中心的分布函数，计算速度比 sigmoid 快，但也未解决梯度消失问题。

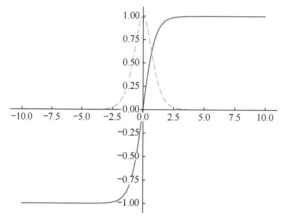

图 7.14　tanh 激活函数。蓝色实线表示 tanh 激活函数，红色虚线表示其导数

3. ReLU 激活函数

后来，人们发现了能够解决梯度消失问题的线性整流函数（Rectified Linear Unit，ReLU），也称修正线性单元。ReLU 激活函数的随机梯度下降收敛速度很快，因为相较于 sigmoid 和 tanh 求导时的指数运算，对 ReLU 激活函数求导几乎不存在任何计算量。ReLU 激活函数的数学定义如式（7.58）所示，图像如图 7.15 所示。

$$\text{ReLU}(x) = \max(0, x) \tag{7.58}$$

当输入 $x < 0$ 时，输出为 0；当输入 $x \geq 0$ 时，输出为 x。该激活函数可使网络更快速地收敛，但不会饱和，即它可以对抗梯度消失问题，至少在正区域（$x \geq 0$ 时）中可以对抗梯度消失问题，因此神经元至少在一半区域内不会对所有零进行反向传播。由于使用了简单的阈值化，所以 ReLU 激活函数的计算效率很高。

在神经网络中，不同的输入可能包含着大小不同的关键特征，因此使用大小可变的数据结构作为容器更加灵活。如果神经元激活具有稀疏性，如图 7.16 所示，那么可以按激活路径分为两种：不同数量（选择性不激活）和不同功能（分布式激活）。两种可优化的结构生成的激活路径，可更好地从有效数据的维度上学习到相对稀疏的特征，起自动化解离的效果。

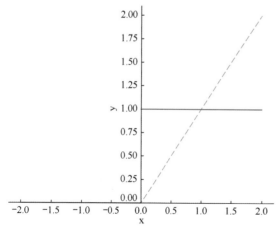

图 7.15　ReLU 激活函数。蓝色实线表示 ReLU 激活函数，红色虚线表示其导数

稀疏特征并不需要网络具有很强的处理线性不可分的能力，因此在深度学习模型中使用简单、速度快的线性激活函数更合适。一旦神经元与神经元之间改为线性激活，网络的非线性部分就只来自神经元部分的选择性激活。倾向于使用线性神经激活函数的另一个原因是，缓解梯度下降法训练深度网络时的梯度消失问题。根据前面关于神经网络反向传播算法的推导可知，当误差从输出层反向传播而计算梯度时，在各层中都要乘以当前层的输入神经元值。激活函数的一阶导数为

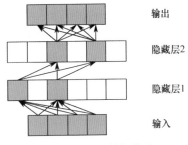

图 7.16　稀疏特征模型

$$\text{grad} = \text{error} \cdot \text{sigmoid}'(x) \cdot x \tag{7.59}$$

使用 sigmoid 函数有两个问题：

- sigmoid$'(x) \in (0, 1)$，导数值是一个小于 1 的数。
- $x > 5$ 或者 $x < -5$ 的范围内导数值非常的小。

这样，经过每一层时，误差 error 都成倍地衰减，一旦进行递推式的多层反向传播，梯度就会不停地衰减，使得网络学习速度变慢。而 ReLU 激活函数的梯度是 1，且只有一端饱和，梯度能够很好地在反向传播中流动，训练速度得到了很大的提高。

7.2.7　神经网络训练算法设计

下面介绍程序的实现。神经网络训练算法如算法 7.2 所示。

算法 7.2　神经网络训练算法

输入：训练样本集 $\mathcal{T} = (\boldsymbol{x}_1, y_1), (\boldsymbol{x}_2, y_2), \cdots, (\boldsymbol{x}_N, y_N)$，其中 $\boldsymbol{x}_i \in \mathbb{R}^D$，$y_i \in Y$，$i = 1, 2, \cdots, N$，
学习率 η

输出：网络的连接权重矩阵 $\boldsymbol{W}$

　　//每次循环训练

1 **for** k in range(epoch) **do**
　　　　//正向计算
2 　　　**for** j in range($N N_{\text{depth}}$) **do**
3 　　　　　根据式（7.31）计算每层神经元输出
$$\boldsymbol{X}_j = f(\boldsymbol{W}_{j,j-1}, \boldsymbol{X}_{j-1})$$
4 　　　**end**
　　　　反向误差计算
5 　　　**for** j in range($N N_{\text{depth}}, 0, -1$) **do**
6 　　　　　根据式（7.46）和式（7.48）计算神经元误差项
$$\delta = y_i(1 - y_i)(t_i - y_i) \quad \text{//对于隐藏层}$$
$$\delta = a_i(1 - a_i)\sum w_{ki}\delta_k \quad \text{//对于隐藏层}$$
7 　　　　　根据式（7.50）计算网络权重更新
$$w_{ji} = w_j + \varepsilon\delta_j x_{ji}$$
8 　　　**end**
9 **end**

算法的输入包括：训练样本集 $\mathcal{T} = (\boldsymbol{x}_1, y_1), (\boldsymbol{x}_2, y_2), \cdots, (\boldsymbol{x}_N, y_N)$，$\boldsymbol{x}_i \in \mathbb{R}^D$，$y_i \in Y$，$i = 1, 2, \cdots, N$，学习率 η。网络经过训练后，输出的是网络的连接权重矩阵 $\boldsymbol{W}$。通过循环迭代而不断地更新权重，直到给定的循环次数（epoch），或者直到相邻两次的损失变化小于某个预设的值。在每次循环中，都

要进行如下两个操作：

- 使用式（7.31）从输入层依次向后计算神经元的输出。
- 使用式（7.46）和式（7.48）从输出层向前计算每层神经元的误差项，然后使用权重更新公式（7.50）计算新的权重。

循环结束后，就能得到最优的网络模型参数。使用时，通过式（7.31）依次计算每个神经元的输出，最终得到网络的输出，进而实现识别、分类。

7.2.8　示例程序

为了更好地理解算法的编程实现，下面通过程序演示如何将数学公式转换成程序的循环、判断、计算等基本操作，以及如何使用 NumPy 等第三方库。为了测试、演示程序的执行，首先生成一些示例数据。代码 7.3 演示了随机生成样本数据及数据可视化，可视化结果如图 7.17 所示。

代码 7.3　生成样本数据及数据可视化

```
01: %matplotlib inline
02: import numpy as np
03: from sklearn import datasets, linear_model
04: import matplotlib.pyplot as plt
05:
06: # 生成样本数据
07: np.random.seed(0)
08: X, y = datasets.make_moons(200, noise = 0.20)
09: y_true = np.array(y).astype(float)
10:
11: # 生成神经网络输出目标
12: t = np.zeros((X.shape[0], 2))
13: t[np.where(y==0), 0] = 1
14: t[np.where(y==1), 1] = 1
15:
16: # 数据可视化
17: plt.scatter(X[:, 0], X[:, 1], c = y, cmap = plt.cm.Spectral)
18: plt.show()
```

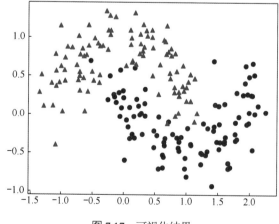

图 7.17　可视化结果

首先生成神经网络模型，初始化权重数组，接着定义 sigmoid 和网络正向计算函数，具体操作如代码 7.4 所示。

代码 7.4　多层神经网络训练程序

```
01: # 生成神经网络模型
02: class NN_Model:
03:     epsilon = 0.01   # 学习率
04:     n_epoch = 1000   # 迭代数
05:
06: nn = NN_Model()
07: nn.n_input_dim = X.shape[1]    # 输入尺寸
08: nn.n_output_dim = 2           # 输出节点大小
09: nn.n_hide_dim = 8             # 隐藏节点大小
10:
11: nn.X = X
12: nn.y = y
13:
14: # 初始化权重数组
15: nn.W1 = np.random.randn(nn.n_input_dim, nn.n_hide_dim) /
16:         np.sqrt(nn.n_input_dim)
17: nn.b1 = np.zeros((1, nn.n_hide_dim))
18: nn.W2 = np.random.randn(nn.n_hide_dim, nn.n_output_dim) /
19:         np.sqrt(nn.n_hide_dim)
20: nn.b2 = np.zeros((1, nn.n_output_dim))
21:
22: # 定义 sigmoid 及其导数函数
23: def sigmoid(X):
24:     return 1.0/(1+np.exp(-X))
25:
26: # 网络正向运算
27: def forward(n, X):
28:     n.z1 = sigmoid(X.dot(n.W1) + n.b1)
29:     n.z2 = sigmoid(n.z1.dot(n.W2) + n.b2)
30:     return  n
31:
32: # 使用随机权重进行预测
33: forward(nn, X)
34: y_pred = np.argmax(nn.z2, axis = 1)
35:
36: # 数据可视化
37: plt.scatter(X[:, 0], X[:, 1], c = y_pred, cmap = plt.cm.Spectral)
38: plt.show()
```

当网络还未被训练时，使用随机初始化模型参数对示例数据进行预测，可得如图 7.18 所示的结果。可以看到，网络将所有的数据都分成了一个类别，效果并不好。

下面实现反向传播算法，对网络进行训练，如代码 7.5 所示。程序中的函数 backpropagation() 实现网络的反向传播、模型参数更新，第 7 行对输入数据 X 正向计算网络各层的值和输出值；第 18 行、第 19 行通过式（7.46）、式（7.48）计算网络的误差项；第 22～25 行通过式（7.50）计算模型参数的更新。

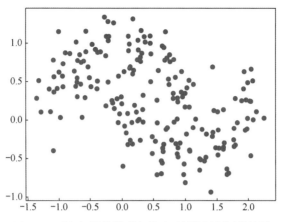

图 7.18　随机初始化模型参数对示例数据预测的结果

代码 7.5　多层神经网络的反向传播

```
01: from sklearn.metrics import accuracy_score
02:
03: # 反向传播
04: def backpropagation(n, X, y):
05:     for i in range(n.n_epoch):
06:         # 正向计算每个节点的输出
07:         forward(n, X)
08:
09:         # 打印 loss, accuracy
10:         L = np.sum((n.z2 - y)**2)
11:
12:         y_pred = np.argmax(nn.z2, axis=1)
13:         acc = accuracy_score(y_true, y_pred)
14:
15:         print("epoch [%4d] L = %f, acc = %f" % (i, L, acc))
16:
17:         # 计算误差
18:         d2 = n.z2*(1-n.z2)*(y - n.z2)
19:         d1 = n.z1*(1-n.z1)*(np.dot(d2, n.W2.T))
20:
21:         # 更新权重
22:         n.W2 += n.epsilon * np.dot(n.z1.T, d2)
23:         n.b2 += n.epsilon * np.sum(d2, axis=0)
24:         n.W1 += n.epsilon * np.dot(X.T, d1)
25:         n.b1 += n.epsilon * np.sum(d1, axis=0)
26:
27: nn.n_epoch = 2000
28: backpropagation(nn, X, t)
```

输出结果如下：

```
epoch [   0] L = 104.423202, acc = 0.500000
epoch [   1] L = 100.893370, acc = 0.525000
epoch [   2] L = 97.708048, acc = 0.560000
```

```
epoch [   3]  L = 94.789881, acc = 0.685000
...
epoch [1996]  L = 21.599760, acc = 0.945000
epoch [1997]  L = 21.587657, acc = 0.945000
epoch [1998]  L = 21.575570, acc = 0.945000
epoch [1999]  L = 21.563501, acc = 0.945000
```

进行结果预测和可视化，具体操作如代码 7.6 所示，结果如图 7.19 所示。

代码 7.6　结果预测和可视化

```
01: # 数据可视化
02: y_pred = np.argmax(nn.z2, axis = 1)
03:
04: plt.scatter(X[:, 0], X[:, 1], c = nn.y, cmap = plt.cm.Spectral)
05: plt.title("真实值")
06: plt.show()
07:
08: plt.scatter(X[:, 0], X[:, 1], c = y_pred, cmap = plt.cm.Spectral)
09: plt.title("预测值")
10: plt.show()
```

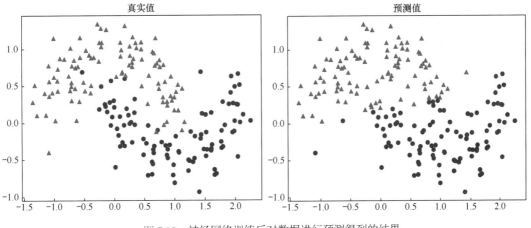

图 7.19　神经网络训练后对数据进行预测得到的结果

7.2.9　使用类的方法封装多层神经网络

7.2.8 节使用函数实现了神经网络的正向计算、反向传播，但函数写法分离了网络数据和操作，对于理解和调用神经网络等不是很友好，使用类的方法则可改进程序的封装方式。本节通过一个程序来演示如何使用类的方法封装多层神经网络，以及如何实现对多层神经网络的调用。

分析前面的程序可以发现，神经网络的主要处理过程包括参数初始化、正向计算和网络训练，这些过程都要使用较多的参数、数据，如网络的层数、神经元数量、每层的权重等。如果使用基于函数的方式，那么模型参数、变量等与函数分离，不仅不利于理解程序，而且在增加新的网络处理层时，程序需要做较大的改动。采用类封装方式将模型参数、变量、函数整合在一起，可让类的成员函数直接调用类的成员变量，通过统一的接口和外部程序进行交互，提高程序的可读性、封装性和复用性。

　　代码 7.7 展示了如何将基于函数的程序实现转换为基于类的程序实现。神经网络模型定义为 NN_Model 类，网络的结构、权重等作为类的成员变量；在类的构造函数__init__()中接收网络结构的定义列表 nodes，该列表中的每个数字表示每一层神经元的数量；初始化参数函数为 init_weight()，它按照网络的结构初始化网络的权重矩阵；forward()函数实现网络的正向计算，即根据输入数据和网络权重一层一层地计算神经元的输出；backpropagation()函数接收训练数据，使用反向传播算法计算网络权重的更新量，以迭代方式更新网络权重，进而实现网络的训练；最后是 evaluate()函数，它接收测试数据以对网络进行准确度测试。

代码 7.7　多层神经网络的类封装

```
01: import numpy as np
02: from sklearn import datasets, linear_model
03: from sklearn.metrics import accuracy_score
04: import matplotlib.pyplot as plt
05:
06: # 定义 sigmoid 函数
07: def sigmoid(X):
08:     return 1.0/(1 + np.exp(-X))
09:
10: # 生成神经网络模型
11: class  NN_Model:
12:     def __init__(self, nodes = None):
13:         self.epsilon = 0.01         # 学习率
14:         self.n_epoch = 1000         # 迭代数
15:
16:         if not nodes:
17:             self.nodes = [2, 6, 2] # 默认节点数
18:         else:
19:             self.nodes = nodes
20:
21:     def init_weight(self):
22:         W = []
23:         B = []
24:
25:         n_layer = len(self.nodes)
26:         for i in range(n_layer-1):
27:             w = np.random.randn(self.nodes[i], self.nodes[i+1])/np.sqrt(self.nodes[i])
28:             b = np.random.randn(1, self.nodes[i+1])
29:
30:             W.append(w)
31:             B.append(b)
32:
33:         self.W = W
34:         self.B = B
35:
36:     def forward(self, X):
37:         Z = []
38:         x0 = X
39:         for i in range(len(self.nodes) - 1):
40:             z = sigmoid(np.dot(x0, self.W[i]) + self.B[i])
41:             x0 = z
```

```
42:
43:               Z.append(z)
44:
45:           self.Z = Z
46:           return   Z[-1]
47:
48:       # 反向传播
49:       def backpropagation(self, X, y, n_epoch = None, epsilon = None):
50:           if not n_epoch: n_epoch = self.n_epoch
51:           if not epsilon: epsilon = self.epsilon
52:
53:           self.X = X
54:           self.Y = y
55:
56:           for i in range(n_epoch):
57:               # 正向计算每个神经元的输出
58:               self.forward(X)
59:
60:               self.evaluate()
61:
62:               # 计算误差
63:               W = self.W
64:               B = self.B
65:               Z = self.Z
66:
67:               D = []
68:               d0 = y
69:               n_layer = len(self.nodes)
70:               for j in range(n_layer - 1, 0, -1):
71:                   jj = j - 1
72:                   z = self.Z[jj]
73:
74:                   if j == n_layer - 1:
75:                       d = z*(1-z)*(d0  - z)
76:                   else:
77:                       d = z*(1-z)*np.dot(d0, W[j].T)
78:
79:                   d0 = d
80:                   D.insert(0, d)
81:
82:               # 更新权重
83:               for j in range(n_layer - 1, 0, -1):
84:                   jj = j - 1
85:
86:                   if jj != 0:
87:                       W[jj] += epsilon * np.dot(Z[jj-1].T, D[jj])
88:                   else:
89:                       W[jj] += epsilon * np.dot(X.T, D[jj])
90:
91:                   B[jj] += epsilon * np.sum(D[jj], axis = 0)
92:
93:       def evaluate(self):
```

```
94:          z = self.Z[-1]
95:
96:          # 打印loss, accuracy
97:          L = np.sum((z - self.Y)**2)
98:
99:          y_pred = np.argmax(z, axis = 1)
100:         y_true = np.argmax(self.Y, axis = 1)
101:         acc = accuracy_score(y_true, y_pred)
102:
103:         print("L = %f, acc = %f" % (L, acc))
```

封装好类的神经网络程序如代码 7.8 所示。接下来就可生成类的实例，然后调用类的成员函数来实现神经网络的训练。第 11 行通过生成类的示例完成神经网络模型的生成，然后调用对象的成员函数完成各种操作。相比之前基于函数的定义，这样的方式更简洁、灵活。

代码 7.8　多层神经网络的训练

```
01: # 生成样本数据
02: np.random.seed(0)
03: X, y = datasets.make_moons(200, noise = 0.20)
04:
05: # 生成神经网络输出目标
06: t = np.zeros((X.shape[0], 2))
07: t[np.where(y==0), 0] = 1
08: t[np.where(y==1), 1] = 1
09:
10: # 使用神经网络模型并训练
11: nn = NN_Model([2, 6, 4, 2])
12: nn.init_weight()
13: nn.backpropagation(X, t, 2000)
```

输出结果如下：

```
L = 121.621107, acc = 0.500000
L = 115.928422, acc = 0.500000
L = 111.304997, acc = 0.500000
L = 107.789222, acc = 0.500000
...
L = 9.439625, acc = 0.975000
L = 9.437657, acc = 0.975000
L = 9.435692, acc = 0.975000
L = 9.433729, acc = 0.975000
```

结果可视化的程序如代码 7.9 所示，可视化结果如图 7.20 所示。

代码 7.9　多层神经网络的结果可视化

```
01: # 结果预测与可视化
02: y_res = nn.forward(X)
03: y_pred = np.argmax(y_res, axis = 1)
04:
05: # 数据可视化
06: plt.scatter(X[:, 0], X[:, 1], c = y, cmap = plt.cm.Spectral)
07: plt.title("真实值")
```

```
08: plt.show()
09:
10: plt.scatter(X[:, 0], X[:, 1], c = y_pred, cmap = plt.cm.Spectral)
11: plt.title("预测值")
12: plt.show()
```

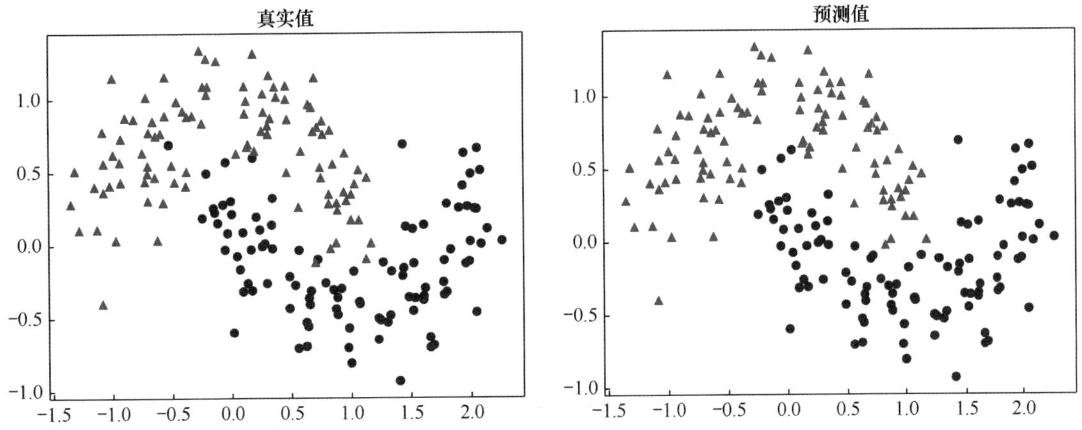

图 7.20　可视化结果

7.3　softmax 函数与交叉熵代价函数

在机器学习中，尤其是在深度学习中，softmax 函数是一个重要函数，在多分类的场景中使用广泛。softmax 函数将一些输入映射为区间[0, 1]内的实数并归一化，以保证和为 1，进而满足多分类的概率之和为 1 的要求。softmax 函数常被添加到分类任务的神经网络的输出层，在神经网络的反向传播中，关键的步骤是求导，而 sigmoid 函数存在一个致命的问题，即其导数小于 1，随着向前传递的层数的增加，误差急剧下降。交叉熵代价函数（Cross-entropy Cost Function）是用来衡量人工神经网络的预测值与实际值的一种方式，与二次代价函数相比，它能更有效地保持误差的量级，进而让多层神经网络更容易被训练。

7.3.1　softmax 函数

softmax 函数也称归一化指数函数，一般在神经网络中作为分类任务的输出层。其实，我们可以认为 softmax 函数输出的是样本属于每个类别的概率。例如，一个分类任务要分为三个类别，softmax 函数可以根据它们的相对大小，输出属于三个类别的概率，且概率之和为 1。

从字面上说，softmax 可以分成 soft 和 max 两部分，max 是最大值的意思。softmax 的核心是 soft，而 soft 的含义是"软的"，与之相对的是 hard（"硬的"）。在很多场景中，需要找出数组的所有元素中值最大的元素，这实质上求的是 hardmax。代码 7.10 使用 NumPy 演示了 hardmax 的操作与原理。

代码 7.10　hardmax 示例

```
01: import numpy as np
02:
03: a = np.array([1, 2, 3, 4, 5]) # 创建 ndarray 数组
04: a_max = np.max(a)
05: print(a_max)                       # 5
```

　　由上例可以看出，hardmax 的最大特点是只选出其中一个最大的值。但在实际工作中，这种方式是不合理的。例如，对文本分类来说，一篇文章或多或少包含有各种主题信息，人们更希望得到文章中每个可能的文本类别的概率值（置信度）——属于对应类别的可信度。因此，此时使用 soft 更适合。softmax 的含义是不再唯一地确定某个最大值，而为每个分类的结果都赋予一个概率值，表示属于每个类别的可能性。

　　softmax 函数的定义为

$$S_i = \frac{e^{z_i}}{\sum_k e^{z_k}} \tag{7.60}$$

式中，S_i 是经过 softmax 函数的类别概率输出，z_k 是神经元的输出。

　　softmax 函数的操作和结果如图 7.21 所示。原来的输出结果[3，1，−3]经过 softmax 函数后都映射为区间(0, 1)上的值，且这些值的累加和为 1（满足概率的性质）。最后在选取输出节点时，就可选取概率最大的（即值对应最大的）节点作为网络的预测目标。

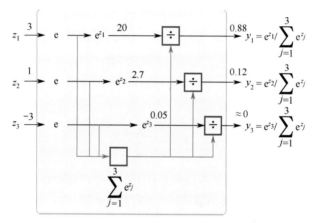

图 7.21　softmax 函数的操作和结果

　　下面针对单个神经元的输出进行分析，然后将 softmax 函数引入神经网络。一个神经元如图 7.22 所示，其输出定义为

$$z_i = \sum_j w_{ij} x_j + w_b \tag{7.61}$$

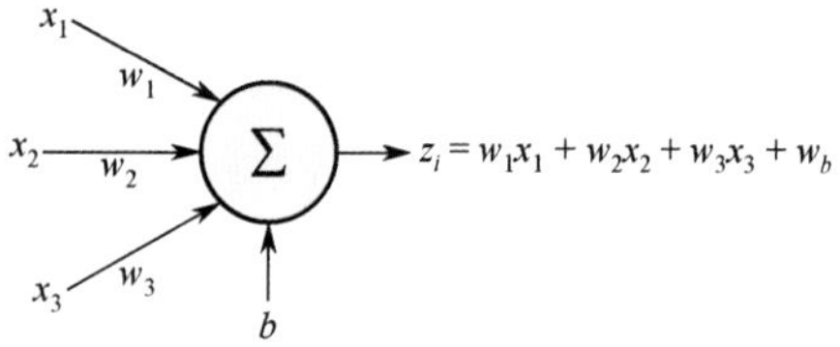

式中，w_{ij} 是第 i 个神经元的第 j 个权重，w_b 是偏置，z_i 是该网络的第 i 个输出。使用 softmax 函数和交叉熵代价函数时，神经元的输入和输出关系如图 7.22 所示。

图 7.22　神经元的输入和输出关系

　　注意：使用 softmax 函数和交叉熵代价函数时，不需要使用 sigmoid 等激活函数。

　　给输出加上一个 softmax 函数，有

$$a_i = \frac{e^{z_i}}{\sum_k e^{z_k}} \tag{7.62}$$

式中，a_i 代表 softmax 的第 i 个输出值，且右侧套用了 softmax 函数。

7.3.2 交叉熵代价函数

神经网络的权重更新需要一个代价函数来表示真实值与网络估计值的偏差，而对代价函数取偏导数可得到权重的更新量。人在学习和分析新事物时，发现自己犯的错误越大，改正的力度也就越大。例如，对投篮来说，当运动员发现自己的投篮方向偏离正确方向越远时，其调整的投篮角度就越大，以使得篮球更容易投进篮筐。同理，我们希望神经网络在训练时，预测值与实际值的误差越大，于是在反向传播训练的过程中，各种参数调整的幅度就要更大，以使得训练更快地收敛。然而，如果使用二次代价函数训练神经网络，那么看到的实际效果是：误差越大，参数调整的幅度越小，训练越缓慢。

下面以神经元的二分类训练为例进行两次实验，实验过程采用神经网络常用的 sigmoid 激活函数。实验设置如下：输入一个相同的样本数据 $x = 1.0$（该样本对应的实际类别为 $y = 0$）；两次实验各自随机初始化参数，以便在各自的第一次正向传播后得到不同的输出值，形成不同的代价。实验 1 的结果如图 7.23 所示，实验 2 的结果如图 7.24 所示。

在实验 1 中，随机初始化参数，使第一次的输出值为 0.82（该样本对应的实际值为 0）；经过 300 次迭代训练后，输出值由 0.82 降到 0.09，逼近实际值，如图 7.23 所示。而在实验 2 中，第一次的输出值为 0.98，同样经过 300 次迭代训练，输出值仅降到 0.20，如图 7.24 所示。

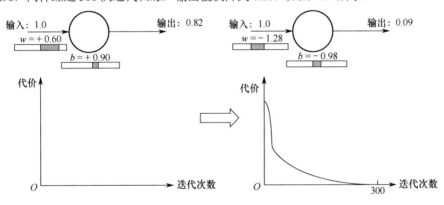

图 7.23　实验 1 的结果：第一次的输出值为 0.82

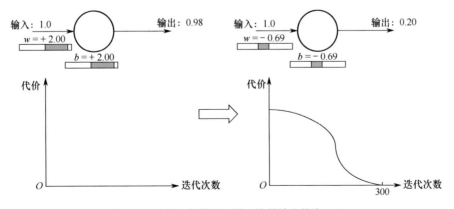

图 7.24　实验 2 的结果：第一次的输出值为 0.98

神经网络常用的激活函数为 sigmoid 函数，其曲线如图 7.25 所示。实验 2 的初始输出值（0.98）

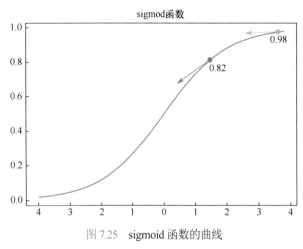

图 7.25   sigmoid 函数的曲线

对应的梯度明显小于实验 1 的输出值（0.82），因此实验 2 的参数梯度下降得比实验 1 的慢。这就是初始代价（误差）越大导致训练越慢的原因。这与期望不符，即错误越大，改正的幅度越大，从而学习得越快。

为了克服上述问题，人们设计了交叉熵代价函数，其主要优点是求导结果比较简单，易于计算，并且能解决某些代价函数学习缓慢的问题。交叉熵代价函数的形式如下：

$$C = -\sum_i y_i \ln a_i \tag{7.63}$$

式中，y_i 表示真实的分类结果。

为了推导交叉熵代价函数的更新公式，首先推导损失对神经元输出（z_i）的梯度，即

$$\frac{\partial C}{\partial z_i} \tag{7.64}$$

根据复合函数求导法则有

$$\frac{\partial C}{\partial z_i} = \frac{\partial C}{\partial a_j} \frac{\partial a_j}{\partial z_i} \tag{7.65}$$

这里是对 a_j 求导而不是对 a_i 求导，因为 softmax 函数公式的特性——分母中包含了所有神经元的输出，所以对不等于 i 的其他输出（也包含 z_i），所有 a 都要纳入计算范围，且在后面的计算中可以看到需要分 $i=j$ 和 $i \neq j$ 两种情况求导。

关于 a_j 的偏导数为

$$\frac{\partial C}{\partial a_j} = \frac{\left(\partial -\sum_j y_j \ln a_j\right)}{\partial a_j} = -\sum_j y_j \frac{1}{a_j} \tag{7.66}$$

关于 z_i 的偏导数分 $i=j$ 和 $i \neq j$ 两种情况，以下是两种情况下的求导。

当 $i=j$ 时，有

$$\frac{\partial a_i}{\partial z_i} = \frac{\partial \left(\dfrac{e^{z_i}}{\sum_k e^{z_k}}\right)}{\partial z_i} = \frac{\sum_k e^{z_k} e^{z_i} - (e^{z_i})^2}{\sum_k (e^{z_k})^2} = \left(\frac{e^{z_i}}{\sum_k e^{z_k}}\right)\left(1 - \frac{e^{z_i}}{\sum_k e^{z_k}}\right) = a_i(1-a_i) \tag{7.67}$$

当 $i \neq j$ 时，有

$$\frac{\partial a_j}{\partial z_i} = \frac{\partial \left(\dfrac{e^{z_j}}{\sum_k e^{z_k}}\right)}{\partial z_i} = \frac{0 \cdot \sum_k e^{z_k} - e^{z_j} \cdot e^{z_i}}{\left(\sum_k e^{z_k}\right)^2} = -\frac{e^{z_j}}{\sum_k e^{z_k}} \cdot \frac{e^{z_i}}{\sum_k e^{z_k}} = -a_j a_i \tag{7.68}$$

上述推导使用了除法的导数推导公式，当 u 和 v 都是变量的函数时，导数推导公式为

$$\left(\frac{u}{v}\right)' = \frac{u'v - uv'}{v^2}$$

合并上述两种情况下的推导，可将整体推导写为

$$
\begin{aligned}
\frac{\partial C}{\partial z_i} &= \left(-\sum_j y_j \frac{1}{a_j}\right)\frac{\partial a_j}{\partial z_i} \\
&= -\frac{y_i}{a_i}a_i(1-a_i) + \sum_{j \neq i}\frac{y_j}{a_j}a_i a_j \\
&= -y_i + y_i a_i + \sum_{j \neq i} y_j a_i \\
&= -y_i + a_i \sum_j y_j \\
&= -y_i + a_i
\end{aligned}
\tag{7.69}
$$

代价函数对参数的偏导数为

$$
\frac{\partial C}{\partial w_{ij}} = (-y_i + a_i)x_i
\tag{7.70}
$$

式中,

$$
a_i = \frac{\mathrm{e}^{z_i}}{\sum_k \mathrm{e}^{z_k}},
\tag{7.71}
$$

$$
z_i = \sum_j w_{ij} x_j + w_b
\tag{7.72}
$$

作为对比,二次代价函数的更新方程为

$$
\delta_i = a_i(1-a_i)(y_i - a_i)
\tag{7.73}
$$

仔细对比式(7.70)和式(7.73)发现,交叉熵的误差项比较简单——仅计算模型输出与真实值之间的偏差$(-y_i + a_i)$;而二次代价函数中由于使用了 sigmoid 函数,除了模型输出与真实值之间的偏差,还包括 sigmoid 的偏导数项 $a_i(1-a_i)$,由于 a_i 小于 1,所以这一项的数值较小。

7.4 小结

本章介绍了感知器模型及其学习、多层神经网络的构建和训练、常用激活函数,以及 softmax 函数与交叉熵代价函数等。此外,还通过理论讲解、公式推导、算法讲解、程序演示等循序渐进的方式,介绍了机器学习中的神经网络正向计算和误差的反向传播。

神经网络的优势是它可以有多层,如果输入和输出是直接连接的,它和逻辑斯蒂回归就无区别,但是通过引入大量中间层,可以捕捉很多输入特征之间的非线性关系。此外,它还具有以下优势:

- 利用了现代计算机的强大并行计算能力,提高了机器学习的效率和规模。
- 使得特征工程不再显得那么重要,非结构化数据的处理变得简单。

另外,尽管神经网络处理巨大数据集和复杂数据集的优势毋庸置疑,但不能直接得出网络越深、层数越多就越好的结论。如果问题不复杂,就应先尝试使用较为简单的模型。

7.5 练习题

01. 在感知机部分,希望得到每个类别的概率,如何实现?

02. 如何应用感知机模型求解多分类问题?

03. 如何能让神经网络更快地训练好?

04. 对本章的示例程序进行参数调试和模型优化。

05. 如何更好地构建网络的类定义和接口设计，让神经网络的类支持更多类型的处理层？

06. 如何将本章介绍的 softmax 函数、交叉熵代价函数应用到反向传播方法中？

7.6 在线练习题

扫描如下二维码，访问在线练习题。

第 8 章　PyTorch

第 7 章介绍了多层神经网络的原理以及利用反向传播方法实现神经网络训练的方法，通过编写最小二乘法、逻辑斯蒂回归、多层神经网络的代码，逐步深化了对神经网络代码的理解。在编写代码的过程中，可以发现机器学习程序的编写遵循一个通用的开发模式，即定义损失函数、求导、权重更新和数据拟合。深度学习同样遵循类似的开发模式，但由于深度学习的网络层数较多，手工编写代码的效率较低，所以研究人员开发了深度学习框架来简化程序的编写。

PyTorch 是一个深受研究人员喜爱的深度学习框架，其功能丰富，使用灵活。在 PyTorch 中，可以调整操作流程，对整个过程进行控制。PyTorch 还支持高性能计算，可将 PyTorch 视为有 GPU 支持的 NumPy。现在有多个高级接口的基于 PyTorch 的高级深度学习框架，如 FastAI、Lightning、Ignite 等，使用这些框架可更快地开发深度学习应用。

在详细介绍 PyTorch 前，下面首先介绍 PyTorch 的基础知识，以便读者大致了解 PyTorch，并用 PyTorch 搭建一个简单的神经网络。在掌握基本神经网络代码编写的基础上，学习更复杂的神经网络，为后续利用 PyTorch 实现深度神经网络奠定基础。图 8.1 显示了本章配套资源的二维码。

(a)本章配套在线视频

(b)本章配套在线讲义

图 8.1　本章配套资源的二维码

8.1　张量

张量（Tensor）是一种特殊的数据结构，它类似于数组和矩阵。在 PyTorch 中，使用张量来编码模型的输入、输出和参数。张量类似于 NumPy 的 ndarray，不同之处是张量可在 GPU 或其他硬件加速器上运行。事实上，张量和 NumPy 数组通常可以共享相同的底层内存，因此不需要复制数据。张量还针对自动微分进行了优化，详见后续章节中的介绍。

8.1.1　Tensor 的生成

使用 PyTorch 中的函数 numpy()和 from_numpy()可以很容易地将 Tensor 和 NumPy 的数组相互转换。下面通过示例代码 8.1 演示如何将 NumPy 的 ndarray 类型转换到 PyTorch 的 Tensor 类型。

代码 8.1　生成 Tensor

```
01: import torch
02: import numpy as np
03:
04: # 创建一个 numpy ndarray
05: numpy_tensor = np.random.randn(10, 20)
06:
07: # 使用下面两种方式将 numpy 的 ndarray 转换为 tensor:
08: pytorch_tensor1 = torch.tensor(numpy_tensor)
09: pytorch_tensor2 = torch.from_numpy(numpy_tensor)
```

当使用以上两种方法进行转换时，直接将 NumPy 的 ndarray 数据类型转换为 PyTorch 的 Tensor 数据类型。也可使用代码 8.2 将 PyTorch 的 Tensor 转换为 NumPy 的 ndarray。

代码 8.2　Tensor 转换

```
01: # 如果 PyTorch tensor 在 CPU 上
02: numpy_array = pytorch_tensor1.numpy()
03:
04: # 如果 PyTorch tensor 在 GPU 上
05: numpy_array = pytorch_tensor1.cpu().numpy()
```

注意：GPU 上的 Tensor 不能直接转换为 NumPy 的 ndarray，而需要使用 .cpu() 先将 GPU 上的 Tensor 转换到 CPU 上。

PyTorch 的 Tensor 可以使用 GPU 加速。将 Tensor 转换到 GPU 上的方式有两种，如代码 8.3 所示。

代码 8.3　将 Tensor 转换到 GPU 上

```
01: # 第一种方式是定义 cuda 数据类型
02: dtype = torch.cuda.FloatTensor            # 定义默认 GPU 的数据类型
03: gpu_tensor = torch.randn(10, 20).type(dtype)
04:
05: # 第二种方式更简单，推荐使用
06: gpu_tensor1 = torch.randn(10, 20).cuda(0)   # 将 tensor 放到第一个 GPU 上
07: gpu_tensor2 = torch.randn(10, 20).cuda(1)   # 将 tensor 放到第二个 GPU 上
```

使用第一种方式将 Tensor 放到 GPU 上时，会将数据类型转换为定义的类型，而使用第二种方式可以直接将 Tensor 放到 GPU 上，且类型与此前的类型保持一致。推荐在定义 Tensor 时就明确数据类型，然后直接使用第二种方法将 Tensor 放到 GPU 上。将 Tensor 转换到 CPU 上的操作非常简单，调用 .cpu() 函数即可，如代码 8.4 所示。

代码 8.4　将 Tensor 转换到 CPU 上

```
01: cpu_tensor = gpu_tensor.cpu()
```

使用 API 函数能够访问 Tensor 的一些属性，如代码 8.5 所示。

代码 8.5　Tensor 的属性

```
01: # 通过如下两种方式得到 tensor 的大小
02: print(pytorch_tensor1.shape)
03: print(pytorch_tensor1.size())
04:
05: # 得到 tensor 的数据类型
06: print(pytorch_tensor1.type())
07: print(gpu_tensor.type())
08:
09: # 得到 tensor 的维度
10: print(pytorch_tensor1.dim())
11: # 得到 tensor 的所有元素个数
12: print(pytorch_tensor1.numel())
```

输出为

```
torch.Size([10, 20])
```

```
torch.Size([10, 20])

torch.FloatTensor
torch.cuda.FloatTensor

2
200
```

8.1.2　Tensor 的操作

下面介绍几个常用的操作，如代码 8.6 所示。

代码 8.6　Tensor 的操作

```
01: x = torch.ones(3, 2)
02: print(x)    # 这是一个浮点型 Tensor
03:
04: print(x.type())
05:
06: # 将其转换为整型
07: x = x.long()
08: print(x)
09:
10: # 再将其转换回浮点型
11: x = x.float()
12: print(x)
13:
14: # 生成随机数组（高斯分布）
15: x = torch.randn(4, 3)
16: print(x)
```

输出为

```
tensor([[1., 1.],
        [1., 1.],
        [1., 1.]])
Torch.FloatTensor
tensor([[1, 1],
[1, 1],
[1, 1]])

tensor([[1., 1.],
[1., 1.],
[1., 1.]])

tensor([[-1.8509, 0.5228, -1.3782],
[  0.9726, 1.7519, -0.3425],
[-0.0131, 2.1198, -1.1388],
[  0.2897, 1.2477, -0.2862]])
```

8.1.3　Tensor 的维度操作

在机器学习中，常要改变数组的维度。增大数组的维度时可以使用 unsqueeze()函数，减小数组的维度时可以使用 squeeze()函数，具体操作如代码 8.7 所示。

代码 8.7　增大数组的维度

```
01: x = torch.ones(3, 2)
02:
03: # 增大维度
04: print(x.shape)
05: x = x.unsqueeze(0) # 在第一维增加
06: print(x.shape)
07: print(x)
```

输出为

```
torch.Size([3, 2])
torch.Size([1, 3, 2])

tensor([[[1., 1.],
[1., 1.],
[1., 1.]]])
```

去掉长度为 1 的维度操作如代码 8.8 所示。

代码 8.8　减小数组的维度

```
01: x = x.squeeze(0) # 减小第一维
02: print(x.shape)
03: print(x)
```

输出为

```
torch.Size([3, 2])

tensor([[1., 1.],
[1., 1.],
[1., 1.]])
```

将 Tensor 中长度为 1 的维度全部去除，如代码 8.9 所示。

代码 8.9　去除所有的一维维度

```
01: x = torch.ones(1, 3, 2, 1)
02: x = x.squeeze()        # 将 Tensor 中所有的一维全部去除
03: print(x.shape)
```

输出为

```
torch.Size([3, 2])
```

在某些情况下需要变换维度的顺序，这时可以使用 permute()函数和 transpose()函数，具体用法如代码 8.10 所示。

代码 8.10　交换维度的顺序

```
01: x = torch.randn(3, 4, 5)
02: print(x.shape)
03: # 使用 permute()和 transpose()交换维度
04: x = x.permute(1, 0, 2)  # permute()重新排列 tensor 的维度
```

```
05: print(x.shape)
06: x = x.transpose(0, 2)    # transpose()交换 tensor 的两个维度
07: print(x.shape)
```

输出为

```
torch.Size([3, 4, 5])
torch.Size([4, 3, 5])
torch.Size([5, 3, 4])
```

8.1.4　Tensor 的变形

在机器学习的某些场合下，需要修改 Tensor 的每个维度的长度，而数据元素不发生改变。针对这种需求，可以使用 view()函数将给定的 Tensor 转换为新的形状，转换过程并不生成一个新变量，而只改变 Tensor 的尺寸等参数，如代码 8.11 所示。

代码 8.11　Tensor 的变形

```
01: # 使用 view()变形 tensor
02: x = torch.randn(3, 4, 5)
03: print(x.shape)
04:
05: x = x.view(-1, 5)         # -1 表示任意大小，5 表示第二维变成 5
06: print(x.shape)
07:
08: x = x.view(3, 20)         # 变形为大小(3, 20)
09: print(x.shape)
```

输出为

```
torch.Size([3, 4, 5])
torch.Size([12, 5])
torch.Size([3, 20])
```

8.1.5　inplace 操作

前面介绍的很多函数都在计算完成后生成一个新 Tensor，如代码 8.12 所示。

代码 8.12　生成 Tensor 示例

```
01: x = torch.randn(3, 4)
02: y = torch.randn(3, 4)          # 两个 Tensor 求和
03: z = x + y
04: z = torch.add(x, y)            # 也可使用 torch.add()函数完成同样的工作
```

但是，很多情况下不需要生成新的 Tensor，而需要 inplace 操作。PyTorch 中的大多数操作都支持 inplace，即可直接对 Tensor 进行操作而不需要另外开辟内存空间。方式非常简单，一般是在操作符后面加 "_"，如代码 8.13 所示。

代码 8.13　Tensor 的 inplace 操作，unsqueeze_()函数和 transpose_()函数

```
01: x = torch.ones(3, 3)
02: print(x.shape)
03:
04: # unsqueeze 进行 inplace
05: x.unsqueeze_(0)
```

```
06: print(x.shape)
07:
08: # transpose 进行 inplace
09: x.transpose_(1, 0)
10: print(x.shape)
```

输出为

```
torch.Size([3, 3])
torch.Size([1, 3, 3])
torch.Size([3, 1, 3])
```

代码 8.14 演示了 add_()操作。

代码 8.14　Tensor 的 inplace 操作，add_()函数

```
01: x = torch.ones(3, 3)
02: y = torch.ones(3, 3)
03: print(x)
04:
05: # add 进行 inplace
06: x.add_(y)
07: print(x)
```

输出为

```
tensor([[1., 1., 1.],
        [1., 1., 1.],
        [1., 1., 1.]])

tensor([[2., 2., 2.],
        [2., 2., 2.],
        [2., 2., 2.]])
```

8.2　自动求导

在机器学习中，模型的梯度计算是一个非常重要的步骤。在前面介绍的逻辑斯蒂回归、多层神经网络中，由于连接关系比较简单，导数计算也比较简单；而在后面介绍的卷积神经网络等复杂网络中，由于连接关系比较复杂，手工推导梯度虽然也能写出程序，但是效率较低。随着符号计算技术的飞速发展，目前大部分公式都可通过计算机完成公式推导，而将自动推导等符号计算技术集成到模型参数的更新过程中可以大大简化程序的编写。

自动求导是 PyTorch 中的一个重要功能，它可避免手动计算非常复杂的导数，因此极大地减少了构建模型的时间。PyTorch 的 Autograd 模块实现了深度学习算法中的反向传播求导，在张量（Tensor 类）上的所有操作，Autograd 都能自动地算出微分，从而避免了手动计算导数的复杂过程。

在 PyTorch 0.4 之前的版本中，PyTorch 使用 Variabe 类实现自动梯度计算。Variable 类主要包含三个属性。

- Variable：所包含的 Tensor 数据。
- grad：保存 data 对应的梯度，grad 是一个 Variable 而不是 Tensor，它和 data 的形状一样。
- grad_fn：指向一个 Function 对象，这个 Function 对象用来反向传播计算输入的梯度。

注意：从 PyTorch 0.4 起，Variable 正式并入 Tensor 类，通过 Variable 嵌套实现的自动微分

功能也已被整合到 Tensor 类中。虽然为了兼容性仍然可以使用 Variable（Tensor）这种方式进行嵌套，但这个操作其实什么都没做。建议直接使用 Tensor 类进行操作，因为在官方文档中已将 Variable 设置成过期模块。

8.2.1　简单情况下的自动求导

代码 8.15 展示了一些简单情况下的自动求导，这里的"简单"体现在计算的结果都是标量（即一个数）上，然后对这个标量进行自动求导。定义一个能够求导的变量，可以在生成张量时加上参数"requires_grad = True"。

代码8.15　Tensor 的自动求导，生成数据

```
01: x = torch.tensor([2], dtype = torch.float, requires_grad = True)
02: y = x + 2
03: z = y^2 + 3
04: print(z)
```

输出为

```
tensor([19.], grad_fn=<AddBackward0>)
```

通过上面的一些操作，从 x 得到了最终的结果，用数学公式表示为

$$z = (x+2)^2 + 3 \tag{8.1}$$

z 对 x 求导的结果是

$$\frac{\partial z}{\partial x} = 2(x+2) = 2 \times (2+2) = 8 \tag{8.2}$$

如果对求导不熟悉，可以查阅相关的资料[1]。自动求导的示例如代码 8.16 所示。

代码8.16　Tensor 的自动求导

```
01: # 使用自动求导
02: z.backward()
03: print(x.grad)
```

输出为

```
tensor([8.])
```

上面这个简单的例子验证了 PyTorch 的自动求导功能，同时我们发现使用自动求导非常方便。如果是一个复杂的例子，那么手动求导会显得非常麻烦，所以自动求导机制能够帮助我们省去烦琐的数学推导。一个更复杂的例子如代码 8.17 所示。

代码8.17　Tensor 的自动求导，多变量求导

```
01: x = torch.tensor(torch.randn(10, 5), requires_grad = True)
02: y = torch.tensor(torch.randn(10, 3), requires_grad = True)
03: w = torch.tensor(torch.randn(5, 3), requires_grad = True)
04:
05: out = torch.mean(y - torch.matmul(x, w))  # torch.matmul 做矩阵乘法
06: out.backward()
07:
08: # 得到 x 的梯度
```

① 学习资料请参考 https://baike.baidu.com/item/%E5%AF%BC%E6%95%B0#1。

```
09: print(x.grad)
10:
11: # 得到 y 的梯度
12: print(y.grad)
13:
14: # 得到 w 的梯度
15: print(w.grad)
```

输出为

```
tensor([[-0.1142, 0.1103, 0.0009, 0.0412, -0.0209],
[-0.1142, 0.1103, 0.0009, 0.0412, -0.0209],
[-0.1142, 0.1103, 0.0009, 0.0412, -0.0209],
[-0.1142, 0.1103, 0.0009, 0.0412, -0.0209],
[-0.1142, 0.1103, 0.0009, 0.0412, -0.0209],
[-0.1142, 0.1103, 0.0009, 0.0412, -0.0209],
[-0.1142, 0.1103, 0.0009, 0.0412, -0.0209],
[-0.1142, 0.1103, 0.0009, 0.0412, -0.0209],
[-0.1142, 0.1103, 0.0009, 0.0412, -0.0209],
[-0.1142, 0.1103, 0.0009, 0.0412, -0.0209],

tensor([[0.0333, 0.0333, 0.0333,
[0.0333, 0.0333, 0.0333],
[0.0333, 0.0333, 0.0333],
[0.0333, 0.0333, 0.0333],
[0.0333, 0.0333, 0.0333],
[0.0333, 0.0333, 0.0333],
[0.0333, 0.0333, 0.0333],
[0.0333, 0.0333, 0.0333],
[0.0333, 0.0333, 0.0333],
[0.0333, 0.0333, 0.0333],

tensor([[0.0072, 0.0072, 0.0072],
[ 0.0914, 0.0914, 0.0914],
[-0.3104, -0.3104, -0.3104],
[-0.1601, -0.1601, -0.1601],
[ 0.0143, 0.0143, 0.0143]])
```

上面的数学公式要复杂一些：两个矩阵的对应元素相乘后，求所有元素的平均值。有兴趣的读者可以比较手动计算的结果和自动计算的结果。使用 PyTorch 的自动求导，可以很容易地得到 x, y 和 w 的导数，因为深度学习中存在大量矩阵运算，所以手动计算这些导数非常烦琐和耗时，而有了自动求导功能便能够让我们更加关注于问题的核心。

8.2.2 复杂情况下的自动求导

前面介绍了简单情况下的自动求导——对标量进行自动求导，那么如何对一个向量或矩阵自动求导呢？下面介绍对多维数组自动求导的机制，如代码 8.18 所示。

代码 8.18 Tensor 的自动求导，生成变量的向量、矩阵
```
01: m = torch.tensor([[2, 3]], dtype=torch.float, requires_grad=True)  # 构建一个 1x2 的矩阵
02: n = torch.zeros(1, 2)             # 构建一个相同大小的 0 矩阵
```

```
03: print(m)
04: print(n)
```

输出为

```
tensor([[2., 3.]], requires_grad=True)
tensor([[0., 0.]])
```

通过 m 中的值计算 n 中的值，如代码 8.19 所示。

代码 8.19　定义变量的直接关系

```
01: print(m[0,0])
02: n[0, 0] = m[0, 0]  ** 2
03: n[0, 1] = m[0, 1]  ** 3
04: print(n)
```

输出为

```
tensor(2., grad_fn=<SelectBackward>)
tensor([[ 4., 27.]], grad_fn=<CopySlices>)
```

将程序中的公式写成数学表达式，有

$$n = (n_0, n_1) = (m_0^2, m_1^3) = (2^2, 3^3) \tag{8.3}$$

下面直接对 n 进行反向传播，即求 n 对 m 的导数。这时，需要明确该导数的定义为

$$\frac{\partial n}{\partial m} = \frac{\partial(n_0, n_1)}{\partial(m_0, m_1)} \tag{8.4}$$

在 PyTorch 中，要调用自动求导，就要向 backward() 中传入一个参数，该参数的形状和 n 一样大，比如 (w_0, w_1)。于是，自动求导的结果就是

$$\frac{\partial n}{\partial m_0} = w_0 \frac{\partial n_0}{\partial m_0} + w_1 \frac{\partial n_1}{\partial m_0} \tag{8.5}$$

$$\frac{\partial n}{\partial m_1} = w_0 \frac{\partial n_0}{\partial m_1} + w_1 \frac{\partial n_1}{\partial m_1} \tag{8.6}$$

使用 PyTorch 自动计算梯度的代码如代码 8.20 所示。

代码 8.20　计算梯度

```
01: n.backward(torch.ones_like(n))  # 将(w0, w1)取为(1, 1)
02: print(m.grad)
```

输出为

```
tensor([[ 4., 27.]])
```

通过自动求导得到的梯度是 4 和 27，下面对其进行验证：

$$\frac{\partial n}{\partial m_0} = w_0 \frac{\partial n_0}{\partial m_0} + w_1 \frac{\partial n_1}{\partial m_0} = 2m_0 + 0 = 2 \times 2 = 4 \tag{8.7}$$

$$\frac{\partial n}{\partial m_1} = w_0 \frac{\partial n_0}{\partial m_1} + w_1 \frac{\partial n_1}{\partial m_1} = 0 + 2m_1^2 = 3 \times 3^2 = 27 \tag{8.8}$$

验证得到了相同的结果。

8.2.3 多次自动求导

调用 backward 可以进行一次自动求导，再调用 backward 时程序会报错，原因是 PyTorch 默认完成一次自动求导后，计算图会被丢弃，所以两次自动求导需要手动设置参数 retain_graph = True。下面通过例子加以说明，如代码 8.21 所示。

代码 8.21　定义计算公式
```
01: x = torch.tensor([3]), dtype = torch.float, requires_grad = True)
02: y = x * 2 + x 2 + 3
03: print(y)
```

输出为

tensor([18.], grad_fn=<AddBackward0>)

将 retain_graph 设置为 True 来保留计算图，以便能够再执行一次，如代码 8.22 所示。

代码 8.22　梯度计算
```
01: y.backward(retain_graph=True)    # 设置 retain_graph 为 True 来保留计算图
02: print(x.grad)
```

输出为

tensor([8.])

再做一次自动求导，这次不保留计算图，如代码 8.23 所示。

代码 8.23　第二次梯度计算
```
01: y.backward()    # 再做一次自动求导，这次不保留计算图
02: print(x.grad)
```

输出为

tensor([16.])

x 的梯度变成了 16，原因是这里做了两次自动求导，将第一次的梯度 8 和第二次的梯度 8 相加就得到了 16。

8.3　神经网络模型

第 7 章介绍了神经网络原理以及如何编程实现神经网络训练，本章在简要回顾神经网络的基础上引入 PyTorch 来构建神经网络模型。神经网络是由多个神经元堆叠在一起形成的网络，主要包括输入层、隐藏层和输出层。输入层由特征数量决定，输出层则由所要解决的问题决定，隐藏层的网络层数及每层的神经元数是可以调节的超参数，不同的层数和每层的网络参数都对模型有一定的影响。

8.3.1　逻辑斯蒂回归与神经网络

下面通过示例程序学习如何使用 PyTorch 实现神经网络。为了降低学习难度，首先回顾逻辑斯蒂回归，并用 PyTorch 实现它。为了测试程序，首先生成一些测试数据，如代码 8.24 所示。下面的演示程序仍然处理一个二分类问题，但数据的分布要复杂一些，如图 8.2 所示。

代码 8.24　生成数据

```
01: import torch
02: import numpy as np
03: from torch import nn
04: from torch.autograd import Variable
05: import torch.nn.functional as F
06: import matplotlib.pyplot as plt
07: %matplotlib inline
08:
09: np.random.seed(1)
10: m = 400          # 样本数量
11: N = int(m/2)     # 每一类的点的数量
12: D = 2            # 维度
13: x = np.zeros((m, D))
14: y = np.zeros((m, 1), dtype='uint8')  # label 向量, 0-红色, 1-蓝色
15: a = 4
16:
17: # 生成两类数据
18: for j in range(2):
19:     ix = range(N*j,N*(j+1))
20:     t = np.linspace(j*3.12,(j+1)*3.12,N) + np.random.randn(N)*0.2
21:     r = a*np.sin(4*t) + np.random.randn(N)*0.2          # radius
22:     x[ix] = np.c_[r*np.sin(t), r*np.cos(t)]
23:     y[ix] = j
24:
25: # 绘制生成的数据
26:plt.scatter(x[:, 0], x[:, 1], c=y.reshape(-1), s=40, cmap=plt.cm.Spectral)
```

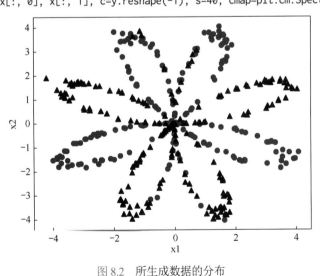

图 8.2　所生成数据的分布

首先尝试使用逻辑斯蒂回归来解决这个分类问题，实现方法如代码 8.25 所示。

代码 8.25　逻辑斯蒂回归求解

```
01: x = torch.from_numpy(x).float()
02: y = torch.from_numpy(y).float()
```

```
03:
04: w = nn.Parameter(torch.randn(2, 1))
05: b = nn.Parameter(torch.zeros(1))
06:
07: # [w, b]是模型的参数；1e-1 是学习率
08: optimizer = torch.optim.SGD([w, b], 1e-1)
09: criterion = nn.BCEWithLogitsLoss()
10:
11: def logistic_regression(x):
12:     return torch.mm(x, w) + b
```

在上面的代码中，使用了 PyTorch 内置的随机梯度优化器 torch.optim.SGD 和交叉熵代价函数 nn.BCEWithLogitsLoss()。下面通过迭代对逻辑斯蒂回归模型进行训练，正向计算使用自己定义的 logistic_regression()函数。首先将输入数据代入模型的函数进行正向计算，然后计算误差。得到误差后，调用优化器的误差反向传播函数.backward()，然后调用函数 optimizer.step()更新模型参数，如代码 8.26 所示。

代码 8.26　迭代逻辑斯蒂回归求解

```
01: # 每一次迭代
02: for e in range(100):
03:     # 模型正向计算
04:     out = logistic_regression(Variable(x))
05:     # 计算误差
06:     loss = criterion(out, Variable(y))
07:     # 误差反向传播和参数更新
08:     optimizer.zero_grad()
09:     loss.backward()
10:     optimizer.step()
11:     if (e + 1) % 20 == 0:
12:         print('epoch: {}, loss: {}'.format(e+1, loss.data[0]))
```

输出为

```
Epoch: 20, loss: 0.048085927963257
epoch: 40, loss: 0.6740389466285706
epoch: 60, loss: 0.673165500164032
epoch: 80, loss: 0.6731466054916382
epoch: 100, loss: 0.6731460690498352
```

对结果进行可视化，操作如代码 8.27 所示，分类结果如图 8.3 所示。

代码 8.27　结果可视化

```
01: def plot_decision_boundary(model, x, y):
02:     # Set min and max values and give it some padding
03:     x_min, x_max = x[:, 0].min() - 1, x[:, 0].max() + 1
04:     y_min, y_max = x[:, 1].min() - 1, x[:, 1].max() + 1
05:     h = 0.01  # Generate a grid of points with distance h between them
06:     xx, yy = np.meshgrid(np.arange(x_min, x_max, h), np.arange(y_min, y_max, h))
07:     # Predict the function value for the whole grid
08:     Z = model(np.c_[xx.ravel(), yy.ravel()])
09:     Z = Z.reshape(xx.shape)
```

```
10:      # Plot the contour and training examples
11:      plt.contourf(xx, yy, Z, cmap=plt.cm.Spectral)
12:      plt.ylabel('x2')
13:      plt.xlabel('x1')
14:      plt.scatter(x[:, 0], x[:, 1], c=y.reshape(-1), s=40, cmap=plt.cm.Spectral)
15:
16: def plot_logistic(x):
17:      x = Variable(torch.from_numpy(x).float())
18:      out = F.sigmoid(logistic_regression(x))
19:      out = (out > 0.5) * 1
20:      return out.data.numpy()
21:
22: plot_decision_boundary(lambda x: plot_logistic(x), x.numpy(), y.numpy ())
23: plt.title('逻辑斯蒂回归')
```

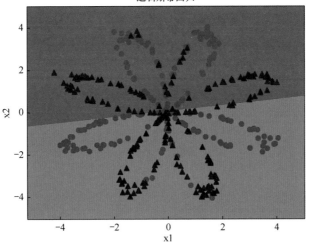

图 8.3　分类结果

可以看到，逻辑斯蒂回归并不能很好地区分这个复杂的数据集，因为逻辑斯蒂回归是一个线性分类器。为了更好地应对数据的非线性，多层神经网络使用多个处理层来降阶数据的非线性，以实现更好的分类效果。下面说明如何使用 PyTorch 实现多层神经网络。程序架构与前面的程序的架构类似，只是要将网络模型定义部分改成多层神经网络，其他代码几乎不变。网络正向计算的函数是 mlp_network()，在这个函数中依次将输入数据和网络连接权重相乘，然后使用激活函数进行变换，如代码 8.28 所示。

代码 8.28　多层神经网络

```
01: # 定义两层神经网络的参数
02: w1 = nn.Parameter(torch.randn(2,4)*0.01)     # 输入维度为2，隐藏层神经元数量为4
03: b1 = nn.Parameter(torch.zeros(4))
04: w2 = nn.Parameter(torch.randn(4,1)*0.01)     # 隐藏层神经元数量为4，输出单元为1
05: b2 = nn.Parameter(torch.zeros(1))
06:
07: # 定义模型
08: def mlp_network(x):
```

```
09:      x1 = torch.mm(x, w1) + b1
10:      x1 = F.tanh(x1)              # 使用 PyTorch 自带的 tanh 激活函数
11:      x2 = torch.mm(x1, w2) + b2
12:      return x2
13:
14: # 定义优化器和损失函数
15: optimizer = torch.optim.SGD([w1, w2, b1, b2], 1.)
16: criterion = nn.BCEWithLogitsLoss()
```

接下来对网络进行训练，处理流程和前面的程序的处理流程类似，不同之处是将正向计算改为 mlp_network()，如代码 8.29 所示。

代码 8.29　多层神经网络求解

```
01: # 网络训练 10000 次
02: for e in range(10000):
03:      # 正向计算
04:      out = mlp_network(Variable(x))
05:      # 计算误差
06:      loss = criterion(out, Variable(y))
07:      # 计算梯度并更新权重
08:      optimizer.zero_grad()
09:      loss.backward()
10:      optimizer.step()
11:      if (e + 1) % 1000 == 0:
12:          print('epoch: {}, loss: {}'.format(e+1, loss.data[0]))
```

输出为

```
epoch: 1000, loss: 0.28478434681892395
epoch: 2000, loss: 0.2721796929836273
epoch: 3000, loss: 0.26508721709251404
epoch: 4000, loss: 0.26026514172554016
epoch: 5000, loss: 0.2568226456642151
epoch: 6000, loss: 0.2542745769023895
epoch: 7000, loss: 0.25232821702957153
epoch: 8000, loss: 0.2508011758327484
epoch: 9000, loss: 0.2495756596326828
epoch: 10000, loss: 0.24857309460639954
```

接着可视化网络的分类超平面，如代码 8.30 所示，结果如图 8.4 所示。

代码 8.30　多层神经网络的结果可视化

```
01: def plot_network(x):
02:      x = Variable(torch.from_numpy(x).float())
03:      x1 = torch.mm(x, w1) + b1
04:      x1 = F.tanh(x1)
05:      x2 = torch.mm(x1, w2) + b2
06:      out = F.sigmoid(x2)
07:      out = (out > 0.5) * 1
08:      return out.data.numpy()
09:
10: plot_decision_boundary(lambda x: plot_network(x), x.numpy(), y.numpy ())
11: plt.title('2 层神经网络')
```

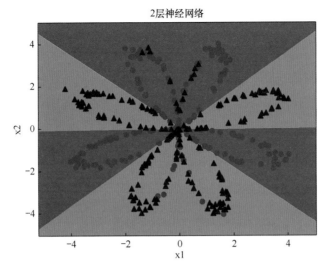

图 8.4　使用多层神经网络分类的结果

可以看到，神经网络能够非常好地分类这个复杂的数据集。与前面的逻辑斯蒂回归相比，神经网络有多个处理层，能够构成复杂的非线性分类器，导致神经网络分类的边界更复杂，处理数据的能力更强。由上面的两个示例可以看出，使用 PyTorch 实现逻辑斯蒂回归和多层神经网络的程序非常相似，不同之处仅为正向计算的不同。在程序实现中，不需要关心梯度的计算和参数的更新，因此降低了编程的难度。

8.3.2　序列化模型

前面介绍了基于 PyTorch 的数据处理、模型构建、损失函数设计等，处理层由 PyTorch 自身定义。这种方式能够解决简单的问题，但不适用于深度学习这样复杂的网络结构。对于完整的机器学习系统，不仅要定义网络，而且要易于理解和阅读、方便移植、容易并行计算等。此外，在现实应用中，一般要在本地训练和保存模型，然后将模型部署到不同的设备上，这就要求网络模型的定义和实现是灵活的和可扩展的。

本节首先介绍 PyTorch 中的模块 Sequential 和 Module。对于前面的线性回归模型、逻辑斯蒂回归模型和神经网络而言，构建它们时就定义了所需的参数。这样搭建较小的模型是可行的，但对大模型而言，如 100 层以上的神经网络，手动定义参数就显得非常麻烦，所以 PyTorch 提供了两个模块来帮助构建模型：一个是 Sequential，另一个是 Module。Sequential 允许构建序列化模块，Module 是一种更灵活的模型定义方式。

首先定义一个序列化网络结构，其输入层的节点数为 2，隐藏层的节点数为 4，输出层的节点数为 1。全连接层使用 nn.Linear() 定义，它的第一个参数是输出的节点数，第二个参数是输出的节点数；激活函数使用 nn.Tanh()。具体定义如代码 8.31 所示。

代码 8.31　序列化模型

```
01: # Sequential
02: seq_net = nn.Sequential(
03:     nn.Linear(2, 4)          # PyTorch 中的线性层, wx + b
04:     nn.Tanh()
05:     nn.Linear(4, 1)
06: )
```

访问模型中的任意一层，如代码 8.32 所示。

代码 8.32　序列化模型参数

```
01: # 序列模块可以通过索引访问每一层
02: seq_net[0]    # 第一层
```

结果为

```
Linear(in_features=2, out_features=4, bias=True)
```

打印权重，如代码 8.33 所示。

代码 8.33　打印序列化模型参数

```
01: # 打印第一层的权重
02: w0 = seq_net[0].weight
03: print(w0)
```

输出为

```
tensor([[-0.6538, 0.6585],
[ 0.3440, 0.4386],
[ 0.1757, 0.2476],
[-0.1409, -0.2638]], requires_grad=True)
```

定义优化器，使用随机梯度下降方法，模型参数由网络模型对象的成员函数 parameters() 获得；学习率为 1.0，如代码 8.34 所示。

代码 8.34　序列化模型求解

```
01: # 通过 parameters() 可以取得模型的参数
02: param = seq_net.parameters()
03: # 定义优化器
04: optim = torch.optim.SGD(param, 1.)
05:
06: # 训练10000次
07: for e in range(10000):
08:     # 网络正向计算
09:     out = seq_net(Variable(x))
10:     # 计算误差
11:     loss = criterion(out, Variable(y))
12:     # 反向传播、更新权重
13:     optim.zero_grad()
14:     loss.backward()
15:     optim.step()
16:     # 打印损失
17:     if (e + 1) % 1000 == 0:
18:         print('epoch: {}, loss: {}'.format(e+1, loss.data[0]))
```

输出为

```
epoch: 1000, loss: 0.28410840034484863
epoch: 2000, loss: 0.2719648480415344
epoch: 3000, loss: 0.2649618983268738
epoch: 4000, loss: 0.2594653367996216
```

```
epoch: 5000, loss: 0.23266130685806274
epoch: 6000, loss: 0.2252696454524994
epoch: 7000, loss: 0.2217651605606079
epoch: 8000, loss: 0.2194037288427353
epoch: 9000, loss: 0.2175876647233963
epoch: 10000, loss: 0.2160961925983429
```

可以看到，训练 10000 次后的损失比前面的网络计算结果更低，因为 PyTorch 自带的模块比我们所写的模块更稳定，在参数初始化方面也更好。结果的可视化如代码 8.35 所示，分类结果如图 8.5 所示。

代码 8.35　结果的可视化

```
01: def plot_seq(x):
02:     out = F.sigmoid(seq_net(Variable(torch.from_numpy(x).float()))).data.numpy()
03:     out = (out > 0.5) * 1
04:     return out
05:
06: plot_decision_boundary(lambda x: plot_seq(x), x.numpy(), y.numpy())
07: plt.title('序列化网络')
```

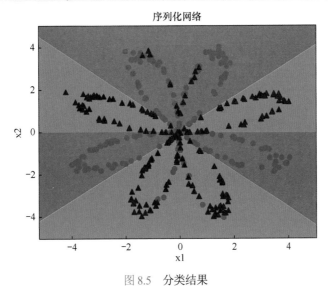

图 8.5　分类结果

8.3.3　模块化网络定义

为了更好地定义和生成复杂的网络，PyTorch 设计了 Module 这种模型定义方式。下面是 Module 的使用模板，如代码 8.36 所示。

代码 8.36　模块化网络定义

```
01: class NetworkName(nn.Module):
02:     def __init__(self, parameters):
03:         super(NetworkName, self).__init__()
04:         self.layer1 = nn.Linear(num_input, num_hidden)
05:         self.layer2 = nn.Sequential(...)
06:         # ...
```

```
07:
08:     def forward(self, x):
09:         x1 = self.layer1(x)
10:         x2 = self.layer2(x)
11:         x = x1 + x2
12:         # ...
13:         return x
```

可以看到，Module 方式需要重载 nn.Module，然后继承类实现__init__()函数和 forward()函数。在__init__()函数中定义网络的处理层，在 forward()函数中定义网络的正向计算。

注意：Module 中也可使用 Sequential，即支持两种方式的混用。同时，Module 非常灵活，体现在函数 forward()中可以定义复杂的操作。

下面按照模板实现前一节介绍的神经网络，如代码 8.37 所示。

代码 8.37　模块化网络定义

```
01: class Module_Net(nn.Module):
02:     def __init__(self, num_input, num_hidden, num_output):
03:         super(Module_Net, self).__init__()
04:         self.layer1 = nn.Linear(num_input, num_hidden)
05:         self.layer2 = nn.Tanh()
06:         self.layer3 = nn.Linear(num_hidden, num_output)
07:
08:     def forward(self, x):
09:         x = self.layer1(x)
10:         x = self.layer2(x)
11:         x = self.layer3(x)
12:         return x
```

生成网络，如代码 8.38 所示。

代码 8.38　网络生成

```
01: mo_net = Module_Net(2, 4, 1)
```

访问网络的第一层，如代码 8.39 所示。

代码 8.39　网络层访问

```
01: # 访问模型中的某层可以直接通过名字进行，网络第一层
02: l1= mo_net.layer1
03: print(l1)
```

输出为

```
Linear(in_features=2, out_features=4)
```

打印第一层的权重，如代码 8.40 所示。

代码 8.40　网络权重打印

```
01: # 打印第一层的权重
02: print(l1.weight)
```

输出为

```
Parameter containing: 0.1492  0.4150
0.3403  -0.4084
-0.3114  -0.0584
0.5668  0.2063
[torch.FloatTensor of size 4x2]
```

接下来定义优化器，并对网络进行训练，如代码 8.41 所示。

代码 8.41　网络训练

```
01: # 定义优化器
02: optim = torch.optim.SGD(mo_net.parameters(), 1.)
03:
04: # 训练 10000 次
05: for e in range(10000):
06:     # 网络正向计算
07:     out = mo_net(Variable(x))
08:     # 计算误差
09:     loss = criterion(out, Variable(y))
10:     # 误差反传、更新参数
11:     optim.zero_grad()
12:     loss.backward()
13:     optim.step()
14:     # 打印损失
15:     if (e + 1) % 1000 == 0:
16:         print('epoch: {}, loss: {}'.format(e+1, loss.data[0]))
```

使用 Module 实现相同网络的分类结果如图 8.6 所示，输出为

```
epoch: 1000, loss: 0.2618132531642914
epoch: 2000, loss: 0.2421271800994873
epoch: 3000, loss: 0.23346386849880219
epoch: 4000, loss: 0.22809192538261414
epoch: 5000, loss: 0.224302738904953
epoch: 6000, loss: 0.2214415818452835
epoch: 7000, loss: 0.21918588876724243
epoch: 8000, loss: 0.21736061573028564
epoch: 9000, loss: 0.21585838496685028
epoch: 10000, loss: 0.21460506319999695
```

可以看到，使用 Module 能够得到相同的结果，两种定义网络的方式各有优势，在定义复杂的网络整体时使用 Module，部分处理层使用 Sequential 更方便。

8.3.4　模型参数保存

深度学习网络一般需要训练较长的时间，如果发生异常，就需要重新训练网络，因此比较浪费时间；此外，为了以后能够加载并使用训练好的模型，或者在其他设备上运行训练好的模型，需要能够保存模型参数。在 PyTorch 中，保存模型的方式有两

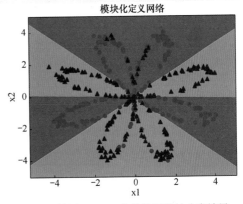

图 8.6　使用 Module 定义的网络的分类结果

种：一种是将模型结构和参数保存在一起；另一种是只保存参数。第一种保真方式的操作如代码 8.42 所示。

代码 8.42　保存参数和模型
```
01: # 将参数和模型保存在一起
02: torch.save(seq_net, 'save_seq_net.pth')
```

torch.save()中有两个参数，第一个参数是要保存的模型，第二个参数是保存的路径。读取模型的方式也非常简单，如代码 8.43 所示。

代码 8.43　加载参数和模型
```
01: # 读取保存的模型
02: seq_net1 = torch.load('save_seq_net.pth')
03: # 打印加载的模型
04: seq_net1
```

输出为

```
Sequential(
    (0): Linear(in_features=2, out_features=4, bias=True)
    (1): Tanh()
    (2): Linear(in_features=4, out_features=1, bias=True)
)
```

打印加载的网络权重，如代码 8.44 所示。

代码 8.44　打印加载的网络权重
```
01: print(seq_net1[0].weight)
```

输出为

```
Parameter containing:

tensor([[-8.8738, 9.7847],
    [10.4652, 12.2881],
    [-9.4986, 2.9617],
    [ 0.1037, -9.5129]], requires_grad=True)
```

可以看到，代码读入了模型，将其命名为 seq_net1，并且打印了第一层的参数。下面学习第二种保存模型的方式，即只保存参数而不保存模型结构，如代码 8.45 所示。

代码 8.45　保存模型参数
```
01: # 保存模型参数
02: torch.save(seq_net.state_dict(), 'save_seq_net_params.pth')
```

以上代码只保存模型参数。要重新读入模型的参数，就要重新定义一次网络模型，然后重新读入参数，操作如代码 8.46 所示。

代码 8.46　加载模型参数
```
01: # 定义网络架构
02: seq_net2 = nn.Sequential(
03:     nn.Linear(2, 4),
04:     nn.Tanh(),
```

```
05:     nn.Linear(4, 1)
06: )
07:
08: # 加载网络参数
09: seq_net2.load_state_dict(torch.load('save_seq_net_params.pth'))
10:
11: # 打印网络结构
12:  seq_net2
```

输出为

```
Sequential(
  (0): Linear(in_features=2, out_features=4)
  (1): Tanh()
  (2): Linear(in_features=4, out_features=1)
)
```

打印网络的权重，如代码 8.47 所示。

代码 8.47　打印网络的权重

```
01: print(seq_net2[0].weight)
```

输出为

```
Parameter containing:
-0.5532  -1.9916
0.0446   7.9446
10.3188  -12.9290
10.0688  11.7754
[torch.FloatTensor of size 4x2]
```

采用这种方式也可重新读入相同的网络模型参数，与打印第一层的参数相比，方式是相同的。一般来说，两种保存和读取方式是相同的，但第二种方式的可移植性更强。当网络中有自定义的处理层时，要使用第二种方式，因为网络处理层是自己定义的，PyTorch 无法帮你保存和恢复。

8.4　神经网络的定义与训练

PyTorch 拥有强大的神经网络定义、实现、参数更新等工具，能够极大地降低神经网络实现的难度。在前面给出的例子中，数据比较简单，无法充分体现神经网络的能力。本节通过引入 MNIST 手写数字、CIFAR-10 数据集及对应的神经网络训练技巧，介绍如何使用 PyTorch 实现多层神经网络。

8.4.1　MNIST 数据集

MNIST 数据集是一个比较常用的数据集，主要用来测试机器学习算法的性能。MNIST 数据集由美国国家标准与技术研究所（National Institute of Standards and Technology，NIST）开发，由来自 250 个不同的人手写的数字构成，其中 50% 的人是高中学生，50% 的人是人口普查局的工作人员，共有 60000 幅图像；测试集也有同样比例的手写数字数据，共有 10000 幅图像。每幅图像都是大小为 28×28 的灰度图，部分示例图像如图 8.7 所示。后面将通过一些实例来介绍如何设计深度神经网络以对手写数字图像进行分类，任务是给出一幅手写数字图像，让神经网络识别其是 0 到 9 十个数字中的哪个数字。

8.4.2　CIFAR-10 数据集

CIFAR-10 是一个更接近普适物体的彩色图像数据集，共包含如下 10 类 RGB 彩色图片：飞机（airplane）、汽车（automobile）、鸟（bird）、猫（cat）、鹿（deer）、狗（dog）、蛙（frog）、马（horse）、船（ship）和卡车（truck）。每幅图像的尺寸都为 32×32，每个类别有 6000 幅图像，数据集中共有 50000 幅训练图像和 10000 幅测试图像，部分图像如图 8.8 所示。50000 幅图像用于训练，构成 5 个训练批，每批有 10000 幅图像；另外 10000 幅图像用于测试，单独构成一批。测试批的图像取自 10 个类别中的每个类别，在每个类别中随机取 1000 幅图像，剩余的图像随机排列组成训练批。注意，一个训练批中的各类图像的数量不一定相同，但训练批的每个类别中都有 5000 幅图像。

图 8.7　MNIST 数据集的部分图像
（http://yann.lecun.com/exdb/mnist/）

图 8.8　CIFAR-10 数据集的部分图像
（http://www.cs.toronto.edu/~kriz/cifar.html）

8.4.3　多分类神经网络

前面的神经网络或逻辑斯蒂回归解决的都是二分类问题，而 MNIST 手写数字的分类需要解决 10 个类别的分类，这种分类问题称为多分类问题。对于多分类问题，损失函数一般使用 softmax 函数和交叉熵代价函数。

1．softmax 函数

一般来说，交叉熵代价函数和 softmax 函数要一起使用。下面先讲解 softmax 函数。逻辑斯蒂回归或神经网络使用 sigmoid 激活函数，其定义为

$$s(x) = \frac{1}{1+e^{-x}} \tag{8.9}$$

它将实数域中的任何一个值转换为 0 和 1 之间的一个值。对于二分类问题，这样足以描述两个类别。如果不属于第一个类别，那么必定属于第二个类别，因此只需要使用一个值来表示其属于其中一个类别的概率。然而，对于多分类问题，仅用一个变量无法表示多个类别的概率，而需要知道其属于每个类别的概率，这时就需要使用 softmax 函数。

为了得到多个类别的输出，可以定义多个神经网络的输出神经元。对网络的输出 $z_1, z_2, \cdots, z_k$，首先对每个输出值取指数使其变成 $e^{z_1}, e^{z_2}, \cdots, e^{z_k}$，于是每一项都除以它们的和就得到了 softmax 函数，它的具体数学定义为

$$a_i = \frac{e^{z_i}}{\sum_{j=1}^{k} e^{z_j}} \tag{8.10}$$

softmax 函数的所有项求和，结果为 1，所以每一项都分别表示其属于某个类别的概率。

2．交叉熵代价函数

交叉熵是衡量两个分布的相似性的一种度量。前面介绍的二分类问题的代价函数就是交叉熵的一种特殊情况。对于多分类问题，交叉熵代价函数定义为

$$L = -\sum_i y_i \log(a_i) \tag{8.11}$$

式中，y_i 是标签真实值，a_i 是模型输出的类别。交叉熵代价函数的主要优点是求导比较简单，易于计算，并且能够解决某些损失函数学习缓慢的问题。

3．数据加载

下面以 MNIST 数据集为例，介绍深度神经网络的定义和训练。PyTorch 中内置了 MNIST 数据集的加载类，代码 8.48 演示了如何使用内置的类来加载数据。

代码 8.48　MNIST 数据加载
```
01: import numpy as np
02: import torch
03: from torchvision.datasets import mnist  # 导入 pytorch 内置的 MNIST 数据集
04: from torch import nn
05: from torch.autograd import Variable
06:
07: # 使用内置函数下载 MNIST 数据集
08: train_set = mnist.MNIST('data/mnist', train=True, download=True)
09: test_set = mnist.MNIST('data/mnist', train=False, download=True)
```

我们可以打印其中的一个数据，也可以观察数据的维度等信息，如代码 8.49 所示，可视化结果如图 8.9 所示。

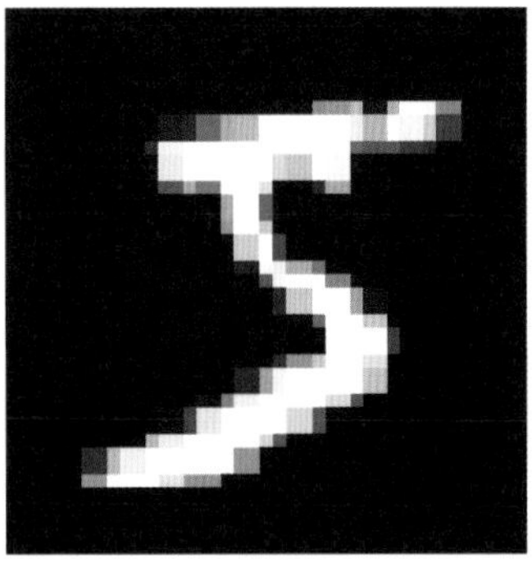

代码 8.49　MNIST 数据显示 1
```
01: a_data, a_label = train_set[0]
02: a_data
```

输出为
```
tensor(5)
```

这里的数据可以用 PIL 库读取并显示[1]，也可以非常方便地转换为 NumPy 的 array 数据类型，如代码 8.50 所示。

代码 8.50　MNIST 数据显示 2
```
01: a_data = np.array(a_data, dtype='float32')
02: print(a_data.shape)
```

图 8.9　可视化数据

输出为
```
(28, 28)
```

① PIL 库的官方网址为 https://pillow.readthedocs.io/en/stable/。

可以看到图像的大小是 28×28。我们可将数据打印出来，以了解数据的值和分布，如代码 8.51 所示。

代码 8.51　MNIST 数据显示 3

```
01: print(a_data)
```

输出为

```
[[ 0. 0. 0. 0. 0. 0. 0. 0. 0. 0. 0. 0. 0. 0. 0. 0. 0. 0. 0. 0. 0. 0. 0.
0. 0. 0. 0. 0.]
[ 0. 0. 0. 0. 0. 0. 0. 0. 0. 0. 0. 0. 0. 0. 0. 0. 0. 0. 0. 0. 0. 0. 0
. 0. 0. 0. 0.]
[ 0. 0. 0. 0. 0. 0. 0. 0. 0. 0. 0. 0. 0. 0. 0. 0. 0. 0. 0. 0. 0. 0. 0
. 0. 0. 0. 0.]
[ 0. 0. 0. 0. 0. 0. 0. 0. 0. 0. 0. 0. 0. 0. 0. 0. 0. 0. 0. 0. 0. 0. 0
. 0. 0. 0. 0.]
[ 0. 0. 0. 0. 0. 0. 0. 0. 0. 0. 0. 0. 0. 0. 0. 0. 0. 0. 0. 0. 0. 0. 0
. 0. 0. 0. 0.]
[ 0. 0. 0. 0. 0. 0. 0. 0. 0. 0. 0. 3. 18. 18. 18. 126. 136. 175. 26.
166. 255. 247. 127. 0. 0. 0. 0.]
......
[ 0. 0. 0. 0. 55. 172. 226. 253. 253. 253. 253. 244. 133. 11. 0. 0. 0
. 0. 0. 0. 0. 0. 0. 0. 0.]
[ 0. 0. 0. 0. 136. 253. 253. 253. 212. 135. 132. 16. 0. 0. 0. 0. 0. 0
. 0. 0. 0. 0. 0. 0. 0.]
[ 0. 0. 0. 0. 0. 0. 0. 0. 0. 0. 0. 0. 0. 0. 0. 0. 0. 0. 0. 0. 0. 0. 0
. 0. 0. 0. 0.]
[ 0. 0. 0. 0. 0. 0. 0. 0. 0. 0. 0. 0. 0. 0. 0. 0. 0. 0. 0. 0. 0. 0. 0
. 0. 0. 0. 0.]
[ 0. 0. 0. 0. 0. 0. 0. 0. 0. 0. 0. 0. 0. 0. 0. 0. 0. 0. 0. 0. 0. 0. 0
. 0. 0. 0. 0.]]
```

由上面的数据可知，每个像素都用 0 和 255 之间的值表示，0 表示黑色，255 表示白色。对于神经网络，第一层的输入是 28×28 = 784，它是一个二维数组。要将数据输入神经网络，就要对其进行变换，即使用 reshape 函数将其展平为一维向量。下面定义一个数据转换函数 data_tf()，以对数据进行类型转换、值域转换和维度变换，如代码 8.52 所示。

代码 8.52　MNIST 数据显示 4

```
01: def data_tf(x):
02:     x = np.array(x, dtype='float32') / 255
03:     x = (x - 0.5) / 0.5          # 标准化，这个技巧后面会介绍
04:     x = x.reshape((-1,))          # 展平
05:     x = torch.from_numpy(x)
06:     return x
07:
08: # 载入数据集，声明定义的数据变换
09: train_set = mnist.MNIST('data/mnist', train=True, transform=data_tf, download=True)
10: test_set = mnist.MNIST('data/mnist', train=False, transform=data_tf, download=True)
11:
12: from torch.utils.data import DataLoader
13: # 使用 PyTorch 自带的 DataLoader 定义一个数据迭代器
14: train_data = DataLoader(train_set, batch_size=64, shuffle=True)
15: test_data = DataLoader(test_set, batch_size=128, shuffle=False)
```

上面演示了使用数据加载器 DataLoader 和数据迭代器的方法。使用这样的数据迭代器处理大规模数据集非常有必要，因为数据量较大时无法一次全部读入内存，而 DataLoader 能够分批次读入并生成一个批次的数据。代码 8.53 演示了如何利用 DataLoader 加载器分批次读取数据。

代码 8.53　MNIST 数据显示 5

```
01: a, a_label = next(iter(train_data))
02:
03: # 打印一个批次的数据大小
04: print(a.shape)
05: print(a_label.shape)
```

输出为

```
torch.Size([64, 784])
torch.Size([64])
```

4. 神经网络定义

下面使用 Sequential 方式定义神经网络，如代码 8.54 所示。在该网络中，输入层的节点数是 784，它对应图像中的每个像素；第一个隐藏层的节点数是 400，第二个隐藏层的节点数是 200，第三个隐藏层的节点数是 100；输出层的节点数是 10，对应 10 个数字类别。网络中使用 ReLU 激活函数。

代码 8.54　定义神经网络

```
01: # 使用 Sequential 定义 4 层神经网络
02: net = nn.Sequential(
03:     nn.Linear(784, 400),
04:     nn.ReLU(),
05:     nn.Linear(400, 200),
06:     nn.ReLU(),
07:     nn.Linear(200, 100),
08:     nn.ReLU(),
09:     nn.Linear(100, 10)
10: )
11:
12: net
```

输出为

```
Sequential(
(0): Linear(in_features=784, out_features=400, bias=True)
(1): ReLU()
(2): Linear(in_features=400, out_features=200, bias=True)
(3): ReLU()
(4): Linear(in_features=200, out_features=100, bias=True)
(5): ReLU()
(6): Linear(in_features=100, out_features=10, bias=True)
)
```

5. 网络训练

PyTorch 中内置了交叉熵代价函数，这个类定义为 nn.CrossEntropyLoss。由于交叉熵使用对数函数，所以数值稳定性较差，但 PyTorch 内置的交叉熵代价函数解决了这个数据稳定性问题，所以在调用 PyTorch 的过程中不需要考虑细节。代码 8.55 演示了如何定义损失函数和优化器，以及如何对网络进行训练。

代码 8.55 神经网络训练

```
01: # 定义损失函数和优化器
02: criterion = nn.CrossEntropyLoss()
03: optimizer = torch.optim.SGD(net.parameters(), 1e-1)  # 使用随机梯度下降，学习率为 0.1
04:
05: # 记录每次的损失
06: losses = []
07: acces = []
08: eval_losses = []
09: eval_acces = []
10:
11: # 对网络进行多次迭代训练
12: for e in range(20):
13:     train_loss = 0
14:     train_acc = 0
15:     net.train()
16:
17:     # 对每个批次的数据
18:     for im, label in train_data:
19:         im = Variable(im)
20:         label = Variable(label)
21:         # 前向传播
22:         out = net(im)
23:         loss = criterion(out, label)
24:         # 反向传播
25:         optimizer.zero_grad()
26:         loss.backward()
27:         optimizer.step()
28:         # 记录误差
29:         train_loss += loss.data[0]    # 计算分类的准确率
30:         _, pred = out.max(1)
31:         num_correct = float((pred == label).sum().data[0])
32:         acc = num_correct / im.shape[0]
33:         train_acc += acc
34:
35:     losses.append(train_loss / len(train_data))
36:     acces.append(train_acc / len(train_data))
37:
38:     # 在测试集上检验效果
39:     eval_loss = 0
40:     eval_acc = 0
41:     net.eval()  # 将模型改为预测模式
42:     for im, label in test_data:
43:         im = Variable(im)
44:         label = Variable(label)
45:         out = net(im)
46:         loss = criterion(out, label)
```

```
47:          # 记录误差
48:          eval_loss += loss.data[0]    # 记录准确率
49:          _, pred = out.max(1)
50:          num_correct = float((pred == label).sum().data[0])
51:          acc = num_correct / im.shape[0]
52:          eval_acc += acc
53:      eval_losses.append(eval_loss / len(test_data))
54:      eval_acces.append(eval_acc / len(test_data))
55:      print('epoch: {}, Train Loss: {:.6f}, Train Acc: {:.6f},Eval Loss:
              {:.6f}, Eval Acc: {:.6f}' .format(e, train_loss/len(train_data),
              train_acc / len(train_data),eval_loss / len(test_data), eval_acc
              / len(test_data)))
```

输出为

```
epoch: 0, Train Loss: 0.166705, Train Acc: 0.947978, Eval Loss: 0.129106, Eval Acc: 0.959157
epoch: 1, Train Loss: 0.117714, Train Acc: 0.962836, Eval Loss: 0.097123, Eval Acc: 0.969838
......
epoch: 18, Train Loss: 0.008972, Train Acc: 0.997385, Eval Loss: 0.074135, Eval Acc: 0.981507
epoch: 19, Train Loss: 0.008857, Train Acc: 0.997018, Eval Loss: 0. 074056, Eval Acc: 0.983188
```

画出训练数据的损失曲线和准确率曲线，代码如 8.56 所示，结果如图 8.10 所示。

代码 8.56　训练结果可视化

```
01: import matplotlib.pyplot as plt
02: %matplotlib inline
03:
04: plt.title('训练损失')
05: plt.plot(np.arange(len(losses)), losses)
06:
07: plt.plot(np.arange(len(acces)), acces)
08: plt.title('训练准确率')
```

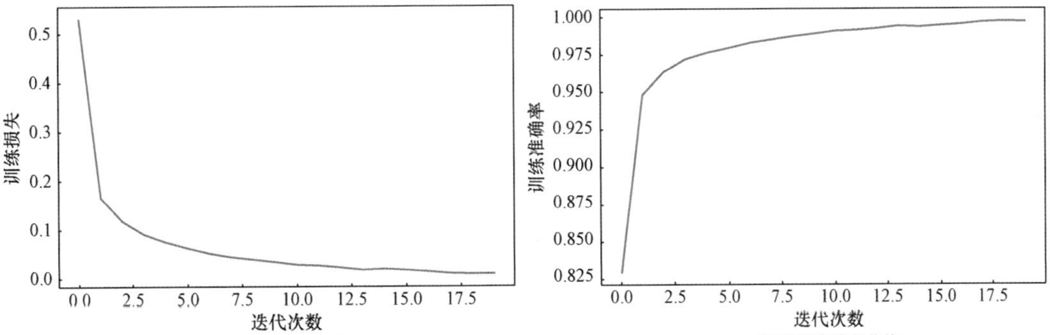

(a)训练损失曲线　　　　　(b)训练准确率曲线

图 8.10　训练数据的损失曲线和准确率曲线

同样，可以画出测试数据的损失曲线和准确率曲线，如代码 8.57 所示，结果如图 8.11 所示。

代码 8.57　测试结果可视化

```
01: plt.plot(np.arange(len(eval_losses)), eval_losses)
02: plt.title('测试损失')
03:
```

```
04: plt.plot(np.arange(len(eval_acces)), eval_acces)
05: plt.title('测试准确率')
```

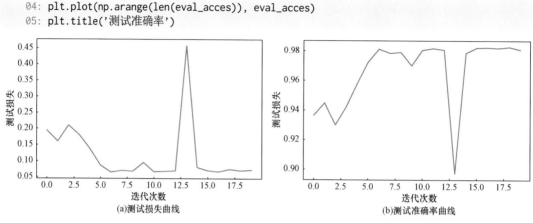

图 8.11　测试数据的损失曲线和准确率曲线

可以看到，三层网络在训练集上达到了 99.9%的准确率，在测试集上达到了 98.2%的准确率。

8.4.4　参数初始化

要训练神经网络，就要先给网络参数 W 和 b 赋初值，然后经过前向计算和反向误差传播，迭代更新 W 和 b。这些参数的初始值对于神经网络收敛的速度和准确率有很大的影响。要让神经网络在训练过程中学习得到有用的信息，参数梯度就不应为 0。在全连接神经网络中，参数梯度和反向传播得到的状态梯度与激活值有关。参数初始化应满足以下两个条件：

- 各层的激活值不会出现饱和现象。
- 各层的激活值不为 0。

如果将参数都初始化为 0，那么经过正向计算和反向误差传播后，参数的不同维度之间经过相同的更新，迭代后不同维度的参数就是一样的，严重影响模型的性能。一般将参数随机初始化，以保证神经元的输出具有相同的分布，提高模型训练的收敛速度。

1. 使用 NumPy 初始化

为了演示参数初始化的原理，下面通过编写程序来演示如何初始化参数。因为 PyTorch 是一个非常灵活的框架，理论上能够对所有 Tensor 进行操作，所以可以通过定义新的 Tensor 来实现初始化。代码 8.58 首先定义一个网络，然后对其中的参数进行初始化。

代码 8.58　定义网络

```
01: import numpy as np
02: import torch
03: from torch import nn
04:
05: # 定义一个 Sequential 模型
06: net1 = nn.Sequential(
07:     nn.Linear(30, 40),
08:     nn.ReLU(),
09:     nn.Linear(40, 50),
10:     nn.ReLU(),
11:     nn.Linear(50, 10)
12: )
```

```
13:
14: # 访问第一层的参数
15: w1 = net1[0].weight

16: b1 = net1[0].bias
17:
18: print(w1)
```

输出为

```
Parameter containing:
tensor([[  0.0276, -0.1197, -0.0397, ...,  0.0759, -0.1630, 0.1599],
        [  0.1419, 0.0903, -0.1630, ..., -0.0615, 0.1502, 0.0596],
        [-0.0451, 0.1103, 0.1070, ..., -0.1506, -0.1346, 0.1284],
                                  ...,
        [-0.0975, -0.1264, 0.0738, ..., -0.1058, -0.1396, 0.1800],
        [-0.1352, 0.0287, 0.0779, ...,  0.1773, -0.1585, 0.1046],
        [-0.1194, 0.1526, -0.0018, ...,  0.0946, -0.1453, -0.1512]],
        requires_grad=True)
```

网络的参数是 Parameter，可以访问其 .data 属性得到其中的数据，然后直接定义一个新的 Tensor 对其进行替换。可以使用 PyTorch 中的一些随机数据生成方式，如 torch.randn。要使用更多 PyTorch 中没有的随机化方式，可以使用 NumPy 来生成随机数据，如代码 8.59 所示。

代码 8.59　使用随机数据初始化
```
01: # 定义一个 Tensor 直接对其进行替换
02: net1[0].weight.data = torch.from_numpy(np.random.uniform(3, 5, size=(40, 30)))
03:
04: print(net1[0].weight)
```

输出为

```
Parameter containing:
tensor([[3.0403, 4.7550, 4.9311, ..., 3.0626,
        [4.4812, 4.5463, 4.4052, ..., 3.7669, 3.4201,
        [3.7711, 3.3997, 4.1416, ..., 3.4086, 3.1681,
                                  ...,
        [4.4137, 4.1779, 4.8741, ..., 3.4678, 3.4457,
        [3.8246, 4.2699, 4.9944, ..., 4.8576, 3.8945,
        [3.4959, 3.6991, 4.4047, ..., 4.7308, 3.5796,
        dtype=torch.float64, requires_grad=True)
```

可以看到，这个参数已被赋值为期望的初始化结果，如果模型中的某一层需要手动修改，那么可以直接使用这种方式访问。然而，更多的时候是模型中相同类型的层需要以相同的方式初始化，这时就要使用更高效的循环去访问和设置，如代码 8.60 所示。

代码 8.60　网络参数初始化
```
01: for layer in net1:
02:     if isinstance(layer, nn.Linear):  # 判断是否是线性层
03:         param_shape = layer.weight.shape
04:         # 定义成均值为 0、方差为 0.5 的正态分布
05:         layer.weight.data = torch.from_numpy(np.random.normal(0, 0.5,size=param_shape))
```

Module 的参数初始化其实非常简单。要初始化其中的某一层，可以直接像 Sequential 一样重新定义其 Tensor,唯一不同的地方是,如果要用循环的方式访问,就需要引入两个属性函数:children 和 modules。下面通过代码 8.61 来加以说明。

代码 8.61　定义 Module 网络

```
01: class sim_net(nn.Module):
02:     def __init__(self):
03:         super(sim_net, self).__init__()
04:         self.l1 = nn.Sequential(
05:             nn.Linear(30, 40),
06:             nn.ReLU())
07:         # 直接初始化某一层
08:         self.l1[0].weight.data = torch.randn(40, 30)
09:         self.l2 = nn.Sequential(
10:             nn.Linear(40, 50),
11:             nn.ReLU())
12:         self.l3 = nn.Sequential(
13:             nn.Linear(50, 10),
14:             nn.ReLU())
15:
16:     def forward(self, x):
17:         x = self.l1(x)
18:         x = self.l2(x)
19:         x = self.l3(x)
20:         return x
```

定义网络，并通过 children()函数访问网络层，如代码 8.62 所示。

代码 8.62　访问网络层

```
01: net2 = sim_net()
02:
03: # 访问 children
04: for i in net2.children():
05: print(i)
```

输出为

```
Sequential(
    (0): Linear(in_features=30, out_features=40)
    (1): ReLU()
)
Sequential(
    (0): Linear(in_features=40, out_features=50)
    (1): ReLU()
)
Sequential(
    (0): Linear(in_features=50, out_features=10)
    (1): ReLU()
)
```

通过 modules()函数访问网络层，如代码 8.63 所示。

代码 8.63　访问 module()函数访问网络层

```
01: # 访问 modules
02: for i in net2.modules():
03:     print(i)
```

输出为

```
sim_net(
(l1): Sequential(
      (0): Linear(in_features=30, out_features=40)
      (1): ReLU())
(l2): Sequential(
      (0): Linear(in_features=40, out_features=50)
      (1): ReLU())
(l3): Sequential(
      (0): Linear(in_features=50, out_features=10)
      (1): ReLU())
)

Sequential(
      (0): Linear(in_features=30, out_features=40)
      (1): ReLU()
)
Linear(in_features=30, out_features=40)
ReLU()
Sequential(
      (0): Linear(in_features=40, out_features=50)
      (1): ReLU()
)
Linear(in_features=40, out_features=50) ReLU()
Sequential(
      (0): Linear(in_features=50, out_features=10)
      (1): ReLU()
)
Linear(in_features=50, out_features=10)
ReLU()
```

由上面的例子可以看出，children 只访问模型定义中的第一层，因为模型中定义了三个 Sequential，所以只访问三个 Sequential；而 modules 则访问到最后的结构，例如在上例中，modules 不仅访问 Sequential，而且访问 Sequential 中的网络层，于是就方便了初始化，如代码 8.64 所示。

代码 8.64　初始化 Module 网络的层

```
01: for layer in net2.modules():
02:     if isinstance(layer, nn.Linear):
03:         param_shape = layer.weight.shape
04:         layer.weight.data = torch.from_numpy(np.random.normal(0, 0.5, size = param_shape))
```

上面的代码实现了和 Sequential 相同的初始化，同样非常简便。

2. 使用 PyTorch 初始化

PyTorch 设计得比较通用、灵活，可以直接对 Tensor 进行操作而实现初始化，同时提供初始化函数 torch.nn.init()实现快速初始化，如代码 8.65 所示。

代码 8.65　使用 PyTorch 内置的函数初始化

```
01: from torch.nn import init
02:
03: init.xavier_uniform(net1[0].weight)  # 调用 Xavier 初始化方法
04: print(net1[0].weight)
```

输出为

```
Parameter containing:
tensor([[-0.0889, 0.2279, 0.1816, ..., 0.1091, 0.0207, -0.2063],
        [ 0.0394, 0.1860, 0.1261, ..., 0.2250, -0.2881, 0.0727],
        [-0.2252, -0.0639, 0.2077, ..., 0.0328, -0.0075, 0.0339],
        ...,
        [-0.0932, 0.2806, -0.2377, ..., -0.2087, 0.0325, 0.0504],
        [-0.2305, 0.2866, -0.1872, ..., 0.2127, 0.1487, 0.0645],
        [-0.0072, 0.2771, 0.0928, ..., -0.0234, -0.1238, 0.1197]],
        dtype=torch.float64, requires_grad=True)
```

可以看出参数已被修改。torch.nn.init 提供了更多的内置初始化方式，避免了重复实现一些相同的操作。事实上，上面介绍的两种初始化方式本质上是相同的，即修改某一层参数的数值，而 torch.nn.init 提供了更多成熟的与深度学习相关的初始化方式，便于调用和集成。

8.4.5　模型优化求解

有了前面的模型定义和模型参数初始化过程，代入训练数据就可进行模型训练。模型训练过程主要包括正向计算、损失计算、误差反向传播、参数更新几个步骤。实现参数更新需要依赖更高效的优化求解器，而 PyTorch 支持多种优化方式，包括随机梯度下降法、Adam 优化器等，可以根据问题选择最优的求解器。

1. 随机梯度下降法

第 7 章介绍了梯度下降法的数学原理，下面通过实例说明随机梯度下降法的编程实现。可以从零开始自己编程实现，也可以使用 PyTorch 自带的优化器实现。代码 8.66 演示了加载数据集和定义损失函数的过程。

代码 8.66　加载数据集和定义损失函数

```
01: import numpy as np
02: import torch
03: from torchvision.datasets import MNIST   # 导入 PyTorch 内置的 MNIST 数据
04: from torch.utils.data import DataLoader
05: from torch import nn
06: from torch.autograd import Variable
07: import time
08: import matplotlib.pyplot as plt
09: %matplotlib inline
10:
11: def data_tf(x):
12:     x = np.array(x, dtype='float32') / 255    # 将数据变换到 0 和 1 之间
13:     x = (x - 0.5) / 0.5                        # 标准化，这个技巧将在后面介绍
```

```
14:      x = x.reshape((-1,))                    # 展平为一维向量
15:      x = torch.from_numpy(x)
16:      return x
17:
18:  # 载入数据集，声明定义的数据变换
19:  train_set = MNIST('./data',train=True,transform=data_tf,download=True)
20:  test_set = MNIST('./data',train=False,transform=data_tf,download=True)
21:
22:  # 定义损失函数
23:  criterion = nn.CrossEntropyLoss()
```

随机梯度下降法的数学原理就是求解当前参数值附近的梯度，其公式为

$$\theta \leftarrow \theta - \eta \nabla L(\theta) \tag{8.12}$$

明白各个符号的含义后，对应的程序如代码 8.67 所示。

代码 8.67　模型参数更新

```
01:  def sgd_update(parameters, lr):
02:      for param in parameters:
03:          param.data = param.data - lr * param.grad.data
```

可以先将 batch_size 设置为 1，看有什么效果，如代码 8.68 所示。

代码 8.68　网络训练

```
01:  train_data = DataLoader(train_set, batch_size = 1, shuffle = True)
02:
03:  # 使用 Sequential 定义 3 层神经网络
04:  net = nn.Sequential(
05:      nn.Linear(784, 200),
06:      nn.ReLU(),
07:      nn.Linear(200, 10))
08:
09:  # 开始训练
10:  losses1 = []
11:  idx = 0
12:  start = time.time()  # 计时开始
13:  for  e in range(5):
14:      train_loss = 0
15:      for im, label in train_data:
16:          im = Variable(im)
17:          label = Variable(label)
18:          # 正向计算
19:          out = net(im)
20:          loss = criterion(out, label)
21:          # 反向传播
22:          net.zero_grad()
23:          loss.backward()
24:          sgd_update(net.parameters(), 1e-2)  # 使用学习率 0.01
25:          # 记录误差
26:          train_loss += loss.data[0]
27:          if idx % 30 == 0:
28:              losses1.append(loss.data[0])
```

```
29:          idx += 1
30:          print('epoch: {}, Train Loss: {:.6f}'.format(e, train_loss / len(train_data)))
31: end = time.time()  # 计时结束
32: print('使用时间: {:.5f} s'.format(end - start))
```

输出为

```
epoch: 0, Train Loss: 0.350681
epoch: 1, Train Loss: 0.213382
epoch: 2, Train Loss: 0.181885
epoch: 3, Train Loss: 0.160208
epoch: 4, Train Loss: 0.151504
使用时间: 473.28675 s
```

下面画出损失函数，如代码 8.69 所示，结果如图 8.12 所示。

代码 8.69　可视化结果
```
01: x_axis = np.linspace(0, 5, len(losses1), endpoint=True)
02: plt.semilogy(x_axis, losses1, label='batch_size = 1')
03: plt.legend(loc='best')
```

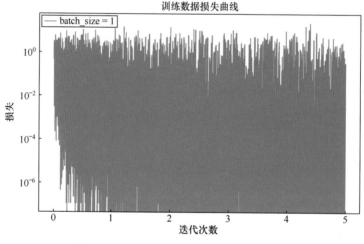

图 8.12　batch_size 为 1 时的损失函数曲线

可以看到损失函数剧烈振荡，因为每次迭代都只对一个样本点进行计算，且每次迭代的梯度都有很高的随机性，因此经过多次迭代后，损失函数并未下降太多。下面将 batch_size 设为 64，看看有什么变化，如代码 8.70 所示。

代码 8.70　网络训练
```
01: train_data = DataLoader(train_set, batch_size = 64, shuffle = True)
02:
03: # 使用 Sequential 定义 3 层神经网络
04: net = nn.Sequential(
05:      nn.Linear(784, 200),
06:      nn.ReLU(),
07:      nn.Linear(200, 10))
08: # 开始训练
09: losses2 = []
```

```
10: idx = 0
11: start = time.time()  # 计时开始
12: for e in range(5):
13:     train_loss = 0
14:     for im, label in train_data:
15:         im = Variable(im)
16:         label = Variable(label)
17:         # 前向传播
18:         out = net(im)
19:         loss = criterion(out, label)
20:         # 反向传播
21:         net.zero_grad()
22:         loss.backward()
23:         sgd_update(net.parameters(), 1e-2)
24:         # 记录误差
25:         train_loss += loss.data[0]
26:         if idx % 30 == 0:
27:             losses2.append(loss.data[0])
28:         idx += 1
29:         print('epoch: {}, Train Loss: {:.6f}' .format(e, train_loss /len( train_data)))
30: end = time.time() # 计时结束
31: print('使用时间: {:.5f} s'.format(end - start))
```

输出为

```
epoch: 0, Train Loss: 0.735301
epoch: 1, Train Loss: 0.362765
epoch: 2, Train Loss: 0.316051
epoch: 3, Train Loss: 0.287766
epoch: 4, Train Loss: 0.264757
使用时间: 40.03663 s
```

下面画出损失函数，如代码 8.71 所示，结果如图 8.13 所示。

代码 8.71   可视化结果
```
01: x_axis = np.linspace(0, 5, len(losses2), endpoint=True)
02: plt.semilogy(x_axis, losses2, label='batch_size = 64')
03: plt.legend(loc='best')
```

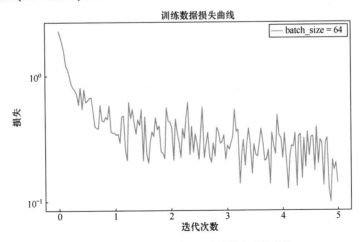

图 8.13   batch_size 为 64 时的损失函数曲线

由以上结果可以看出，当 batch_size = 64 时，损失函数没有 batch_size = 1 时的振荡剧烈，同时损失下降更多，可以认为 batch_size 的值越大，梯度就越稳定，batch_size 越小，梯度的随机性就越高。注意，当 batch_size 太大时，对内存的需求高，不利于网络跳出局部极小点。事实上，当 batch_size = 64 时，计算时间也远少于 batch_size = 1 时的计算时间，因为一次矩阵计算可以同时计算 64 个样本，因此可以充分利用多核 CPU 或 GPU 的计算性能。由于批量计算的优点，现在普遍使用基于批的随机梯度下降法，batch_size 具体设置为多少，要根据实际情况进行选择。

下面调高学习率，看看结果有什么变化，如代码 8.72 所示。

代码 8.72　网络训练

```
01: train_data = DataLoader(train_set, batch_size = 64, shuffle = True)
02: # 使用 Sequential 定义 3 层神经网络
03: net = nn.Sequential(
04:     nn.Linear(784, 200),
05:     nn.ReLU(),
06:     nn.Linear(200, 10))
07: # 开始训练
08: losses3 = []
09: idx = 0
10: start = time.time()  # 计时开始
11: for e in range(5):
12:     train_loss = 0
13:     for im, label in train_data:
14:         im = Variable(im)
15:         label = Variable(label)
16:         # 前向传播
17:         out = net(im)
18:         loss = criterion(out, label)
19:         # 反向传播
20:         net.zero_grad()
21:         loss.backward()
22:         sgd_update(net.parameters(), 1)    # 使用 1.0 的学习率
23:         # 记录误差
24:         train_loss += loss.data[0]
25:         if idx % 30 == 0:
26:             losses3.append(loss.data[0])
27:         idx += 1
28:     print('epoch: {}, Train Loss: {:.6f}' .format(e, train_loss /len(train_data)))
29: end = time.time() # 计时结束
30: print('使用时间: {:.5f} s'.format(end - start))
```

输出为

```
epoch: 0, Train Loss: 2.462500
epoch: 1, Train Loss: 2.304734
epoch: 2, Train Loss: 2.305732
epoch: 3, Train Loss: 2.304950
epoch: 4, Train Loss: 2.304857
使用时间: 42.85314 s
```

画出损失函数曲线，如代码 8.73 所示，结果如图 8.14 所示。

代码 8.73　可视化结果

```
01: x_axis = np.linspace(0, 5, len(losses3), endpoint=True)
02: plt.semilogy(x_axis, losses3, label='lr = 1')
03: plt.legend(loc='best')
```

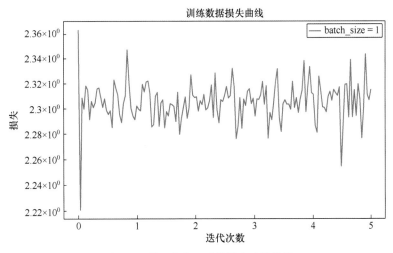

图 8.14　学习率为 1 时的损失函数曲线

　　可以看到，学习率太大会使得损失函数不断回跳，无法让损失函数下降，因此一般都使用一个较小的学习率。PyTorch 内置了多种优化器，下面使用 PyTorch 自带的优化器来实现随机梯度下降，如代码 8.74 所示。

代码 8.74　网络训练

```
01: train_data = DataLoader(train_set, batch_size = 64, shuffle = True)
02: # 使用 Sequential 定义 3 层神经网络
03: net = nn.Sequential(
04:     nn.Linear(784, 200),
05:     nn.ReLU(),
06:     nn.Linear(200, 10))
07:
08: # 定义随机梯度下降优化器
09: optimzier = torch.optim.SGD(net.parameters(), 1e-2)
10:
11: # 开始训练
12: start = time.time()  # 计时开始
13: for e in range(5):
14:     train_loss = 0
15:     for im, label in train_data:
16:         im = Variable(im)
17:         label = Variable(label)
18:         # 前向传播
19:         out = net(im)
20:         loss = criterion(out, label)
21:         # 反向传播
22:         optimzier.zero_grad()
23:         loss.backward()
```

```
24:          optimzier.step()
25:          # 记录误差
26:          train_loss += loss.data[0]
27:      print('epoch: {}, Train Loss: {:.6f}' .format(e, train_loss /len(train_data)))
28: end = time.time()    # 计时结束
29: print('使用时间: {:.5f} s'.format(end - start))
```

输出为

```
epoch: 0, Train Loss: 0.747158
epoch: 1, Train Loss: 0.364107
epoch: 2, Train Loss: 0.318209
epoch: 3, Train Loss: 0.290282
epoch: 4, Train Loss: 0.268150
使用时间: 46.75882 s
```

由上面的结果可以看出，使用 PyTorch 自带的优化器实现随机梯度下降时，可让程序更简洁，通用性更好。还可以看出，所得结果和自己编写的优化器的结果类似，因此在编写程序时尽可能使用 PyTorch 自带的优化器。

2．Adam 优化器

基于随机梯度下降的优化算法是在科研和工程领域中的常用方法之一，因为很多理论或工程问题都可转换为对目标函数进行最小化的数学问题。基本的 mini-batch SGD 优化算法在深度学习中效果不错，但也存在一些需要解决的问题：

- 如何选择恰当的初始学习率。
- 学习率调整策略受限于预先指定的调整规则。
- 相同的学习率被应用于各个参数。
- 高度非凸的误差函数的优化过程，如何避免陷入大量的局部次优解或鞍点。

2014 年，Kingma 和 LeiBa 两位学者提出了 Adam 优化器，它结合了 AdaGrad 和 RMSProp 两种优化算法的优点。通过综合考虑梯度的一阶矩估计（First Moment Estimation，FME）和二阶矩估计（Second Moment Estimation，SME），Adam 优化器可以计算出更新的步长。Adam 优化器的优点如下：

- 实现简单，计算高效，对内存需求少，参数的更新不受梯度的伸缩变换影响。
- 超参数的解释性好，通常无须调整或仅需很少的微调；更新的步长可限定在大致范围内（初始学习率）。
- 能自然地实现步长退火过程（自动调整学习率）；适用于大规模数据和参数的场景。
- 适用于不稳定目标函数。
- 适用于梯度稀疏或梯度存在很大噪声的问题。

Adam 优化器在很多情况下都能得到较好的结果，是目前成熟且稳定的优化器。Adam 优化器使用动量变量 v 和 RMSProp 中梯度元素平方的移动指数加权平均 s，首先将它们全部初始化为 0，然后在每次迭代中计算它们的移动加权平均：

$$v = \beta_1 v + (1 - \beta_1)g \tag{8.13}$$

$$s = \beta_2 s + (1 - \beta_2)s^2 \tag{8.14}$$

在 Adam 优化器中，为了减轻 v 和 s 初始化为 0 的初期对计算指数加权移动平均的影响，每次 v 和 s 都做下面的修正：

$$\hat{v} = \frac{v}{1-\beta_1^t} \tag{8.15}$$

$$\hat{s} = \frac{s}{1-\beta_2^t} \tag{8.16}$$

式中，t 是迭代次数。可以看到，当 $0 \leq \beta_1, \beta_2 \leq 1$ 时，迭代到后期时 t 较大，β_1^t 和 β_2^t 几乎为 0，不会对 v 和 s 有任何影响，因此算法作者建议 $\beta_1 = 0.9, \beta_2 = 0.999$。最后使用修正后的 $\hat{v}$ 和 $\hat{s}$ 重新计算学习率：

$$g' = \frac{\eta \hat{v}}{\sqrt{\hat{s}} + \varepsilon} \tag{8.17}$$

式中，η 是学习率，ε 是为了数值稳定性而添加的常数。最后的参数更新为

$$\theta \leftarrow \theta - g' \tag{8.18}$$

下面编写代码实现 Adam 优化器，如代码 8.75 所示。

代码 8.75　Adam 优化器

```
01: def adam(parameters, vs, sqrs, lr, t, beta1 = 0.9, beta2 = 0.999):
02:     eps = 1e-8
03:     for param, v, sqr in zip(parameters, vs, sqrs):
04:         v[:] = beta1 * v + (1 - beta1) * param.grad.data
05:         sqr[:] = beta2 * sqr + (1 - beta2) * param.grad.data ** 2
06:         v_hat = v / (1 - beta1 ** t)
07:         s_hat = sqr / (1 - beta2 ** t)
08:         param.data = param.data - lr * v_hat / torch.sqrt(s_hat + eps)
```

下面使用神经网络的实例来测试 Adam 优化器的性能，如代码 8.76 所示。

代码 8.76　加载数据集

```
01: import numpy as np
02: import torch
03: from torchvision.datasets import MNIST      # PyTorch 内置的 MNIST 数据
04: from torch.utils.data import DataLoader
05: from torch import nn
06: from torch.autograd import Variable
07: import time
08: import matplotlib.pyplot as plt
09: %matplotlib inline
10:
11: def data_tf(x):
12:     x = np.array(x, dtype='float32') / 255
13:     x = (x - 0.5) / 0.5          # 标准化，该技巧后面会介绍
14:     x = x.reshape((-1,))         # 展平
15:     x = torch.from_numpy(x)
16:     return x
17:
18: # 载入数据集，声明定义的数据变换
19: train_set = MNIST('data/mnist', train=True, transform=data_tf,download=True)
20: test_set = MNIST('data/mnist', train=False, transform=data_tf, download=True)
21:
22: # 定义损失函数
23: criterion = nn.CrossEntropyLoss()
```

定义和训练网络，如代码 8.77 所示。

代码 8.77　定义和训练网络

```
01: train_data = DataLoader(train_set, batch_size = 64, shuffle = True)
02: # 使用 Sequential 定义 3 层神经网络
03: net = nn.Sequential(
04:     nn.Linear(784, 200),
05:     nn.ReLU(),
06:     nn.Linear(200, 10),
07: )
08:
09: # 初始化梯度平方项和动量项
10: sqrs = []
11: vs = []
12: for param in net.parameters():
13:     sqrs.append(torch.zeros_like(param.data))
14:     vs.append(torch.zeros_like(param.data))
15:
16: # 开始训练
17: t = 1
18: losses = []
19: idx = 0
20:
21: start = time.time()  # 计时开始
22: for e in range(5):
23:     train_loss = 0
24:     for im, label in train_data:
25:         im = Variable(im)
26:         label = Variable(label)
27:         # 前向计算
28:         out = net(im)
29:         loss = criterion(out, label)
30:         # 反向传播
31:         net.zero_grad()
32:         loss.backward()
33:         adam(net.parameters(), vs, sqrs, 1e-3, t)  # 学习率设为0.001
34:         t += 1
35:         # 记录误差
36:         train_loss += loss.item()
37:         if idx % 30 == 0:
38:             losses.append(loss.item())
39:         idx += 1
40:     print('epoch: {}, Train Loss: {:.6f}'
41:                 .format(e, train_loss / len(train_data)))
42: end = time.time()    # 计时结束
43: print('使用时间: {:.5f} s'.format(end - start))
```

输出为

```
epoch: 0, Train Loss: 0.372057
epoch: 1, Train Loss: 0.186132
```

```
epoch: 2, Train Loss: 0.132870
epoch: 3, Train Loss: 0.107864
epoch: 4, Train Loss: 0.091208
使用时间: 85.96051 s
```

画出损失函数曲线，如代码 8.78 所示，结果如图 8.15 所示。

代码 8.78　可视化结果

```
01: x_axis = np.linspace(0, 5, len(losses), endpoint=True)
02: plt.semilogy(x_axis, losses, label='adam')
03: plt.legend(loc='best')
```

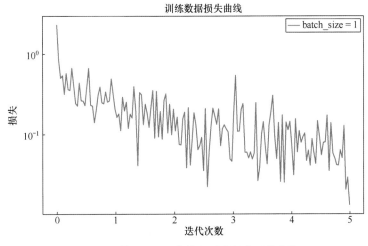

图 8.15　使用 Adam 优化器时的损失函数曲线

可以看到，使用 Adam 优化器时，损失函数能够更快、更好地收敛，但要注意学习率的设置，一般要用较小的学习率。PyTorch 中内置了 Adam 的实现——调用函数 torch.optim.Adam() 即可，如代码 8.79 所示。

代码 8.79　训练网络

```
01: train_data = DataLoader(train_set, batch_size = 64, shuffle = True)
02: # 使用 Sequential 定义 3 层神经网络
03: net = nn.Sequential(
04:     nn.Linear(784, 200),
05:     nn.ReLU(),
06:     nn.Linear(200, 10))
07:
08: # 使用 PyTorch 内置的 Adam 优化器
09: optimizer = torch.optim.Adam(net.parameters(), lr=1e-3)
10:
11: # 开始训练
12: start = time.time()    # 计时开始
13: for e in range(5):
14:     train_loss = 0
15:     for im, label in train_data:
16:         im = Variable(im)
17:         label = Variable(label)
```

```
18:            # 前向计算
19:            out = net(im)
20:            loss = criterion(out, label)
21:            # 反向传播
22:            optimizer.zero_grad()
23:            loss.backward()
24:            optimizer.step()
25:            # 记录误差
26:        train_loss += loss.data[0]
27:        print('epoch: {}, Train Loss: {:.6f}'.format(e, train_loss / len(train_data)))
28: end = time.time()    # 计时结束
29: print('使用时间: {:.5f} s'.format(end - start))
```

输出为

```
epoch: 0, Train Loss: 0.359934
epoch: 1, Train Loss: 0.173360
epoch: 2, Train Loss: 0.122554
epoch: 3, Train Loss: 0.100869
epoch: 4, Train Loss: 0.085850
使用时间: 93.85302 s
```

8.5 综合示例代码

前面介绍了 PyTorch 的用法和神经网络实现，为了直观地展示操作过程，这些介绍被分割成了多部分，整体性不强。下面将示例代码作为一个整体来加以介绍，以方便读者更好地理解 PyTorch 程序的架构、组成部分等。

加载 PyTorch 库和数据集，如代码 8.80 所示。

代码 8.80 综合示例代码 1
```
01: import torch
02: import torch.nn as nn
03: import torch.nn.functional as F
04: import torch.optim as optim
05: from torch.autograd import Variable
06: from torchvision import datasets, transforms
07:
08: # 定义训练参数
09: batch_size = 64
10:
11: # 加载 MNIST 数据集
12: dataset_path = "../data/mnist"
13: train_dataset = datasets.MNIST(root=dataset_path,
14:                                train=True,
15:                                transform=transforms.ToTensor(),
16:                                download=True)
17:
18: test_dataset = datasets.MNIST(root=dataset_path,
19:                               train=False,
20:                               transform=transforms.ToTensor())
21:
22: # 生成数据加载器
```

```
23: train_loader = torch.utils.data.DataLoader(dataset=train_dataset,
24:                                              batch_size=batch_size,
25:                                              shuffle=True)
26: test_loader = torch.utils.data.DataLoader(dataset=test_dataset,
27:                                            batch_size=batch_size,
28:                                            shuffle=False)
```

运行上述代码，导入 MNIST 数据集，分别产生打乱顺序的训练数据和未打乱顺序的测试数据，并将它们分为多个批次，以便进行后续处理。下面定义网络架构，如代码 8.81 所示。

代码 8.81　综合示例代码 2

```
01: # 定义网络
02: class NN_FC(nn.Module):
03:     def __init__(self):
04:         super(NN_FC, self).__init__()
05:
06:         self.layer1 = nn.Linear(28*28, 300)
07:         self.layer2 = nn.Linear(300, 100)
08:         self.layer3 = nn.Linear(100, 10)
09:
10:     def forward(self, x):
11:         x = x.view(-1, 784)
12:         x = F.relu(self.layer1(x))
13:         x = F.relu(self.layer2(x))
14:         x = self.layer3(x)
15:         return x
16:
17: # 生成网络对象
18: model = NN_FC()
19:
20: criterion = nn.CrossEntropyLoss()
21: optimizer = optim.SGD(model.parameters(), lr=0.01, momentum=0.5)
```

运行上述程序，__init__()搭建一个 3 层全连接神经网络，同时在 forward()中定义前向传播的整个过程，使用 SGD 优化算法，定义损失函数。接下来是训练网络，如代码 8.82 所示。

代码 8.82　综合示例代码 3

```
01: def train(epoch):
02:     model.train()    # 进入训练模式
03:
04:     # 对每个批次的数据进行计算
05:     for batch_idx, (data, target) in enumerate(train_loader):
06:         data, target = Variable(data), Variable(target)
07:         optimizer.zero_grad()
08:         output = model(data)
09:         loss = criterion(output, target)
10:         loss.backward()
11:         optimizer.step()
12:         if batch_idx % 100 == 0:
13:             print("Train epoch: %6d [%6d/%6d (%.0f %%)] \t  Loss: %.6f"
14:                     %(epoch, batch_idx*len(data), len(train_loader.dataset),
15:                     100.*batch_idx/len(train_loader), loss.item())  )
16:
17: def test():
```

```
18:      model.eval()    # 进入测试模式
19:
20:      test_loss = 0.0
21:      correct = 0.0
22:      for data, target in test_loader:
23:          data, target = Variable(data), Variable(target)
24:          output = model(data)
25:
26:          # sum up batch loss
27:          test_loss += criterion(output, target).item()
28:
29:          # get the index of the max
30:          pred = output.data.max(1, keepdim=True)[1]
31:          correct += float(pred.eq(target.data.view_as(pred)).cpu().sum ())
32:
33:      test_loss /= len(test_loader.dataset)
34:      print("\nTest set:  Average loss: %.4f, Accuracy: %6d/%6d (%4.2f%%)\n" %
35:          (test_loss,
36:           correct, len(test_loader.dataset),
37:           100.0*correct / len(test_loader.dataset)) )
38:
39: # 进行 10 次迭代计算
40: for epoch in range(1, 10):
41:     train(epoch)
42:     test()
```

上面的程序使用已有数据对全连接神经网络进行了训练和测试，最终结果如下：

```
Train epoch:       1 [     0/ 60000 (0 %)]       Loss: 2.309708
Train epoch:       1 [  6400/ 60000 (11 %)]      Loss: 2.234058
Train epoch:       1 [ 12800/ 60000 (21 %)]      Loss: 2.075426
......
Train epoch:       9 [ 44800/ 60000 (75 %)]      Loss: 0.099109
Train epoch:       9 [ 51200/ 60000 (85 %)]      Loss: 0.050905
Train epoch:       9 [ 57600/ 60000 (96 %)]      Loss: 0.229994

Test set: Average loss: 0.0023, Accuracy: 9585/ 10000 (95.85 %)
```

8.6　小结

本章首先介绍了如何使用 PyTorch 定义张量及如何自动求导，然后使用 PyTorch 实现了逻辑斯蒂回归和多层神经网络，最后介绍了全连接神经网络及一些网络设计与训练技巧。基于 PyTorch 能够快速地实现复杂的神经网络，进而为后续的目标检测、智能控制等复杂神经网络的学习与实现奠定基础。

目前已有很多关于 PyTorch 的教程及各种网络的 PyTorch 实现案例。理解 PyTorch 的基本原理和实现后，读者就可在他人的程序基础上实现自己的网络模型。然而，PyTorch 默认假设读者具有很强的 Python 面向对象编程能力，为了更好地掌握 PyTorch，建议编程基础不太好的读者返回第 2 章学习 Python，练习 k 最近邻、k 均值、逻辑斯蒂回归、多层神经网络的面向对象编程，查阅一些 PyTorch 教程和示例代码，以便更好地掌握这个机器学习的编程利器。

8.7　练习题

01. 张量操作。查阅 PyTorch 文档，了解张量的更多 API 函数，并且实现如下要求：创建数据类型为 float32、大小为 4×4 且元素全为 1 的矩阵，并且将矩阵正中间的 2×2 矩阵的元素全部改为 2。参考输出为

$$
\begin{array}{cccc}
1, & 1, & 1, & 1 \\
1, & 2, & 2, & 1 \\
1, & 2, & 2, & 1 \\
1, & 1, & 1, & 1
\end{array}
$$

02. 张量求导。尝试构建函数 $y = x^2$，并求其在 $x = 2$ 时的导数。

03. 矩阵变量求导。定义

$$
\boldsymbol{x} = \begin{bmatrix} x_0 \\ x_1 \end{bmatrix} = \begin{bmatrix} 2 \\ 3 \end{bmatrix}, \quad k = (k_0, k_1) = (x_0^2 + 3x_1, 2x_0 + x_1^2)
$$

通过 PyTorch 求

$$
\begin{bmatrix}
\dfrac{\partial k_0}{\partial x_0} & \dfrac{\partial k_0}{\partial x_1} \\[2ex]
\dfrac{\partial k_1}{\partial x_0} & \dfrac{\partial k_1}{\partial x_1}
\end{bmatrix}
$$

04. 改变神经网络结构。参照前面的神经网络实现案例，改变网络隐藏层的神经元数量，定义一个 5 层甚至更深的模型，增加训练次数，改变学习率，看看结果有什么变化。

05. 模型参数初始化尝试。一种常用的初始化方式是 Xavier，它源于 2010 年的论文 *Understanding the Diffculty of Training Deep Feed Forward Neural Networks*。论文通过数学推导，证明了这种初始化方式可使每层的输出方差尽可能相等。请读者编程实现这种参数初始化方式，初始化公式为

$$
\omega \sim \text{Uniform}\left[-\frac{\sqrt{6}}{\sqrt{n_j + n_j + 1}}, \frac{\sqrt{6}}{\sqrt{n_j + n_j + 1}} \right]
$$

式中，n_j 和 n_{j+1} 表示该层的输入数量和输出数量。

8.8　在线练习题

扫描如下二维码，访问在线练习题。

第9章　深度学习

深度学习（Deep Learning）是机器学习的一类方法，是一种使用包含复杂结构或由多重非线性变换构成的处理层对数据进行表征学习、高层抽象的算法。经过最近十多年的快速发展，出现了数种深度学习模型，如卷积神经网络、深度置信网络和递归神经网络等，这些模型已被用在计算机视觉、语音识别、自然语言处理等领域，并且获取了较好的效果。

区别于传统的浅层学习，深度学习的主要特点如下所示。

- 强调模型结构的深度，通常有5层以上的隐藏层。
- 明确了特征学习的重要性，也就是说，通过逐层特征变换将样本在原空间的特征表示变换到一个新特征空间中，使分类或预测更容易；与人工规则构造特征的方法相比，利用大数据来学习特征，更容易表征数据丰富的内在关系。

深度学习的主要目标是设计并构建由深层结构的神经元组成的网络，选择合适的输入层和输出层，通过网络学习和调优，拟合从输入到输出的函数关系，虽然不能百分之百找到输入与输出的函数关系，但可以尽可能地逼近现实中的复杂关联关系。使用训练好的网络模型，可以实现对复杂事务的自动化处理。

典型的深度学习模型包括卷积神经网络、深度置信网络、堆栈自编码网络、循环神经网络、生成对抗网络等。本章重点介绍最主要的一类深度学习方法——卷积神经网络及其经典的网络架构。图9.1显示了本章配套资源的二维码。

(a)本章配套在线视频　(b)本章配套在线讲义

图9.1　本章配套资源的二维码

9.1　卷积神经网络

与常规神经网络不同，卷积神经网络的各层中的神经元是三维排列的：宽度、高度和深度。其中，宽度和高度很好理解，因为卷积本身就是一个二维模板，深度指的则是激活数据体的数量，而不是整个网络的深度——网络的层数。下面举例说明什么是宽度、高度和深度。假如，如果使用CIFAR-10数据集中的图像作为卷积神经网络的输入，那么这个输入数据体的维度是32×32×3（宽度、高度和深度）。某层中的神经元只与前一层中的一小块区域连接，而不采用全连接方式。对于用来分类CIFAR-10数据集中的图像的卷积网络，最后的输出层的维度是1×1×10，因为卷积神经网络结构的最后部分会将全尺寸图像压缩为包含分类评分的一个向量，而向量是在深度方向排列的。卷积神经网络的示意图如图9.2所示。

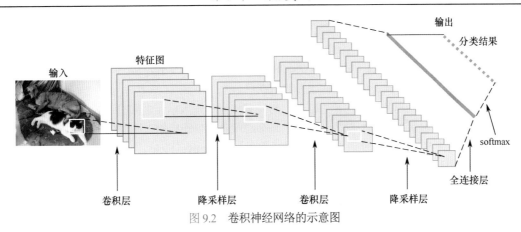

图 9.2　卷积神经网络的示意图

9.1.1　卷积网络的基础

卷积神经网络与普通神经网络非常相似，都由具有可学习的权重和偏置的神经元组成。每个神经元都接收一些输入，并做一些乘积、求和、非线性变换等运算，输出的是每个类别的概率，普通神经网络中的一些计算技巧依旧适用。与全连接神经网络最主要的不同是，卷积神经网络默认输入的是图像，可将二维图像按照图像中像素的结构关系整体代入网络进行处理，因此比前馈函数更有效，减少了大量参数。

卷积神经网络利用输入是图像的特点，将神经元设计为三个维度：宽度（Width）、高度（Height）和深度（Depth）。注意，Depth 不是神经网络的深度，而是用来描述神经元的。例如，输入的图像大小是 32×32×3（RGB），于是输入神经元的维度是 32×32×3。

卷积神经网络通常包含如下几种层：

- 卷积层（Convolutional Layer）：卷积神经网路中的每个卷积层都由若干卷积单元组成，每个卷积单元的参数都是通过反向传播算法优化得到的。卷积运算的目的是提取输入的不同特征，第一个卷积层可能只能提取一些低级的特征，如边缘、线条和拐角等特征，而有着更多层的网络能从低级特征中迭代提取更复杂的特征。

- 池化层（Pooling Layer）：在卷积层之后通常会得到维度很大的特征，将特征切分成几个区域，取其最大值或平均值，可得到维度较小的新特征。

- 全连接层（Fully Connected Layer）：将所有局部特征结合为全局特征，用来计算最后属于每个类别的概率。

神经网络和卷积神经网络的对比如图 9.3 所示。下面介绍每种类型的处理层及其技术特点。

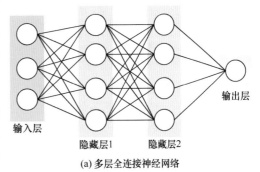

(a) 多层全连接神经网络

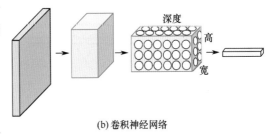

(b) 卷积神经网络

图 9.3　神经网络和卷积神经网络的对比

1. 卷积层

普通神经网络对输入层和隐藏层进行全连接的设计，从计算角度讲，在较小的图像上计算特征是可行的。但是对于较大的图像，如果仍然采用这种全连接网络来计算特征，那么计算量将按平方倍增加，因此非常耗时。当输入图像的大小为 96×96 时，输入单元有 9216 个，假设需要学习 100 个特征，就要学习约 10^6 个参数。与大小为 28×28 的小图像相比，大小为 96×96 的图像使用前向推理或后向误差传播的计算方式，计算过程也慢约 100 倍。

卷积层解决这类问题的一种简单方法是，对隐藏单元和输入单元之间的连接加以限制——每个隐藏单元仅能连接输入单元的一部分。例如，每个隐藏单元仅连接输入图像的一小片相邻区域。每个隐藏单元连接的输入区域大小称为神经元的感受野（Receptive Field）。由于卷积层的神经元也是三维的，所以也具有深度。卷积层的参数由一系列过滤器（Filter）组成，每个过滤器训练一个深度，有多少个过滤器输出单元，就有多少个深度。

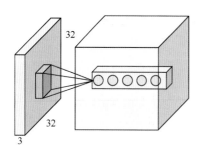

图 9.4　卷积层示例。输入图像大小为 32×32，输入通道数为 3，输出通道数是 5

卷积层示例如图 9.4 所示，样例输入单元的大小为 32×32×3，输出单元的深度是 5，对输出单元不同深度的同一位置，与输入图像连接的区域是相同的，但是参数不同。

虽然每个输出单元只连接输入的一部分，但是值的计算方法和普通全连接神经网络一样——权重和输入点积后加上偏置。

输出单元的大小由以下三个量控制：深度（Depth）、步幅（Stride）和补零（Zero-padding）。

- 深度：顾名思义，它控制输出单元的深度，等于过滤器的个数。
- 步幅：卷积核经过输入特征图的采样间隔，如图 9.5 所示。步幅很小（如 stride = 1）时，相邻隐藏单元的输入区域的重叠部分很多；步幅很大时，重叠区域变少。
- 补零：可以在输入单元周围补零来改变输入单元的大小，进而控制输出单元的空间大小。

卷积层所用的符号如下：W，输入单元的大小，它可以是宽度，也可以是高度；F，感受野的大小；S，步幅；P，补零的数量；K，输出单元的深度。可以使用下式计算一个维度内的一个输出单元中有多少个隐藏单元：

$$\frac{W - F + 2P}{S} + 1 \tag{9.1}$$

当计算结果不是整数时，说明现有参数不适合输入，要么步幅设置得不合适，要么需要补零。

下面用一个一维例子说明各个量间的关系及卷积操作。如图 9.5 所示，左侧的模型有 5 个输入单元，$W = 5$；边界两边各补了 1 个零，$P = 1$；左图中的步幅是 1，$S = 1$；感受野是 3，因为每个输出隐藏单元连接 3 个输入单元，$F = 3$。根据式（9.1）可以算出输出隐藏单元数是(5−3 + 2)/1 + 1 = 5，与图示吻合。右侧的模型仅将步幅变成了 2，其余不变，可以算出输出隐藏单元数是(5−3 + 2)/2 + 1 = 3，也与图示吻合。将步幅改为 3 时，公式不能整除，说明步幅为 3 不吻合输入单元的大小。

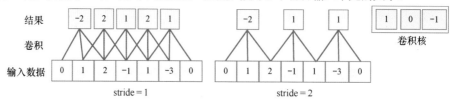

图 9.5　卷积操作示意图。左侧模型有 $W = 5$ 个输入单元；两个边界各补了 1 个零，$P = 1$；左侧的模型步幅 $S = 1$；感受野 $F = 3$，输出隐藏单元数是 5；右侧模型的步幅变为 $S = 2$，其余不变，可以算出输出大小为 3。最右侧的是卷积核

2. 参数共享

共享参数可以大量减少参数数量。参数共享基于如下假设：若图像中某一点包含的特征很重要，则它与图像中的另一点应该同样重要。换句话说，若将同一深度的平面称为深度切片（Depth Slice），则同一个切片应该共享同一组权重和偏置。我们仍然可以使用梯度下降法来学习这些权重，只需对原始算法做一些小的改动，这里共享权重的梯度是所有共享参数的梯度的总和。权重共享不仅能够极大地减少模型的参数数量，而且有如下好处：一方面，重复单元能够对特征进行识别，而不考虑它在可视域中的位置；另一方面，权重共享可以使特征抽取更有效，因为它极大地减少了需要学习的自由变量的数量。通过控制模型的规模，卷积网络对视觉问题具有很好的泛化能力。

3. 卷积

为了方便理解卷积和卷积层的操作，下面先用一个简单的例子来演示具体操作。考虑一个大小为 5×5 的图像和一个大小为 3×3 的卷积核。该卷积核共有 9 个参数，即 $\theta = [\theta(i, j)]_{3\times3}$。在这种情况下，卷积核实际上有 9 个神经元，它们的输出又组成一个大小为 3×3 的矩阵，称为特征图。第一个神经元连接到图像的第一个 3×3 的局部，第二个神经元则连接到第二个局部。注意，两次卷积操作有部分像素是重叠的，这种操作与人的目光扫视是相同的，如图 9.6 所示。

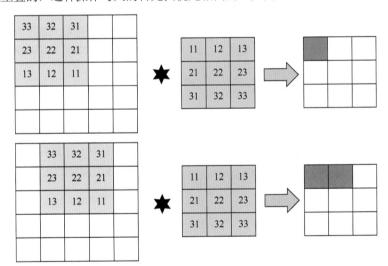

图 9.6　二维卷积操作的示意，输入为 5×5 的图像，卷积核的大小为 3×3，输出数据的大小为 3×3

图上方是第一个神经元的输出，下方是第二个神经元的输出。每个神经元的运算依旧是

$$f(x) = \sigma\left(\sum_{i,j}^{n} \theta(n-i, n-j)x_{ij} + b\right) \tag{9.2}$$

需要注意的是，平时在运算时习惯使用 $\theta(i, j)x_{ij}$ 这种写法，但为了与数学上的卷积对应，这里采用写法 $\theta(n-i, n-j)x_{ij}$。对所有操作都按相同的顺序进行，最后将整体卷积核的顺序对调。作为对比，数学上二维离散函数 $f(x, y)$ 和 $g(x, y)$ 的卷积定义为

$$f(m,n) * g(m,n) = \sum_{u}^{\infty} \sum_{v}^{\infty} f(u,v)g(m-u, n-v) \tag{9.3}$$

上例中的 9 个神经元均完成输出后，实际上等价于图像和卷积核的卷积操作。因此，若共享参

数，则每一层的计算实际上是输入层和权重的卷积，这就是卷积神经网络名称的由来。

4．池化层

池化也称下采样，目的是减小特征图的尺寸。池化操作对每个深度切片独立，规模一般为 2×2。相对于卷积层进行卷积运算，池化层进行的运算一般有以下几种：

- 最大池化（MaxPooling）：取 4 个点的最大值，是最常用的池化方法。
- 均值池化（MeanPooling）：取 4 个点的均值。
- 高斯池化：借鉴高斯模糊的方法，不常用。
- 可训练池化：使用可训练函数，接收 4 个点为输入，输出 1 个点，不常用。

最常见的池化层的规模为 2×2，步幅为 2，对输入的每个深度切片进行最大化下采样。每个最大化操作对四个数进行，如图 9.7 所示。

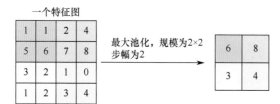

图 9.7　最大池化操作示意图

池化操作保持深度大小不变，如果池化层的输入单元大小不是 2 的整数倍，一般采取边缘补零的方式补成 2 的倍数，然后进行池化。

5．全连接层

全连接层的实现方式与常规神经网络中的相同，即首先让矩阵相乘，然后加上偏置。全连接层主要放在网络的后面，用于分类或回归，通常将卷积层最后输出的结果展平为一维向量，然后连接全连接神经网络。

9.1.2　卷积计算与模块

前面介绍了卷积神经网络的基本理论，本节通过实例介绍如何使用 PyTorch 实现卷积神经网络。卷积神经网络具有更好的泛化能力和强大的特征提取能力，广泛应用于计算机视觉领域，常见的卷积神经网络中用到的模块能够使用 PyTorch 轻松实现。下面介绍各个模块的实现方法。

1．卷积

卷积在 PyTorch 中有两种实现方式：第一种是 torch.nn.Conv2d()，第二种是 torch.nn.functional. conv2d()。这两种方式本质上相同，对输入的要求也相同。首先输入 torch.autograd.Variable() 的类型，其大小是（batch, channel, H, W），其中 batch 表示所输入的一批数据的数量；channel 表示输入的通道数，彩色图像的输入通道数通常是 3，灰度图像的输入通道数通常是 1，而卷积网络中的通道数较多（可达几十个到几百个）；H 和 W 分别表示输入图像的高度和宽度。例如，一个 batch 包括 32 幅图像，每幅图像有 3 个输入通道，高度和宽度分别是 50 和 100，于是输入的大小就是（32, 3, 50, 100）。

下面举例说明这两种卷积方式。首先加载图像并显示，如代码 9.1 所示，结果如图 9.8 所示。

代码 9.1　加载图像并显示

```
01: import numpy as np
02: import torch
03: from torch import nn
04: from torch.autograd import Variable
05: import torch.nn.functional as F
06: from PIL import Image
07: import matplotlib.pyplot as plt
```

```
08: %matplotlib inline
09:
10: # 读入一幅灰度图像
11: im = Image.open('./cat.png').convert('L')
12: im = np.array(im, dtype='float32')        # 将其转换为矩阵
13:
14: # 可视化图像
15: plt.imshow(im.astype('uint8'), cmap = 'gray')
```

下面定义一个卷积算子以进行轮廓检测，如代码 9.2 所示。可视化边缘检测后的结果如图 9.9 所示。

代码 9.2　卷积算子和轮廓检测

```
01: # 将图像矩阵转换为 Pytorch tensor，并适配卷积输入的要求
02: im = torch.from_numpy(im.reshape((1, 1, im.shape[0], im.shape[1])))
03: # 使用 nn.Conv2d
04: conv1 = nn.Conv2d(1, 1, 3, bias = False)              # 定义卷积
05: sobel_kernel = np.array([[-1, -1, -1], [-1, 8, -1], [-1, -1, -1]],dtype = 'float32')
                                                          # 定义轮廓检测算子
06: sobel_kernel = sobel_kernel.reshape((1, 1, 3, 3))     # 适配卷积的输入/输出
07: conv1.weight.data = torch.from_numpy(sobel_kernel)    # 卷积核赋值
08: edge1 = conv1(Variable(im))                           # 作用在图像上
09: edge1 = edge1.data.squeeze().numpy()                  # 将输出转换为图像格式
10:
11: plt.imshow(edge1, cmap='gray')                        # 结果可视化
```

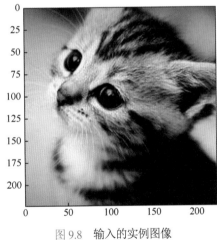

图 9.8　输入的实例图像

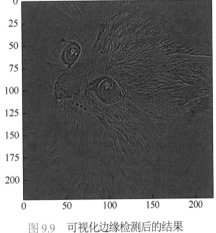

图 9.9　可视化边缘检测后的结果

下面用 torch.nn.functional.conv2d() 操作相同的图像，如代码 9.3 所示，结果如图 9.10 所示。

代码 9.3　conv2d()

```
01: # 使用 F.conv2d
02: sobel_kernel = np.array([[-1, -1, -1], [-1, 8, -1], [-1, -1, -1]], ype = 'float32')
                                                          # 定义轮廓检测算子
03: sobel_kernel = sobel_kernel.reshape((1, 1, 3, 3))     # 适配卷积的输入/输出
04: weight = Variable(torch.from_numpy(sobel_kernel))
05: edge2 = F.conv2d(Variable(im), weight)                # 作用在图像上
06: edge2 = edge2.data.squeeze().numpy()                  # 将输出转换为图像格式
07: plt.imshow(edge2, cmap='gray')
```

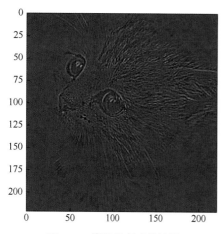

图 9.10　卷积处理后的结果

可以看出两种方式的效果相同，不同之处是使用 nn.Conv2d() 相当于直接定义一层卷积网络结构，而使用 torch.nn.functional.conv2d() 相当于定义一个卷积操作，因此使用后者时要额外定义一个权重，使用 nn.Conv2d() 则默认定义一个随机初始化的权重，当需要修改时，取出其中的值进行修改即可，如果不想修改，就可直接使用这个默认初始化的值，因此通常使用 nn.Conv2d() 这种形式。

2. 池化层

卷积网络中另一个非常重要的结构是池化，这利用了图像的下采样不变性，即一幅图像变小后仍能看出其内容，而使用池化层能够减小图像尺寸，提高计算效率，且不会引入多余的参数。池化方式有多种，如最大值池化、均值池化等，在卷积网络中一般使用最大值池化。

在 PyTorch 中，最大值池化的方式也有两种：一种是 nn.functional.max_pool2d()，另一种是 nn.MaxPool2d()，它们对图像的输入要求与卷积对图像的输入要求相同。下面举例说明其用法，首先演示 nn.MaxPool2d() 的用法，如代码 9.4 所示。

代码 9.4　nn.axPool2d()

```
01: # 使用 nn.MaxPool2d
02: pool1 = nn.MaxPool2d(2, 2)
03: print('before max pool, image shape: {} x {}'.format(im.shape[2], im.shape[3]))
04: small_im1 = pool1(Variable(im))
05: small_im1 = small_im1.data.squeeze().numpy()
06: print('after max pool, image  shape: {} x {}'.format(small_im1.shape [0],small_im1.shape[1]))
07:
08: plt.imshow(small_im1, cmap='gray')          # 结果可视化
```

输出为

```
before max pool, image shape: 224 x 224 after max
pool, image shape: 112 x 112
```

池化操作的结果如图 9.11 所示。可以看到，图像的大小已减半，但图像的内容几乎不变，说明池化仅减小了图像的尺寸，而未影响其内容。

代码 9.5 演示了 nn.functional.max_pool2d() 的用法。

代码 9.5　nn.functional.max_pool2d()

```
01: # F.max_pool2d
02: print('before max pool, image shape: {} x {}'.format(im.shape[2], im.shape[3]))
03: small_im2 = F.max_pool2d(Variable(im), 2, 2)
04: small_im2 = small_im2.data.squeeze().numpy()
05: print('after max pool, image shape: {} x {}'.format(small_im1.shape[0],small_im1.shape[1]))
06: plt.imshow(small_im2, cmap='gray')
```

输出结果如下所示，结果的图像如图 9.12 所示。

```
before max pool, image shape: 224 x 224 after max
pool, image shape: 112 x 112
```

图 9.11　池化操作后的结果

图 9.12　使用 nn.functional.max_pool2d() 的输出结果

类似于卷积层，实际中通常使用 nn.MaxPool2d()。下面介绍卷积网络中的几个常用处理技巧。

9.1.3　数据预处理与批量归一化

在正式构建和训练模型前，下面先介绍数据预处理和批量归一化，因为一般情况下模型的规模都较大，模型训练并不容易。尤其是一些非常复杂的模型，若不做特殊的数据处理，则很难收敛到好的结果。因此，需要对数据增加一些预处理，同时使用批量归一化以得到较好的收敛结果，这也是卷积网络能够训练到非常深的层的技术原因之一。

1．数据预处理

目前，常用的数据预处理方法是中心化和归一化。中心化相当于修正数据的中心位置，其实现方法比较简单，就是在每个特征维度上减去对应的均值，得到零均值的特征。归一化也很简单，即在数据变成零均值后，为了使不同的特征维度有相同的规模，需要除以标准差以近似呈标准正态分布，也可依据最大值和最小值将其转换为-1 和 1 之间的值。图 9.13 所示为原始数据、中心化后的数据和归一化后的数据的示例。

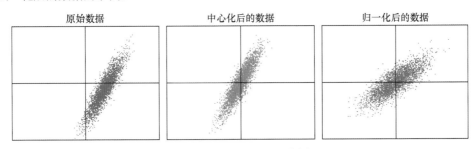

图 9.13　数据预处理示意图

2．批量归一化

前面在预处理数据时，已尽量使得输入特征不相关且呈标准正态分布，这种模型的表现一般也较好。但是，对很深的网络结构而言，网络的非线性层会使得输出的结果变得相关，且不再呈标准正态分布，甚至输出的中心发生偏移，导致模型的训练特别是深层的模型训练非常困难。

2015 年发表的一篇论文中提出了批量归一化，即归一化每层网络的输出，使其呈标准正态分布，这样后一层网络的输入也呈标准正态分布，所以能够较好地进行训练，加快收敛速度。

批量归一化的实现比较简单，具体如下。对一个批次的数据 $B = x_1, x_2, \cdots, x_m$，算法涉及的公式如下：

$$\mu_B = \frac{1}{m}\sum_{i=0}^{m} x_i \tag{9.4}$$

$$\sigma_B^2 = \frac{1}{m}\sum_{i=0}^{m}(x_i - \mu_B)^2 \tag{9.5}$$

$$\hat{x}_i = \frac{x_i - \mu B}{\sqrt{\sigma_B^2 + \varepsilon}} \tag{9.6}$$

$$y_i = \gamma\hat{x}_i + \beta \tag{9.7}$$

式（9.4）和式（9.5）分别计算数据的均值和方差，也称滑动平均和标准差；式（9.6）归一化每个数据点，其中 ε 是为了使计算稳定而引入的一个小常数；式（9.7）利用权重修正得到最后的输出结果。下面实现简单的一维情形，即神经网络中的情形。首先预处理数据，如代码 9.6 所示。

代码9.6　数据预处理

```
01: import torch
02:
03: def simple_batch_norm_1d(x, gamma, beta):
04:     eps = 1e-5
05:     x_mean = torch.mean(x, dim=0, keepdim=True)    # 保留维度
            broadcast
06:     x_var = torch.mean((x - x_mean) 2, dim=0, keepdim=True)
07:     x_hat = (x - x_mean) / torch.sqrt(x_var + eps)
08:     return gamma.view_as(x_mean) * x_hat + beta.view_as(x_mean)
```

接下来验证对任意输入，输出是否会被归一化，如代码 9.7 所示。

代码9.7　归一化验证

```
01: x = torch.arange(15).view(5, 3)
02: gamma = torch.ones(x.shape[1])
03: beta = torch.zeros(x.shape[1])
04: print('before bn: ')
05: print(x)
06: y = simple_batch_norm_1d(x, gamma, beta)
07: print('after bn: ')
08: print(y)
```

输出为

```
before bn:
 0     1     2
 3     4     5
 6     7     8
 9    10    11
12    13    14
[torch.FloatTensor of size 5x3]
after bn:
-1.4142  -1.4142  -1.4142
-0.7071  -0.7071  -0.7071
```

```
0.0000    0.0000    0.0000
0.701     0.7071    0.7071
1.4142    1.4142    1.4142
[torch.FloatTensor of size 5x3]
```

可以看到共有 5 个数据点和 3 个特征，每列都表示一个特征的不同数据点，使用批量归一化后，每列都呈标准正态分布。

既然在训练时使用批量归一化，那么验证时是否同样要使用批量归一化？答案是肯定的，否则会使得结果出现偏差。因此，验证时不能使用验证数据集来计算均值和方差，而要使用训练时计算的滑动平均值和方差代替。代码 9.8 显示了可以区分训练状态和测试状态的批量归一化方法。

代码 9.8　批量归一化

```
01: def batch_norm_1d(x, gamma, beta, is_training, moving_mean, moving_var, moving_momentum=0.1):
02:     eps = 1e-5
03:     x_mean = torch.mean(x, dim=0, keepdim=True)    # 保留维度
04:     x_var = torch.mean((x - x_mean) 2, dim=0, keepdim=True)
05:     if is_training:
06:         x_hat = (x - x_mean) / torch.sqrt(x_var + eps)
07:         moving_mean[:] = moving_momentum * moving_mean + (1. - moving_momentum) x_mean
08:         moving_var[:] = moving_momentum * moving_var + (1. - moving_momentum) *x_var
09:     else:
10:         x_hat = (x - moving_mean) / torch.sqrt(moving_var + eps)
11:         return gamma.view_as(x_mean) * x_hat + beta.view_as(x_mean)
```

下面使用 MNIST 数据集来验证批量归一化。首先加载数据集，如代码 9.9 所示。

代码 9.9　加载数据集

```
01: import numpy as np
02: from torchvision.datasets import mnist    # 导入 Pytorch 内置的 MNIST 数据集
03: from torch.utils.data import DataLoader
04: from torch import nn
05: from torch.autograd import Variable
06:
07: def data_tf(x):
08:     x = np.array(x, dtype='float32') / 255
09:     x = (x - 0.5) / 0.5            # 数据预处理，归一化
10:     x = x.reshape((-1,))          # 展平
11:     x = torch.from_numpy(x)
12:     return x
13:
14: # 下载 MNIST 数据集，载入数据集，声明定义的数据变换
15: train_set = mnist.MNIST('../../data/mnist', train=True, transform=data_tf, download=True)
16: test_set = mnist.MNIST('../../data/mnist', train=False, transform= data_tf, download=True)
17: train_data = DataLoader(train_set, batch_size=64, shuffle=True)
18: test_data = DataLoader(test_set, batch_size=128, shuffle=False)
```

定义网络结构，如代码 9.10 所示。

代码 9.10　定义网络结构

```
01: class  multi_network(nn.Module):
02:     def __init__(self):
```

```
03:        super(multi_network, self).__init__()
04:        self.layer1 = nn.Linear(784, 100)
05:        self.relu = nn.ReLU(True)
06:        self.layer2 = nn.Linear(100, 10)
07:        self.gamma = nn.Parameter(torch.randn(100))
08:        self.beta = nn.Parameter(torch.randn(100))
09:        self.moving_mean = Variable(torch.zeros(100))
10:        self.moving_var = Variable(torch.zeros(100)) 11:
12:    def forward(self, x, is_train=True):
13:        x = self.layer1(x)
14:        x = batch_norm_1d(x, self.gamma, self.beta, is_train,
15:        self.moving_mean,self.moving_var)
16:        x = self.relu(x)
17:        x = self.layer2(x)
18:        return x
```

生成网络、定义损失函数并生成优化器，如代码 9.11 所示。

代码 9.11　生成网络、定义损失函数并生成优化器
```
01: # 生成网络
02: net = multi_network()
03:
04: # 定义损失函数
05: criterion = nn.CrossEntropyLoss()
06: # 使用随机梯度下降法，学习率为 0.1
07: optimizer = torch.optim.SGD(net.parameters(), 1e-1)
```

为了简化代码，这里将网络训练写在 train()函数中，后者定义在 utils.py 文件中[①]，这里直接加载并使用，如代码 9.12 所示。

代码 9.12　训练网络
```
01: from utils import train
02: train(net, train_data, test_data, 10, optimizer, criterion)
```

输出为

```
Epoch 0. Train Loss: 0.308139, Train Acc: 0.912797, Valid Loss: 0.181375, Valid
Acc: 0.948279, Time 00:00:07
Epoch 1. Train Loss: 0.174049, Train Acc: 0.949910, Valid Loss: 0.143940, Valid
Acc: 0.958267, Time 00:00:09
......
Epoch 8. Train Loss: 0.062908, Train Acc: 0.980810, Valid Loss: 0.088797, Valid
Acc: 0.972903, Time 00:00:08
Epoch 9. Train Loss: 0.058186, Train Acc: 0.982309, Valid Loss: 0.090830, Valid
Acc: 0.972310, Time 00:00:08
```

这里将输入初始化为随机的高斯分布，将 moving_mean 和 moving_var 都初始化为 0。训练 10 次后，打印每次的滑动平均和标准差，如代码 9.13 所示。

代码 9.13　打印滑动平均和标准差

[①] utils.py 文件的地址为 https://gitee.com/pi-lab/machinelearning_notebook/blob/master/7_deep_learning/1_CNN/utils.py。

```
01: # 打印 moving_mean 的前 10 项
02: print(net.moving_mean[:10])
```

输出为

```
Variable containing:
0.5505
2.0835
0.0794
-0.1991
-0.9822
-0.5820
0.6991
-0.1292
2.9608
1.0826
[torch.FloatTensor of size 10]
```

可以看到，这些值在训练过程中已被修改；在验证过程中，不需要再计算均值和标准差，直接使用滑动平均和滑动标准差即可。作为对比，对相同的网络不使用批量归一化的结果如代码 9.14 所示。

代码 9.14　生成网络、优化器，训练网络

```
01: no_bn_net = nn.Sequential(
02:     nn.Linear(784, 100),
03:     nn.ReLU(True),
04:     nn.Linear(100, 10))
05: optimizer = torch.optim.SGD(no_bn_net.parameters(), 1e-1)
            # 使用随机梯度下降法，学习率为 0.1
06: train(no_bn_net, train_data, test_data, 10, optimizer, criterion)
```

输出为

```
Epoch 0. Train Loss: 0.402263, Train Acc: 0.873817, Valid Loss: 0.220468, Valid
Acc: 0.932852, Time 00:00:07
Epoch 1. Train Loss: 0.181916, Train Acc: 0.945379, Valid Loss: 0.162440, Valid
Acc: 0.953817, Time 00:00:08
......
Epoch 8. Train Loss: 0.061585, Train Acc: 0.980894, Valid Loss: 0.089632, Valid
Acc: 0.974090, Time 00:00:08
Epoch 9. Train Loss: 0.055352, Train Acc: 0.982892, Valid Loss: 0.091508, Valid
Acc: 0.970431, Time 00:00:08
```

虽然两种情形下的结果几乎一样，但是如果看前几次的结果，就会发现使用批量归一化能够更快地收敛。这是一个小网络，用不用批量归一化都能够收敛，但是对于更深的网络，使用批量归一化能够显著提高训练的收敛速度。

上面实现了二维情形下的批量归一化，类似于卷积在四维情况下的归一化，只需沿通道的维度计算滑动平均和标准差。PyTorch 内置了批量归一化函数，一维批量归一化函数和二维批量归一化函数分别是 torch.nn.BatchNorm1d() 和 torch.nn.BatchNorm2d()。不同于前面实现的版本，PyTorch 不仅将 γ 和 β 作为训练参数，而且将 moving_mean 和 moving_var 作为训练参数。在相同的卷积网络下，使用 PyTorch 的批量归一化的效果如代码 9.15 所示。

代码 9.15　PyTorch 的批量归一化

```
01: def data_tf(x):
02:     x = np.array(x, dtype='float32') / 255
03:     x = (x - 0.5) / 0.5   # 数据预处理，归一化
04:     x = torch.from_numpy(x)
05:     x = x.unsqueeze(0)
06:     return x
07: train_set = mnist.MNIST('../../data/mnist', train=True, transform=data_tf,download=True)
08: test_set = mnist.MNIST('../../data/mnist', train=False, transform=data_tf,download=True)
09: train_data = DataLoader(train_set, batch_size=64, shuffle=True)
10: test_data = DataLoader(test_set, batch_size=128, shuffle=False)
11:
12: # 使用批量归一化
13: class conv_bn_net(nn.Module):
14:     def __init__(self):
15:         super(conv_bn_net, self).__init__()
16:         self.stage1 = nn.Sequential(
17:             nn.Conv2d(1, 6, 3, padding=1),
18:             nn.BatchNorm2d(6),
19:             nn.ReLU(True),
20:             nn.MaxPool2d(2, 2),
21:             nn.Conv2d(6, 16, 5),
22:             nn.BatchNorm2d(16),
23:             nn.ReLU(True),
24:             nn.MaxPool2d(2, 2) )
25:         self.classfy = nn.Linear(400, 10)
26:
27:     def forward(self, x):
28:         x = self.stage1(x)
29:         x = x.view(x.shape[0], -1)
30:         x = self.classfy(x)
31:         return x
32:
33: net = conv_bn_net()
34: optimizer = torch.optim.SGD(net.parameters(), 1e-1) # 使用随机梯度下降，学习率为0.1
35:
36: train(net, train_data, test_data, 5, optimizer, criterion)
```

输出为

```
Epoch 0. Train Loss: 0.160329, Train Acc: 0.952842, Valid Loss: 0.063328, Valid
Acc: 0.978441, Time 00:00:33
Epoch 1. Train Loss: 0.067862, Train Acc: 0.979361, Valid Loss: 0.068229, Valid
Acc: 0.979430, Time 00:00:37
Epoch 2. Train Loss: 0.051867, Train Acc: 0.984625, Valid Loss: 0.044616, Valid
Acc: 0.985265, Time 00:00:37
Epoch 3. Train Loss: 0.044797, Train Acc: 0.986141, Valid Loss: 0.042711, Valid
Acc: 0.986056, Time 00:00:38
Epoch 4. Train Loss: 0.039876, Train Acc: 0.987690, Valid Loss: 0.042499, Valid
Acc: 0.985067, Time 00:00:41
```

不使用批量归一化时的实现如代码 9.16 所示。

代码 9.16　不使用批量归一化

```
01: # 不使用批量归一化
02: class  conv_no_bn_net(nn.Module):
03:     def __init__(self):
04:         super(conv_no_bn_net, self).__init__()
05:         self.stage1 = nn.Sequential(
06:             nn.Conv2d(1, 6, 3, padding=1),
07:             nn.ReLU(True),
08:             nn.MaxPool2d(2, 2),
09:             nn.Conv2d(6, 16, 5),
10:             nn.ReLU(True),
11:             nn.MaxPool2d(2, 2))
12:         self.classfy = nn.Linear(400, 10)
13:
14:     def forward(self, x):
15:         x = self.stage1(x)
16:         x = x.view(x.shape[0], -1)
17:         x = self.classfy(x)
18:         return x
19:
20: net = conv_no_bn_net()
21: optimizer = torch.optim.SGD(net.parameters(), 1e-1) # 使用随机梯度下降法，学习率为0.1
22:
23: train(net, train_data, test_data, 5, optimizer, criterion)
```

输出为

```
Epoch 0. Train Loss: 0.211075, Train Acc: 0.935934, Valid Loss: 0.062950, Valid
Acc: 0.980123, Time 00:00:27
Epoch 1. Train Loss: 0.066763, Train Acc: 0.978778, Valid Loss: 0.050143, Valid
Acc: 0.984375, Time 00:00:29
Epoch 2. Train Loss: 0.050870, Train Acc: 0.984292, Valid Loss: 0.039761, Valid
Acc: 0.988034, Time 00:00:29
Epoch 3. Train Loss: 0.041476, Train Acc: 0.986924, Valid Loss: 0.041925, Valid
Acc: 0.986155, Time 00:00:29
Epoch 4. Train Loss: 0.036118, Train Acc: 0.988523, Valid Loss: 0.042703, Valid
Acc: 0.986452, Time 00:00:29
```

后面介绍一些网络结构时，读者将深入认识批量归一化的重要性；总之，使用 PyTorch 可以非常方便地添加批量归一化层。

9.1.4　网络正则化

正则化是机器学习中的一类重要方法，它能够约束模型的参数值的范围，不让其过大。正则化分为 L1 正则化和 L2 正则化，目前用得较多的是 L2 正则化。引入正则化相当于将损失函数加上一项，如

$$f = \text{loss} + \lambda \sum_{p \in \text{params}} \|p\|_2^2 \tag{9.8}$$

即在一般损失的基础上加上参数的二范数作为正则化项。训练网络时，不仅要最小化损失函数，而且要最小化参数的二范数，即对参数做一些限制，不让它变得过大。

对新损失函数 f 求导，进行梯度下降，有

$$\frac{\partial f}{\partial p_j} = \frac{\partial \text{loss}}{\partial p_j} + 2\lambda p_j \tag{9.9}$$

更新参数时，有

$$p_j \leftarrow p_j - \eta \left(\frac{\partial \text{loss}}{\partial p_j} + 2\lambda p_j \right) = p_j - \eta \frac{\partial \text{loss}}{\partial p_j} - 2\eta\lambda p_j \tag{9.10}$$

可以看到，$p_j - \eta \dfrac{\partial \text{loss}}{\partial p_j}$ 和未加正则化项时需要更新的部分一样，后面的 $2\eta\lambda p_j$ 就是正则化项的影响，加上正则化项后将对参数做更大程度的更新，这也被称为权重衰减（Weight Decay）。例如，要在随机梯度下降法中使用正则化项或权重衰减，利用 PyTorch 提供的 torch.optim.SGD(net.parameters(), lr=0.1, weight_decay=1e-4) 即可，其中的系数 weight_decay 就是式（9.10）中的 λ。

注意：正则化项的系数的大小非常重要，过大会极大地抑制参数的更新，导致欠拟合，而过小会导致正则化项基本没有贡献，因此选择一个合适的权重衰减系数非常重要。权重衰减系数需要根据具体情况进行选择，通常选为 1e-4 或 1e-3。

下面在训练 CIFAR10 图像的分类网络中添加正则化项，如代码 9.17 所示。

代码 9.17　网络正则化

```
01: import numpy as np
02: import torch
03: from torch import nn
04: import torch.nn.functional as F
05: from torch.autograd import Variable
06: from torchvision.datasets import CIFAR10
07: from utils import train, resnet
08: from torchvision import transforms as tfs
09:
10: def data_tf(x):
11:     im_aug = tfs.Compose([
12:         tfs.Resize(96),
13:         tfs.ToTensor(),
14:         tfs.Normalize([0.5, 0.5, 0.5], [0.5, 0.5, 0.5])
15:     ])
16:     x = im_aug(x)
17:     return x
18:
19: train_set = CIFAR10('./data', train=True, transform=data_tf)
20: train_data = torch.utils.data.DataLoader(train_set, batch_size=64, shuffle=
                                            True, num_workers=4)
21: test_set = CIFAR10('./data', train=False, transform=data_tf)
22: test_data = torch.utils.data.DataLoader(test_set, batch_size=128, shuffle=
                                           False, num_workers=4)
23:
24: net = resnet(3, 10) # 使用 utils 中的 ResNet 模型，详见后续介绍
```

```
25: optimizer = torch.optim.SGD(net.parameters(), lr=0.01, weight_decay=1e-4)
           # 增加正则化项
26: criterion = nn.CrossEntropyLoss()
27:
28: from utils import train
29: train(net, train_data, test_data, 20, optimizer, criterion)
```

输出为

```
Epoch 0. Train Loss: 1.429834, Train Acc: 0.476982, Valid Loss: 1.261334, Valid
Acc: 0.546776, Time 00:00:26
Epoch 1. Train Loss: 0.994539, Train Acc: 0.645400, Valid Loss: 1.310620, Valid
Acc: 0.554688, Time 00:00:27
Epoch 2. Train Loss: 0.788570, Train Acc: 0.723585, Valid Loss: 1.256101, Valid
Acc: 0.577433, Time 00:00:28
......
Epoch 18. Train Loss: 0.021458, Train Acc: 0.993926, Valid Loss: 0.927871, Valid
Acc: 0.785898, Time 00:00:27
Epoch 19. Train Loss: 0.015656, Train Acc: 0.995824, Valid Loss: 0.962502, Valid
Acc: 0.782832, Time 00:00:27
```

9.1.5 学习率衰减

对基于一阶梯度进行优化的方法来说，最初更新的幅度较大，即最初的学习率可以设置得大一些，但是当训练集的损失下降到一定程度后，继续使用这个学习率就会导致损失一直来回振荡。在这种情况下，就要衰减学习率，让损失充分下降；也就是说，随着训练的进行，不断减小学习率能让网络更好地收敛。

在 PyTorch 中衰减学习率非常方便——使用 torch.optim.lr_scheduler 即可，更多的信息请查阅相关文档[①]。推荐读者使用下面这种直观的方式来衰减学习率。首先定义网络模型与优化器，如代码 9.18 所示。

代码 9.18　学习率衰减
```
01: import numpy as np
02: import torch
03: from torch import nn
04: import torch.nn.functional as F
05: from torch.autograd import Variable
06: from torchvision.datasets import CIFAR10
07: from utils import resnet
08: from torchvision import transforms as tfs
09: from datetime import datetime
10:
11: net = resnet(3, 10)
12: optimizer = torch.optim.SGD(net.parameters(), lr=0.01, weight_decay=1 e-4)
```

上面定义了模型和优化器，这时可以通过 optimizer.param_groups 得到所有参数组及对应的属性。参数组是指模型的参数分成了多组，每组参数定义一个学习率。参数组类似于字典，里面具有很多属性，如学习率、权重衰减等，可用如代码 9.19 所示的方式访问。

---

① https://pytorch.org/docs/stable/_modules/torch/optim/lr_scheduler.html。

代码9.19　打印优化参数

```
01: print('learning rate: {}'.format(optimizer.param_groups[0]['lr']))
02: print('weight decay: {}'.format(optimizer.param_groups[0]['weight_decay']))
```

输出为

```
learning rate: 0.01
weight decay: 0.0001
```

可以通过修改这个属性来改变训练过程中的学习率，如代码9.20 所示。

代码9.20　改变学习率

```
01: optimizer.param_groups[0]['lr'] = 1e-5
```

为了更好地使用多个参数组，可以利用循环来操作，如代码9.21 所示。

代码9.21　利用循环改变学习率

```
01: for param_group in optimizer.param_groups:
02:     param_group['lr'] = 1e-1
```

可以在任意位置改变学习率，如代码9.22 所示。

代码9.22　在任意位置改变学习率

```
01: def set_learning_rate(optimizer, lr):
02:     for param_group in optimizer.param_groups:
03:         param_group['lr'] = lr
04:
05: # 使用数据增强
06: def train_tf(x):
07:     im_aug = tfs.Compose([
08:         tfs.Resize(120),
09:         tfs.RandomHorizontalFlip(),
10:         tfs.RandomCrop(96),
11:         tfs.ColorJitter(brightness=0.5, contrast=0.5, hue=0.5),
12:         tfs.ToTensor(),
13:         tfs.Normalize([0.5, 0.5, 0.5], [0.5, 0.5, 0.5])
14:     ])
15:     x = im_aug(x)
16:     return x
17:
18: def test_tf(x):
19:     im_aug = tfs.Compose([
20:         tfs.Resize(96),
21:         tfs.ToTensor(),
22:         tfs.Normalize([0.5, 0.5, 0.5], [0.5, 0.5, 0.5])
23:     ])
24:     x = im_aug(x)
25:     return x
26:
27: train_set = CIFAR10('./data', train=True, transform=train_tf)
28: train_data = torch.utils.data.DataLoader(train_set, batch_size=256,
        shuffle=True, num_workers=4)
29: valid_set = CIFAR10('./data', train=False, transform=test_tf)
```

```
30: valid_data = torch.utils.data.DataLoader(valid_set, batch_size=256,
           shuffle=False, num_workers=4)
31:
32: net = resnet(3, 10)
33: optimizer = torch.optim.SGD(net.parameters(), lr=0.1, weight_decay=1e-4)
34: criterion = nn.CrossEntropyLoss()
```

训练网络，如代码 9.23 所示。

代码 9.23　训练网络

```
01: train_losses = []
02: valid_losses = []
03: if torch.cuda.is_available():
04:     net = net.cuda()
05:
06: prev_time = datetime.now()
07: for epoch in range(100):
08:     if epoch == 20:
09:         set_learning_rate(optimizer, 0.01)     # 20 次修改学习率为 0.01
10:     elif epoch == 60:
11:         set_learning_rate(optimizer, 0.005)    # 60 次修改学习率为 0.01
12:     train_loss = 0
13:     net = net.train()
14:     for im, label in train_data:
15:         if torch.cuda.is_available():
16:             im = Variable(im.cuda())                   # (bs, 3, h, w)
17:             label = Variable(label.cuda())     # (bs, h, w)
18:         else:
19:             im = Variable(im)
20:             label = Variable(label)
21:         # 网络正向计算
22:         output = net(im)
23:         loss = criterion(output, label)
24:         # 误差反向传播
25:         optimizer.zero_grad()
26:         loss.backward()
27:         optimizer.step()
28:         train_loss += loss.data[0]
29:
30:     cur_time = datetime.now()
31:     h, remainder = divmod((cur_time - prev_time).seconds, 3600)
32:     m, s = divmod(remainder, 60)
33:     time_str = "Time %02d:%02d:%02d" % (h, m, s)
34:
35:     valid_loss = 0
36:     valid_acc = 0
37:     net = net.eval()
38:     for im, label in valid_data:
39:         if torch.cuda.is_available():
40:             im = Variable(im.cuda(), volatile=True)
41:             label = Variable(label.cuda(), volatile=True)
```

```
42:        else:
43:            im = Variable(im, volatile=True)
44:            label = Variable(label, volatile=True)
45:        output = net(im)
46:        loss = criterion(output, label)
47:        valid_loss += loss.data[0]
48:
49:    epoch_str = ("Epoch %d. Train Loss: %f, Valid  Loss: %f, "
50:                    % (epoch, train_loss / len(train_data), valid_loss / len(valid_data)))
51:    prev_time = cur_time
52:    train_losses.append(train_loss / len(train_data))
53:    valid_losses.append(valid_loss / len(valid_data))
54:    print(epoch_str + time_str)
```

输出为

```
Epoch 0. Train Loss: 1.872896, Valid Loss: 1.798441, Time 00:00:26
Epoch 1. Train Loss: 1.397522, Valid Loss: 1.421618, Time 00:00:28
Epoch 2. Train Loss: 1.129362, Valid Loss: 1.487882, Time 00:00:28
......
Epoch 28. Train Loss: 0.247022, Valid Loss: 0.451055, Time 00:00:27
Epoch 29. Train Loss: 0.246816, Valid Loss: 0.448706, Time 00:00:28
```

代码 9.24 画出损失曲线，结果如图 9.14 所示。

代码 9.24　可视化结果

```
01: import matplotlib.pyplot as plt
02: %matplotlib inline
03:
04: plt.plot(train_losses, label='训练集')
05: plt.plot(valid_losses, label='验证集')
06: plt.xlabel('训练次数')
07: plt.legend(loc='best')
```

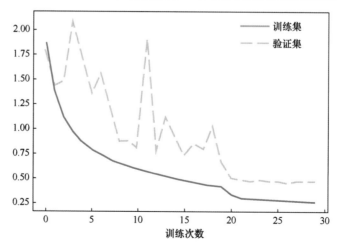

图 9.14　损失曲线。蓝色实线表示训练数据的结果，橙色虚线表示验证数据的结果

这里只训练了 30 次，第 20 次训练时衰减学习率，可以看到损失曲线在第 20 次训练时，不管是

训练损失还是验证损失，都出现了陡然下降。在实际应用中，衰减学习率前应经过充分的训练，如训练 80 次或者 100 次，然后衰减学习率以得到更好的结果，有时甚至要多次衰减学习率。

9.2　典型的深度神经网络

过去十多年来，深度学习在图像目标识别、语音识别和自然语言处理等领域中的表现出色。在各类神经网络中，卷积神经网络得到了深入研究。早期，由于缺乏训练数据及受计算能力的制约，在不产生过拟合的情况下训练出高性能卷积神经网络比较困难。ImageNet 这种大规模标记数据集的出现和 GPU 计算性能的快速提升，使卷积神经网络得到了高速发展。本节介绍卷积神经网络的几种典型架构，让读者从原理、技术、技巧等多个维度认识神经网络，进而为后续的学习和研究奠定基础。

9.2.1　LeNet5

LeNet 诞生于 1994 年，是最早的卷积神经网络之一。经过多次迭代后，这个开拓性成果被命名为 LeNet5。该网络的提出基于如下观点：通过带有可学习参数的卷积，有效地减少参数数量；图像的特征分布在整幅图像上，能够在多个位置提取相似的特征。

LeNet5 被提出时，还没有 GPU，CPU 的速度也很慢，因此 LeNet5 的规模不大。LeNet5 包含 7 个处理层，每层都包含可训练参数，输入数据是 32×32 的图像。LeNet5 虽然很小，但包含了深度学习的基本模块：卷积层、池化层和全连接层。

LeNet5 是其他深度学习模型的基础，因此下面深入分析和介绍 LeNet5，以加深读者对卷积层和池化层的理解。图 9.15 显示了 LeNet5 的架构：所输入的二维图像先经过两组卷积层和池化层，然后经过全连接层，最后使用 softmax 分类作为输出层。

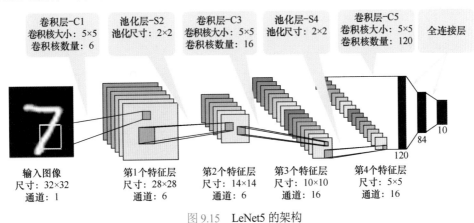

图 9.15　LeNet5 的架构

LeNet5 的特点总结如下：

- LeNet-5 是一种用于手写体字符识别的高效卷积神经网络。
- 卷积神经网络能够很好地利用图像结构信息，能够有效对抗噪声、扭曲、缩放等的影响。
- 卷积层有局部连接和权重共享，因此卷积层的参数较少，网络更容易训练和拟合。

1. LeNet5 的网络架构

LeNet5 共有 7 层，不包含输入，每层都包含可训练参数；每层有多个特征图（Feature Map），每个特征图通过一种卷积滤波器提取输入数据的一种特征。各层的处理详细介绍如下。

（1）输入层：首先是数据输入层，输入图像的尺寸统一归一化为 32×32。注意，本层不算 LeNet5 的网络结构，传统意义上不将输入层视为网络层次结构之一。

（2）卷积层——C1 层：具体参数如下所示。

- 输入图像：32×32
- 卷积核大小：5×5
- 卷积核数量：6
- 输出特征图尺寸：28×28，尺寸的计算方法为 32 − 5 + 1 = 28
- 神经元数量：28×28×6
- 连接数：(5×5 + 1)×6×(28×28) = 122304
- 可训练参数：(5×5 + 1)×6 = 156 个，计算方法：每个滤波器 5×5 = 25 个卷积核参数，1 个偏置，共有 6 组这样的卷积

对输入图像进行第一层卷积计算，使用 6 个大小为 5×5 的卷积核对图像进行扫描和卷积计算，得到 6 个 C1 特征图，即 6 个尺寸为 28×28 的特征图。接下来分析需要多少个学习参数，卷积核的个数是 6，尺寸为 5×5，共有 6×(5×5 + 1) = 156 个参数，其中 "+1" 表示每个卷积核有一个偏置（Bias）。对于卷积层 C1，C1 内的每个像素都与输入图像中的 5×5 个像素和 1 个偏置连接，共有 156×28×28 = 122304 个连接（Connection）。虽然有 122304 个连接，但只需要学习 156 个参数，因为卷积核在输入图像上滑动，在不同的位置共享相同的权重，所以不同于全连接神经网络，卷积神经网络不需要学习每个连接的权重，大大降低了参数数量。

（3）池化层（下采样层）——S2 层：具体参数如下所示。

- 输入尺寸：28
- 采样区域：2×2
- 采样方式：4 个输入相加，乘以一个可训练参数，再加上一个可训练偏置，结果通过 sigmoid 返回
- 输入通道数：6
- 输出特征图尺寸：14×14，计算方法为 28/2 = 14
- 神经元数量：14×14×6
- 连接数：(2×2 + 1)×6×(14×14) = 5880
- 可训练参数：2×6

第一次卷积后，紧接着是池化运算，使用大小为 2×2 的核进行池化，得到 S2 层的特征图，即 6 个尺寸为 14×14 的特征图。S2 中的每个特征图的宽度、高度都是 C1 中特征图的 1/2。S2 池化层对 C1 特征图中 2×2 区域内的像素求和，然后乘以一个权重系数，再加上一个偏置，最后将这个结果做一次非线性映射（sigmoid）。因此，每个池化核都有两个训练参数，共有 2×6 = 12 个训练参数，但是有 5×14×6 = 5880 个连接。

注意：LeNet5 所用的池化方法目前不常用，目前常用的池化方法是最大池化，它是固定的方法，因此不需要学习参数。

（4）卷积层——C3 层：具体参数如下所示。

- 输入：S2 中所有 6 个或几个特征图的组合，尺寸为 14×14
- 卷积核大小：5×5

- 卷积核数量：16
- 输出特征图大小：10×10，尺寸的计算方法为 $14-5+1=10$

本层的卷积操作和 C1 层的操作基本相似，但由于输入的特征图有 6 个通道，所以本层的卷积操作要复杂一些。由于 C1 层的输入通道数为 1，因此只需要一个二维卷积核与输入图像进行卷积操作，而本层卷积输入的通道数为 6，因此卷积核需要对多个输入通道进行计算，具体方式如下：C3 层的前 6 个特征图以 S2 层中 3 个相邻的特征图子集为输入；接下来 6 个特征图以 S2 层的 4 个相邻特征图子集为输入；此后的 3 个特征图以不相邻的 4 个特征图子集为输入；最后一个特征图以 S2 层的所有特征图为输入。也就是说，对 S2 层的特征图进行特殊组合得到 16 个特征图，具体组合关系如图 9.16 所示。

输出特征图通道

输入特征图通道	0	1	2	3	4	5	6	7	8	9	10	11	12	13	14	15
0	X				X	X	X			X	X	X	X		X	X
1	X	X				X	X	X			X	X	X	X		X
2	X	X	X				X	X	X			X		X	X	X
3		X	X	X			X	X	X	X			X		X	X
4			X	X	X			X	X	X	X		X	X		X
5				X	X	X			X	X	X	X		X	X	X
	相邻3个特征图连接组						相邻4个特征图连接组						不相邻4个特征图连接组			全连接组

图 9.16 对 S2 层的特征图进行特殊组合得到 16 个特征图

C3 层的前 6 个特征图(对应图 9.16 中第一个红框的第 6 列）与 S2 层的 3 个特征图相连(图 9.16 中的第一个红框)，第一列表示输出特征图的通道编号 0，它与输入特征图的第 0, 1, 2 通道进行卷积操作，由于输入的是三个通道，因此卷积核也有三层，卷积核的大小为 5×5×3。三个卷积层对输入的三个特征图通道进行运算的示意图如图 9.17 所示；后面 6 个特征图与 S2 层相连的 4 个特征图相连（图 9.17 中的第二个红框)；后面 3 个特征图与 S2 层部分不相连的 4 个特征图相连；最后一个特征图与 S2 层的所有特征图相连。多个输入层的卷积操作如图 9.17 所示，S2 层的 6 个特征图作为输入，其中特征图通道 0, 1, 2 分别与卷积核的三个通道进行卷积，求和后的结果做非线性变换，然后作为输出特征图通道 0 的一个像素的结果。卷积核的大小为 5×5，共有 $6\times(3\times5\times5+1)+6\times(4\times5\times5+1)+3\times(4\times5\times5+1)+1\times(6\times5\times5+1)=1516$ 个学习参数。

注意：采用上述特征图通道组合的主要原因如下：①减少参数个数；②这种不对称的组合连接的方式有利于提取多种组合特征。然而，目前深度学习中多通道－多通道卷积已不采用这种方法，每个卷积核都与所有输入层的特征连接，即都采用图 9.16 中第 15 列的全连接方式。

（5）池化层——S4 层：具体参数如下所示。

- 输入：10×10
- 采样区域：2×2
- 采样方式：4 个输入相加，乘以一个可训练参数，再加上一个可训练偏置，结果通过 sigmoid 返回
- 采样种类：16
- 输出特征图尺寸：5×5

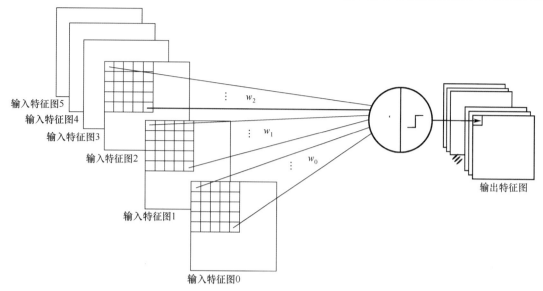

图 9.17　S2 层的 6 个特征图作为输入，其中特征图的通道 0, 1, 2 分别和卷积核的三个通道进行
卷积，求和后的结果做非线性变换，然后作为输出特征图的通道 0 的一个像素的结果

S4 是池化层，窗口尺寸仍然是 2×2，共计 16 个特征图，每个特征图的宽度或高度都是 C3 层的特征图的 1/2。C3 层的 16 个 10×10 特征图分别进行以 2×2 为单位的池化，得到 16 个 5×5 的特征图。这一层有 2×16 = 32 个训练参数，有 5×5×5×16 = 2000 个连接，连接方式与 S2 层的类似。

（6）*卷积层——C5 层*：具体参数如下所示。

- 输入：S4 层输出的 16 个特征图，尺寸为 5×5
- 卷积核大小：5×5
- 卷积核数量：120
- 输出特征图尺寸：1×1，计算方式为 5 − 5 + 1 = 1
- 可训练参数/连接数：120×16×(5×5 + 1) = 48120

本层是一个卷积层，由于 S4 层的 16 个特征图尺寸为 5×5，与卷积核的大小相同，所以卷积后形成的特征图的尺寸为 1×1。这里形成 120 个卷积结果，每个结果都与上一层的 16 个特征图相连，所以共有 120×16×(5×5 + 1) = 48120 个参数，同样有 48120 个连接。

（7）*全连接层——F6 层*：具体参数如下所示。

- 输入：C5 层的 120 维向量
- 输出：长度为 84 的一维向量
- 计算方式：计算输入向量和权重向量的点积，加上一个偏置，结果通过 sigmoid 函数输出
- 可训练参数：84×(120 + 1) = 10164 个

本层是全连接层，输入节点数为 120，输出节点数为 84，每个输入节点和输出节点都有一个连接与学习权重。

（8）*全连接层——输出层*：本层同样是全连接层，输入节点数为 85，输出节点数为 10。

2．LeNet5 的实现

上面详细介绍了 LeNet5 的各个网络层的组成，下面通过具体的程序说明如何使用 PyTorch 实现 LeNet5。首先定义 LeNet5，如代码 9.25 所示。

代码 9.25　LeNet5 网络定义

```
01: import torch
02: from torch import nn
03: import torch.nn.functional as F
04:
05: class LeNet5(nn.Module):
06:     def __init__(self):
07:         super(LeNet5, self).__init__()
08:         # 1-input channel, 6-output channels, 5x5-conv
09:         self.conv1 = nn.Conv2d(1, 6, 5)
10:         # 6-input channel, 16-output channels, 5x5-conv
11:         self.conv2 = nn.Conv2d(6, 16, 5)
12:         # 16x5x5-input, 120-output
13:         self.fc1 = nn.Linear(16*5*5, 120)
14:         # 120-input, 84-output
15:         self.fc2 = nn.Linear(120, 84)
16:         # 84-input, 10-output
17:         self.fc3 = nn.Linear(84, 10)
18:
19:     def forward(self, x):
20:         x = F.max_pool2d(F.relu(self.conv1(x)), (2, 2))
21:         x = F.max_pool2d(F.relu(self.conv2(x)), (2, 2))
22:         x = torch.flatten(x, 1)     # 将结果拉伸成 2 维向量, 尺寸为: 批次*(16*5*5)
23:         x = F.relu(self.fc1(x))
24:         x = F.relu(self.fc2(x))
25:         x = self.fc3(x)
26:         return x
```

　　注意：上面的实现和原始版本的 LeNet5 不完全一样，主要差别如下：①self.conv2 未使用图 9.16 所示的多通道—多通道卷积映射关系，所有卷积都与输入数据的所有层相连；②将平均池化改成了最大池化；③为了更好地训练网络，将 sigmoid 激活函数改成了 ReLU 激活函数。

　　上面的几行代码就生成了 LeNet5 网络，表明使用 PyTorch 的模块极大地降低了编程的难度，底层的求导、参数更新等过程在框架中能够自动完成，因此读者只需关注网络架构设计、训练技巧等。下面在 MNIST 数据集上训练 LeNet5 模型，如代码 9.26 所示。

代码 9.26　LeNet5 模型训练

```
01: from torchvision.datasets import mnist
02: from torch.utils.data import DataLoader
03: from torchvision import transforms as tfs
04: from utils import train
05:
06: # 数据转换
07: def data_tf(x):
08:     im_aug = tfs.Compose([
09:         tfs.Resize(32),
10:         tfs.ToTensor()
11:         # tfs.Normalize([0.5], [0.5])
12:     ])
```

```
13:        x = im_aug(x)
14:        return x
15:
16: # 加载训练、验证数据
17: train_set = mnist.MNIST('../../data/mnist', train=True, transform=data_tf, download=True)
18: train_data = torch.utils.data.DataLoader(train_set, batch_size=64, shuffle=True)
19: test_set = mnist.MNIST('../../data/mnist', train=False, transform= data_tf, download=True)
20: test_data = torch.utils.data.DataLoader(test_set, batch_size=128, shuffle=False)
21:
22: # 生成网络、优化器、损失函数
23: net = LeNet5()
24: optimizer = torch.optim.Adam(net.parameters(), lr=1e-3)
25: criterion = nn.CrossEntropyLoss()
26:
27: # 训练网络
28: res = train(net, train_data, test_data, 20, optimizer, criterion)
```

为了简化代码，这里将网络训练写在 train()函数中，该函数定义在 utils.py 文件中[1]。

示例程序进行了 20 次迭代训练，训练过程中损失和准确率的变化如图 9.18 所示，随着训练的进行，损失一直下降，准确率一直上升，最终训练准确率达 99.8%，测试准确率达 98.8%。由于 MNIST 数据集的数据量较少，所以经过次数较少的迭代就能达到较好的结果。

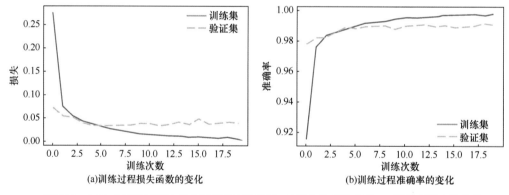

(a)训练过程损失函数的变化   (b)训练过程准确率的变化

图 9.18 LeNet5 训练过程中损失和准确率的变化：(a)损失的变化曲线；(b)准确率的变化曲线。蓝色实线表示训练集的结果，橙色虚线表示验证集的结果

9.2.2 AlexNet

第一个典型的卷积神经网络是 LeNet5，但第一个开启深度学习的网络却是在 2012 年的 ImageNet[2] 竞赛中获得冠军的 AlexNet。AlexNet 网络提出了深度学习中两项非常重要的技术：ReLU 和 Dropout。AlexNet 的网络结构整体上类似于 LeNet，都是先卷积后全连接，但细节上有很大的不同，AlexNet 更复杂。Alexnet 模型由 5 个卷积层、3 个池化层和 3 个全连接层构成，共有 6×10^7 个参数和 65000 个神经元，最终的输出层是 1000 通道的 softmax，网络架构如图 9.19 所示。AlexNet 使用了更多的卷积层和更大的参数空间来拟合大规模数据集 ImageNet，是浅层神经网络和深度神经网络的分界线。

① utils.py 文件的地址为 https://gitee.com/pi-lab/machinelearning_notebook/blob/master/7_deep_learning/1_CNN/utils.py。
② ImageNet 的网址为https://www.image-net.org/。

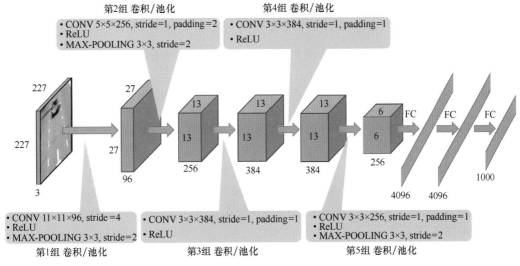

图 9.19 AlexNet 的网络架构

1. AlexNet 的网络架构

与模型规模相对较小的 LeNet5 相比，AlexNet 包含 8 层，即 5 个卷积层、2 个全连接隐藏层和 1 个全连接输出层，下面详细描述这些层的设计。

第一层中的卷积核大小是 11×11，因为 ImageNet 中绝大多数图像的高度和宽度均比 MNIST 图像大 10 倍以上，物体要占用更多的像素，所以需要更大的卷积窗口来捕获物体。第二层中的卷积核大小减小到 5×5，之后全采用 3×3 的卷积核大小。此外，第一个、第二个和第五个卷积层之后都使用了窗口大小为 3×3、步幅为 2 的最大池化层。除了卷积核的大小与 LeNet5 的不同，卷积核的数量也增加了数十倍。紧接着最后一个卷积层的是两个节点数都为 4096 的全连接层，最后通过 softmax 输出类别信息。整个网络需要使用近 1GB 容量的模型参数，由于早期显卡容量的限制，当时的 AlexNet 使用双数据流设计，一个 GPU 只处理一半的模型数据。

AlexNet 与 LeNet5 的设计理念非常相似，但也有显著区别。AlexNet 的主要特点如下所示。

- AlexNet 将 sigmoid 激活函数改成了更简单的 ReLU 激活函数。一方面，ReLU 激活函数的计算更简单，没有 sigmoid 激活函数中的求幂运算；另一方面，ReLU 激活函数在不同的参数初始化方法下使得模型更容易训练。事实上，当 sigmoid 激活函数的输出极为接近 0 或 1 时，这些区域的梯度几乎为 0，使得反向传播无法继续更新模型参数。因此，若模型参数初始化不当，sigmoid 函数可能在正区间得到几乎为 0 的梯度，从而使得模型无法得到有效训练。而 ReLU 激活函数在正区间的梯度恒为 1，不存在这样的问题。
- 使用随机丢弃技术（Dropout）选择性地忽略训练中的某些神经元，避免了模型的过拟合，从而控制全连接层的模型复杂度。
- 添加了局部响应归一化（Local Response Normalization，LRN）层，准确率更高。
- 重叠最大池化（Overlapping Max Pooling），即池化范围 z 与步长 s 存在关系 $z > s$。
- 避免平均池化（Average Pooling）的平均效应。
- AlexNet 引入了大量图像增广技术，如翻转、裁剪和颜色变化，可以进一步扩大数据集来缓解过拟合。

注意：因为早期的硬件设备的存储和计算能力不足，所以图 9.19 分成了两部分，以将不同部分的计算分散到不同的 GPU 上，现在已完全没有这种必要。在原始的实现中，第一个卷积层的卷积核通道数是 48×2 = 96 个，为了方便大家理解，这里直接使用 96 个卷积核来表示。

下面分析 AlexNet 网络的设计。

（1）卷积层 1：第一层的输入数据为原始的 227×227×3 图像，这幅图像被 11×11×96 的卷积核卷积，卷积核对原始图像的每次卷积都生成一个新像素。卷积核沿原始图像的 x 轴方向和 y 轴方向移动，移动步长 stride = 4 个像素。因此，卷积核在移动过程中生成(227 – 11)/4 + 1 = 55 个像素，行和列的 55×55 个像素形成对原始图像卷积后的像素层。共 96 个卷积核，生成 55×55×96 个卷积后的特征图。这些像素层经过 ReLU 单元处理，生成激活像素层。这些像素层经过最大池化运算处理，池化运算的尺寸为 3×3，运算步长为 2，池化后图像的尺寸为(55 – 3)/2 + 1 = 27，即池化后像素的规模为 27×27×96；然后进行归一化处理，归一化运算的尺寸为 55；卷积层 1 运算结束后形成的像素层的规模为 27×27×96。反向传播时，每个卷积核对应一个偏差，即第一层的 96 个卷积核对应上层输入的 96 个偏差。

（2）卷积层 2：第二层的输入数据为第一层输出的 27×27×96 个特征图，为便于后续处理，每个像素层左右两边和上下两边都要填充 2 个像素；每组像素数据被 5×5×96 的卷积核卷积，卷积核对每组数据的每次卷积都生成一个新像素。卷积核沿原始图像的 x 轴方向和 y 轴方向移动，移动步长是 1 个像素。因此，卷积核在移动过程中生成(27 – 5 + 2×2)/1 + 1 = 27 个像素（27 减去 5 正好是 22，加上上下、左右各填充的 2 个像素，得到 26 个像素，再加上减去 5 对应生成的 1 个像素），行和列的 27×27 个像素形成对原始图像卷积后的像素层。共 256 个大小为 5×5×95 的卷积核。卷积层处理后得到 27×27×256 个像素层，这些像素层经过 ReLU 单元处理，生成激活像素层。接下来，这些像素层经过池化层处理，池化运算的尺寸为 3×3，运算步长为 2，池化后图像的尺寸为(27 – 3)/2 + 1 = 13，即池化后像素规模为 13×13×256 的特征图；然后进行归一化处理，归一化运算的尺寸为 5×5；卷积层 2 运算结束后形成的特征图是维度为 13×13×256 的特征图。

（3）卷积层 3：第三层的输入数据为第二层输出的 13×13×256 个特征图；为便于后续处理，每个像素层的左右两边和上下两边都要填充 1 个像素。本层的卷积核的大小为 3×3×384，卷积核沿像素层数据的 x 轴方向和 y 轴方向移动，移动步长是 1 个像素。运算后卷积核的大小为(13 – 3 + 2)/1 + 1 = 13，经过卷积操作后数据的维度为 13×13×384，然后进行 ReLU 非线性处理得到特征图。

（4）卷积层 4：第四层的输入数据为第三层输出的 13×13×384 个特征图；为便于后续处理，类似于卷积层 3 的处理，每个像素层的左右两边和上下两边都要填充 1 个像素。本层的卷积核的维度为 3×3×384，移动步长是 1 个像素，卷积运算后得到的数据尺寸为(13 – 3 + 2)/1 + 1 = 13。然后经过 ReLU 单元处理，生成激活像素层，尺寸为 13×13×384。

（5）卷积层 5：第五层的输入数据为第四层输出的 13×13×384 个像素层。进行卷积时，同样在图像周围填充 1 个像素。本层的卷积核维度为 3×3×256，卷积核的移动步长为 1 像素。然后进行 ReLU 非线性处理，再经过尺寸为 3×3 的最大池化处理，移动步长为 2 像素，得到的特征图维度为 6×6×256。

（6）全连接层 6：第六层的输入数据的维度是 6×6×256，采用 6×6×256 的卷积核对第六层的输入数据进行卷积运算；每个卷积核对第六层的输入数据进行卷积运算，生成一个运算结果，通过一个神经元输出这个运算结果；共有 4096 个大小为 6×6×256 的卷积核对输入数据进行卷积运算，通过 4096 个神经元输出运算结果；4096 个运算结果通过 ReLU 激活函数生成 4096 个值，并经 Dropout

运算后输出 4096 个本层的输出结果值。由于第六层运算采用的卷积核大小（6×6×256）与待处理特征图的尺寸（6×6×256）相同，即卷积核中的每个系数只与特征图中的一个像素值相乘，而在其他卷积层中，每个卷积核的系数都与多个特征图中的像素值相乘，因此将第六层称为全连接层。

（7）全连接层 7：第六层输出的 4096 个数据与第七层的 4096 个神经元全连接，然后经 ReLU 处理后生成 4096 个数据，再经 Dropout 处理后输出 4096 个数据。

8）全连接层 8：第七层输出的 4096 个数据与第八层的 1000 个神经元全连接，经过训练后输出被训练的数值。

注意：引入 Dropout 的目的主要是防止过拟合。在神经网络中，Dropout 通过修改神经网络本身的结构来实现，对于某层的神经元，通过定义的概率将其置 0，这个神经元就不参与正向计算和反向传播，就如同在网络中被删除了一样，同时保持输入层与输出层神经元的个数不变，然后按照神经网络的学习方法进行参数更新。在下一次迭代中，又重新随机删除一些神经元（置为 0），直至训练结束。Dropout 是 AlexNet 中的一个创新，是如今神经网络中的必备结构之一。Dropout 也可视为一种模型组合，每次生成的网络结构都不一样，通过组合多个模型能够有效地减少过拟合现象。Dropout 只需两倍的训练时间即可实现模型组合（类似取平均）的效果，非常高效。

2. AlexNet 的实现

上面详细分析了 AlexNet 的各个网络层，下面通过具体程序说明如何使用 PyTorch 实现 AlexNet，如代码 9.27 所示。

代码 9.27 AlexNet 网络

```
01: import torch.nn as nn
02: import torch
03:
04: class AlexNet(nn.Module):
05:     def __init__(self, num_classes=1000):
06:         super(AlexNet, self).__init__()
07:         self.features = nn.Sequential(
08:             nn.Conv2d(3, 96, kernel_size=11, stride=4, padding=2),
09:             nn.ReLU(inplace=True),        # inplace 可以载入更大的模型
10:             nn.MaxPool2d(kernel_size=3, stride=2),
11:
12:             nn.Conv2d(96, 256, kernel_size=5, padding=2),
13:             nn.ReLU(inplace=True),
14:             nn.MaxPool2d(kernel_size=3, stride=2),
15:
16:             nn.Conv2d(256, 384, kernel_size=3, padding=1),
17:             nn.ReLU(inplace=True),
18:
19:             nn.Conv2d(384, 384, kernel_size=3, padding=1),
20:             nn.ReLU(inplace=True),
21:
22:             nn.Conv2d(384, 256, kernel_size=3, padding=1),
23:             nn.ReLU(inplace=True),
24:             nn.MaxPool2d(kernel_size=3, stride=2),
25:         )
```

```
26:        self.classifier = nn.Sequential(
27:            nn.Dropout(p=0.5),
28:            nn.Linear(256*6*6, 4096),              # 全连接
29:            nn.ReLU(inplace=True),
30:            nn.Dropout(p=0.5),
31:            nn.Linear(4096, 4096),
32:            nn.ReLU(inplace=True),
33:            nn.Linear(4096, num_classes),
34:        )
35:
36:    def forward(self, x):
37:        x = self.features(x)
38:        x = torch.flatten(x, start_dim=1)          # 展平或 view()
39:        x = self.classifier(x)
40:        return x
```

由于 AlexNet 比 LeNet5 复杂，使用简单的数据集无法体现其优势，因此下面使用 CIFAR10 数据集。代码 9.28 演示了如何使用 CIFAR10 数据集来训练 AlexNet 网络模型。

代码 9.28　训练 AlexNet 网络模型

```
01: from torchvision.datasets import CIFAR10
02: from torch.utils.data import DataLoader
03: from torchvision import transforms as tfs
04: from utils import train
05:
06: # 数据转换
07: def data_tf(x):
08:     im_aug = tfs.Compose([
09:         tfs.Resize(227),
10:         tfs.ToTensor(),
11:         tfs.Normalize([0.5, 0.5, 0.5], [0.5, 0.5, 0.5])
12:     ])
13:     x = im_aug(x)
14:     return x
15:
16: train_set = CIFAR10('../../data', train=True, transform=data_tf)
17: train_data = torch.utils.data.DataLoader(train_set, batch_size=64, shuffle=True)
18: test_set  = CIFAR10('../../data', train=False, transform=data_tf)
19: test_data = torch.utils.data.DataLoader(test_set, batch_size=128, shuffle=False)
20:
21: net = AlexNet(num_classes=10)
22: optimizer = torch.optim.Adam(net.parameters(), lr=1e-3)
23: criterion = nn.CrossEntropyLoss()
24:
25: res = train(net, train_data, test_data, 20, optimizer, criterion, use_cuda=True)
```

AlexNet 网络模型需要输入的图像尺寸是 227×227，以上代码中的第 9 行首先将输入图像重采样为 227×227 大小，然后转换成 Tensor，最后对数据进行归一化处理。示例程序进行了 20 次迭代训练，在训练过程中，损失和准确率的变化如图 9.20 所示，随着训练的进行，损失一直下降，准确率一直上升。

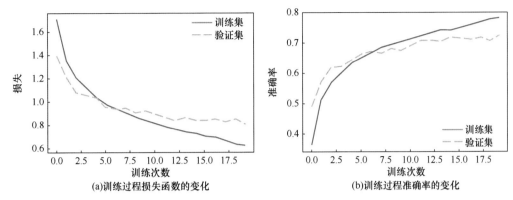

图 9.20　AlexNet 训练过程中损失和准确率的变化：(a)损失的变化曲线；(b)准确率的变化曲线。
蓝色实线表示训练集的结果，橙色虚线表示验证集的结果

9.2.3　VGG

　　VGG 是牛津大学 Visual Geometry Group 提出的一种深度神经网络模型，是在 ILSVRC 2014 的相关工作成果，证明了增大网络的深度能够在一定程度上影响网络的最终性能。VGG 有两种结构，分别是 VGG16 和 VGG19，二者并无本质上的区别，只是深度不同。当该模型被提出时，由于其简洁性和实用性，马上成为当时最流行的卷积神经网络模型，在图像分类和目标检测任务中都表现优良。在 2014 年的 ILSVRC 比赛中，VGG 的准确率达到了 92.3%。

　　VGG 的网络结构比较简单，即不断地堆叠卷积层和池化层，如图 9.21 所示。

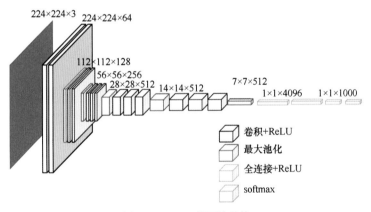

图 9.21　VGG 的网络结构

1. VGG 的特点

　　VGG 只有 3×3 个卷积层，连续的卷积层后面使用池化层隔开。虽然层数很多，但很有规律。它几乎全部使用大小为 3×3 的卷积核及大小为 2×2 的池化层，使用小卷积核进行多层堆叠和使用一个大卷积核的感受野，效果上相同，且小卷积核能减少参数，同时结构可以更深。

- 小卷积核和连续的卷积层。VGG 中使用的都是 3×3 卷积核，且使用了多个连续的卷积层。这样做的好处如下：①使用连续的多个小卷积核（3×3）来代替一个大卷积核，如 5×5 卷积核。使用小卷积核的问题是其感受野变小，所以 VGG 中使用多个连续的 3×3 卷积核来增大感受野。VGG 认为两个连续的 3×3 卷积核能够代替一个 5×5 卷积核，三个连续的 3×3 卷积

核能够代替一个 7×7 卷积核。②小卷积核的参数较少。三个 3×3 卷积核的参数个数为 3×3 = 27，而一个 7×7 卷积核的参数个数为 7×7 = 49。③由于每个卷积层都有一个非线性激活函数，所以多个卷积层增加了非线性映射。

- 小池化核，尺寸为 2×2。
- 通道数更多，特征的维度更高。每个通道代表一个特征图，更多的通道数表示更丰富的图像特征。VGG 第一层的通道数为 64，后面每层的通道数都翻倍，最多有 512 个通道，通道数的增加使得更多的信息可被提取出来。
- 层数更深。使用连续的小卷积核代替大卷积核，网络的深度更深，并且对边缘进行填充，卷积过程不减小图像尺寸，仅在使用小池化单元时才会减小图像尺寸。

2．VGG 的实现

VGG 的关键是使用多个 3×3 卷积层，然后使用一个最大池化层。这个模块使用了多次，下面按照这种结构使用 PyTorch 实现该网络。为了使代码简洁和复用，可以定义一个 VGG 模块，它传入三个参数：

- 第一个是模型层数
- 第二个是输入的通道数
- 第三个是输出的通道数

第一层卷积接受的输入通道数是图像输入的通道数，然后输出最后的输出通道数，而后面的卷积接受的通道数就是最后的输出通道数，如代码 9.29 所示。

代码 9.29　VGG 模块定义

```
01: import torch
02: from torch import nn
03: from torch.autograd import Variable
04:
05: def VGG_Block(num_convs, in_channels, out_channels):
06:     # 定义第一层
07:     net = [nn.Conv2d(in_channels, out_channels, kernel_size=3,padding=1),
08:         nn.BatchNorm2d(out_channels),
09:         nn.ReLU(True)]
10:
11:     for i in range(num_convs-1):    # 定义后面的多层
12:         net.append(nn.Conv2d(out_channels, out_channels,
13:                             kernel_size=3, padding=1))
14:         net.append(nn.BatchNorm2d(out_channels))
15:         net.append(nn.ReLU(True))
16:
17:     net.append(nn.MaxPool2d(2, 2))      # 定义池化层
18:     return nn.Sequential(*net)
```

打印模型，如代码 9.30 所示，可以看到网络的具体结构。

代码 9.30　VGG 网络块使用示例

```
01: block_demo = VGG_Block(3, 64, 128)
02: print(block_demo)
```

输出为

```
Sequential(
  (0): Conv2d(64, 128, kernel_size=(3, 3), stride=(1, 1), padding=(1, 1))
  (1): BatchNorm2d(128, eps=1e-05, momentum=0.1, affine=True, track_
      running_stats=True)
  (2): ReLU(inplace=True)
  (3): Conv2d(128, 128, kernel_size=(3, 3), stride=(1, 1), padding=(1, 1))
  (4): BatchNorm2d(128, eps=1e-05, momentum=0.1, affine=True, track_
      running_stats=True)
  (5): ReLU(inplace=True)
  (6): Conv2d(128, 128, kernel_size=(3, 3), stride=(1, 1), padding=(1, 1))
  (7): BatchNorm2d(128, eps=1e-05, momentum=0.1, affine=True, track_
      running_stats=True)
  (8): ReLU(inplace=True)
  (9): MaxPool2d(kernel_size=2, stride=2, padding=0, dilation=1, ceil_mode=False)
)
```

输入一个数据，代入 VGG 模块，查看输出数据的维度和尺寸等信息，如代码 9.31 所示。

代码 9.31　验证数据的维度和尺寸

```
01: # 首先定义输入为(1, 64, 300, 300) - (batch, channels, imgH, imgW)
02: input_demo = Variable(torch.zeros(1, 64, 300, 300))
03: output_demo = block_demo(input_demo)
04: print(output_demo.shape)
```

输出为

```
Torch.Size([1, 128, 150, 150])
```

可以看出，输出变成了（1, 128, 150, 150），各个维度的含义为（batch, channels, imgH, imgW），经过 VGG 模块后，输入大小被减半，通道数变成 128。下面定义一个函数，以对这个 VGG 模块进行堆叠。VGG 模块的重要参数是卷积的层数及输入和输出的通道数，如代码 9.32 所示。

代码 9.32　VGG 模块堆叠

```
01: def VGG_Stack(num_convs, channels):
02:     net = []
03:     for n, c in zip(num_convs, channels):
04:         in_c = c[0]
05:         out_c = c[1]
06:         net.append(VGG_Block(n, in_c, out_c))
07:     return nn.Sequential(*net)
08:
09: vgg_net = VGG_Stack((2, 2, 2, 3), ((3, 64), (64, 128), (128, 256), (256, 512)))
10: print(vgg_net)
```

在上面的代码中堆叠了 4 个 VGG 模块，卷积层数和通道数分别是 vgg_stack()函数的第一个参数和第二个参数。输出为

```
Sequential(
  (0): Sequential(
    (0): Conv2d(3, 64, kernel_size=(3, 3), stride=(1, 1), padding=(1, 1))
    (1): BatchNorm2d(64, eps=1e-05, momentum=0.1, affine=True, track_running_stats=True)
```

```
      (2): ReLU(inplace=True)
      (3): Conv2d(64, 64, kernel_size=(3, 3), stride=(1, 1), padding=(1, 1))
      (4): BatchNorm2d(64, eps=1e-05, momentum=0.1, affine=True, track_running_stats=True)
      (5): ReLU(inplace=True)
      (6): MaxPool2d(kernel_size=2, stride=2, padding=0, dilation=1, ceil_mode=False)
    )
    (1): Sequential(
      (0): Conv2d(64, 128, kernel_size=(3, 3), stride=(1, 1), padding=(1, 1))
      (1): BatchNorm2d(128, eps=1e-05, momentum=0.1, affine=True, track_running_stats=True)
      (2): ReLU(inplace=True)
      (3): Conv2d(128, 128, kernel_size=(3, 3), stride=(1, 1), padding=(1, 1))
      (4): BatchNorm2d(128, eps=1e-05, momentum=0.1, affine=True, track_running_stats=True)
      (5): ReLU(inplace=True)
      (6): MaxPool2d(kernel_size=2, stride=2, padding=0, dilation=1, ceil_mode=False)
    )
    (2): Sequential(
      (0): Conv2d(128, 256, kernel_size=(3, 3), stride=(1, 1), padding=(1, 1))
      (1): BatchNorm2d(256, eps=1e-05, momentum=0.1, affine=True, track_running_stats=True)
      (2): ReLU(inplace=True)
      (3): Conv2d(256, 256, kernel_size=(3, 3), stride=(1, 1), padding=(1, 1))
      (4): BatchNorm2d(256, eps=1e-05, momentum=0.1, affine=True, track_running_stats=True)
      (5): ReLU(inplace=True)
      (6): MaxPool2d(kernel_size=2, stride=2, padding=0, dilation=1, ceil_mode=False)
    )
    (3): Sequential(
      (0): Conv2d(256, 512, kernel_size=(3, 3), stride=(1, 1), padding=(1, 1))
      (1): BatchNorm2d(512, eps=1e-05, momentum=0.1, affine=True, track_running_stats=True)
      (2): ReLU(inplace=True)
      (3): Conv2d(512, 512, kernel_size=(3, 3), stride=(1, 1), padding=(1, 1))
      (4): BatchNorm2d(512, eps=1e-05, momentum=0.1, affine=True, track_running_stats=True)
      (5): ReLU(inplace=True)
      (6): Conv2d(512, 512, kernel_size=(3, 3), stride=(1, 1), padding=(1, 1))
      (7): BatchNorm2d(512, eps=1e-05, momentum=0.1, affine=True, track_running_stats=True)
      (8): ReLU(inplace=True)
      (9): MaxPool2d(kernel_size=2, stride=2, padding=0, dilation=1, ceil_mode=False)
    )
  )
```

可以看出网络结构中有 4 个最大池化,说明图像的尺寸缩小了 4 倍。下面输入一幅大小为 32×32 的图像,以查看结果是什么,如代码 9.33 所示。

代码 9.33 验证网络输出数据的尺寸

```
01: test_x = Variable(torch.zeros(1, 3, 32, 32))
02: test_y = vgg_net(test_x)
03: print(test_y.shape)
```

输出为

```
Torch.Size([1, 512, 2, 2])
```

可以看出图像的尺寸缩小了 2^4 倍,最后加上几个全连接,就能得到想要的分类输出。VGG 网络的定义如代码 9.34 所示。

代码 9.34　VGG 网络的定义

```
01: class VGG_Net(nn.Module):
02:     def __init__(self):
03:         super(VGG_Net, self).__init__()
04:         self.feature = VGG_Stack((2, 2, 2, 3), ((3, 64), (64, 128), (128, 256), (256, 512)))
05:         self.fc = nn.Sequential(
06:             nn.Linear(2*2*512, 1024),
07:             nn.ReLU(True),
08:             nn.Dropout(),
09:             nn.Linear(1024, 1024),
10:             nn.ReLU(True),
11:             nn.Dropout(),
12:             nn.Linear(1024, 10)
13:         )
14:     def forward(self, x):
15:         x = self.feature(x)
16:         x = x.view(x.shape[0], -1)
17:         x = self.fc(x)
18:         return x
```

上面的几行代码就生成了非常复杂的网络，表明通过函数实现相似网络模块的定义就能极大地减少网络结构中的重复定义。为了演示 VGG 的基本操作，上面的网络与论文中介绍的网络不完全相同——去掉了部分卷积层。接下来训练 VGG 模型，看它在 CIFAR10 数据集上的效果，如代码 9.35 所示。

代码 9.35　VGG 网络训练

```
01: from torchvision.datasets import CIFAR10
02: from torchvision import transforms as tfs
03: from utils import train
04:
05: # 使用数据变换
06: def data_tf(x):
07:     im_aug = tfs.Compose([
08:         tfs.ToTensor(),
09:         tfs.Normalize([0.5, 0.5, 0.5], [0.5, 0.5, 0.5])
10:     ])
11:     x = im_aug(x)
12:     return x
13:
14: train_set = CIFAR10('../../data', train=True, transform=data_tf)
15: train_data = torch.utils.data.DataLoader(train_set, batch_size=64, shuffle=True)
16: test_set = CIFAR10('../../data', train=False, transform=data_tf)
17: test_data = torch.utils.data.DataLoader(test_set, batch_size=128, shuffle=False)
18:
19: net = VGG_Net()
20: optimizer = torch.optim.Adam(net.parameters(), lr=1e-3)
21: criterion = nn.CrossEntropyLoss()
22:
23: res = train(net, train_data, test_data, 20, optimizer, criterion)
```

示例程序进行了 20 次迭代训练，训练过程中损失和准确率的变化如图 9.22 所示，随着训练的进行，损失一直下降，准确率一直上升。可以看到，迭代 20 次后，VGG 能在 CIFAR10 数据集上取得约 85% 的准确率。

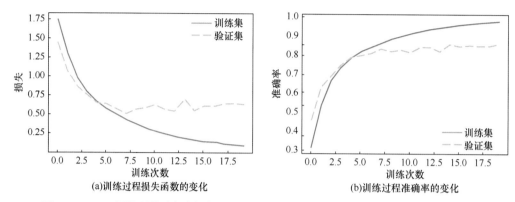

(a)训练过程损失函数的变化　　　　　(b)训练过程准确率的变化

图 9.22　VGG 网络训练过程中损失和准确率的变化：(a)损失的变化曲线；(b)准确率的变化曲线。蓝色实线表示训练集的结果，橙色虚线表示验证集的结果

9.2.4　GoogLeNet

GoogLeNet 是谷歌公司提出的网络结构，刚被提出时，它的影响就较大，原因是它提出了很多新的网络基础单元，颠覆了人们对卷积网络的固定印象。GoogLeNet 采用了一个非常有效的 Inception 模块，得到了比 VGG 更深的网络结构，但参数却比 VGG 的更少。GoogLeNet 去掉了后面的全连接层，提高了计算效率。图 9.23 所示为 GoogLeNet 的核心——Inception 模块的结构。

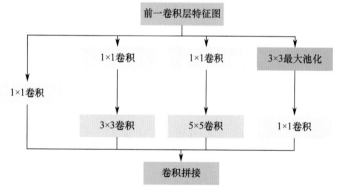

图 9.23　Inception 模块的结构

1. Inception 模块

在图 9.23 中，可以看到 4 个并行的卷积，这四个卷积并行的层就是 Inception 模块，其中四条并行线路的具体操作如下：

- 一个 1×1 的卷积，一个小的感受野进行卷积，提取特征。
- 一个 1×1 的卷积加上一个 3×3 的卷积，1×1 的卷积减少输入的特征通道数，进而减少参数计算量，然后接一个 3×3 的卷积，进行较大感受野的卷积。
- 一个 1×1 的卷积加上一个 5×5 的卷积，作用和第二个卷积的相同。

● 一个 3×3 的最大池化加上一个 1×1 的卷积，最大池化改变输入的特征排列，1×1 的卷积提取
特征。

最后在通道的这个维度上将四条并行线路得到的特征拼接在一起。下面是 PyTorch 的实现，如
代码 9.36 所示。

代码 9.36　Inception 模块定义

```
01: import torch
02: from torch import nn
03: from torch.autograd import Variable
04:
05: # 定义一个卷积加一个 Relu 激活函数和一个 batchnorm 作为一个基本的层结构
06: def Conv_ReLU(in_channel, out_channel, kernel, stride=1, padding=0):
07:     layer = nn.Sequential(
08:         nn.Conv2d(in_channel, out_channel, kernel, stride, padding),
09:         nn.BatchNorm2d(out_channel, eps=1e-3),
10:         nn.ReLU(True) )
11:     return layer
12:
13: class Inception(nn.Module):
14:     def init_(self, in_channel, out1_1, out2_1, out2_3, out3_1, out3_5, out4_1):
15:         super(Inception, self)._init_()
16:         # 第一条线路
17:         self.branch1x1 = Conv_ReLU(in_channel, out1_1, 1)
18:
19:         # 第二条线路
20:         self.branch3x3 = nn.Sequential(
21:             Conv_ReLU(in_channel, out2_1, 1),
22:             Conv_ReLU(out2_1, out2_3, 3, padding=1) )
23:
24:         # 第三条线路
25:         self.branch5x5 = nn.Sequential(
26:             Conv_ReLU(in_channel, out3_1, 1),
27:             Conv_ReLU(out3_1, out3_5, 5, padding=2) )
28:
29:         # 第四条线路
30:         self.branch_pool = nn.Sequential(
31:             nn.MaxPool2d(3, stride=1, padding=1),
32:             Conv_ReLU(in_channel, out4_1, 1) )
33:
34:     def forward(self, x):
35:         f1 = self.branch1x1(x)
36:         f2 = self.branch3x3(x)
37:         f3 = self.branch5x5(x)
38:         f4 = self.branch_pool(x)
39:         output = torch.cat((f1, f2, f3, f4), dim=1)
40:         return output
```

下面代入一个 96×96 的数据以验证输出数据的维度，如代码 9.37 所示。

代码 9.37　验证 Inception 模块的数据维度和尺寸

```
01: test_net = Inception(3, 64, 48, 64, 64, 96, 32)
02: test_x = Variable(torch.zeros(1, 3, 96, 96))
03: print('input shape: {} x {} x {}'.format(test_x.shape[1], test_x. shape[2],test_x.shape[3]))
04: test_y = test_net(test_x)
05: print('output shape: {} x {} x {}'.format(test_y.shape[1], test_y. shape[2], test_y.shape[3]))
```

输出为

```
input shape: 3 x 96 x 96
output shape: 256 x 96 x 96
```

可以看到，输入经过 Inception 模块后，特征图的尺寸不变，但特征通道的层数增多。

2. GoogLeNet 网络的定义

下面定义 GoogLeNet。GoogLeNet 可视为多个 Inception 模块的串联，如代码 9.38 所示。

注意：原论文中使用多个输出来解决梯度消失的问题，这里定义只有一个输出的简单 GoogLeNet。

代码 9.38　GoogLeNet 网络定义

```
01: class GoogleNet(nn.Module):
02:     def __init_(self, in_channel, num_classes, verbose=False):
03:         super(GoogleNet, self).__init__()
04:         self.verbose = verbose
05:
06:         self.block1 = nn.Sequential(
07:             Conv_ReLU(in_channel, out_channel=64, kernel=7, stride=2, padding=3),
08:             nn.MaxPool2d(3, 2) )
09:
10:         self.block2 = nn.Sequential(
11:             Conv_ReLU(64, 64, kernel=1),
12:             Conv_ReLU(64, 192, kernel=3, padding=1),
13:             nn.MaxPool2d(3, 2))
14:
15:         self.block3 = nn.Sequential(
16:             Inception(192, 64, 96, 128, 16, 32, 32),
17:             Inception(256, 128, 128, 192, 32, 96, 64),
18:             nn.MaxPool2d(3, 2))
19:
20:         self.block4 = nn.Sequential(
21:             Inception(480, 192,  96, 208, 16,  48,  64),
22:             Inception(512, 160, 112, 224, 24,  64,  64),
23:             Inception(512, 128, 128, 256, 24,  64,  64),
24:             Inception(512, 112, 144, 288, 32,  64,  64),
25:             Inception(528, 256, 160, 320, 32, 128, 128),
26:             nn.MaxPool2d(3, 2))
27:
28:         self.block5 = nn.Sequential(
29:             Inception(832, 256, 160, 320, 32, 128, 128),
30:             Inception(832, 384, 182, 384, 48, 128, 128),
31:             nn.AvgPool2d(2))
32:
```

```
33:           self.classifier = nn.Linear(1024, num_classes)
34:
35:       def forward(self, x):
36:           x = self.block1(x)
37:           if self.verbose: print('block 1 output:{}'.format(x.shape))
38:           x = self.block2(x)
39:           if self.verbose: print('block 2 output:{}'.format(x.shape))
40:           x = self.block3(x)
41:           if self.verbose: print('block 3 output:{}'.format(x.shape))
42:           x = self.block4(x)
43:           if self.verbose: print('block 4 output:{}'.format(x.shape))
44:           x = self.block5(x)
45:           if self.verbose: print('block 5 output:{}'.format(x.shape))
46:           x = x.view(x.shape[0], -1)
47:           x = self.classifier(x)
48:           return x
```

下面定义一个网络，并将验证数据代入网络，检查各个 Inception 模块的输出维度是否正确，如代码 9.39 所示。

代码 9.39 验证 GoogleNet 网络

```
01: test_net = GoogleNet(3, 10, True)
02: test_x = Variable(torch.zeros(1, 3, 96, 96))
03: test_y = test_net(test_x)
04: print('output: {}'.format(test_y.shape))
```

输出为

```
block 1 output: torch. Size([1, 64, 23, 23])
block 2 output: torch. Size([1, 192, 11, 11])
block 3 output: torch. Size([1, 480, 5, 5])
block 4 output: torch. Size([1, 832, 2, 2])
block 5 output: torch. Size([1, 1024, 1, 1])
output: torch. Size([1, 10])
```

可以看到，输入的尺寸不断减小，通道的维度不断增加。代码 9.40 所示为网络训练代码，它使用 CIFAR10 数据集来训练网络。

代码 9.40 GoogLeNet 网络训练

```
01: from torch.autograd import Variable
02: from torchvision.datasets import CIFAR10
03: from torchvision import transforms as tfs
04: from utils import train
05:
06: def data_tf(x):
07:     im_aug = tfs.Compose([
08:         tfs.Resize(96),
09:         tfs.ToTensor(),
10:         tfs.Normalize([0.5, 0.5, 0.5], [0.5, 0.5, 0.5])
11:     ])
12:     x = im_aug(x)
13:     return x
```

```
14:
15: train_set = CIFAR10('../../data', train=True, transform=data_tf)
16: train_data = torch.utils.data.DataLoader(train_set, batch_size=64, shuffle=True)
17: test_set = CIFAR10('../../data', train=False, transform=data_tf)
18: test_data = torch.utils.data.DataLoader(test_set, batch_size=128, shuffle=False)
19:
20: net = GoogLeNet(3, 10)
21: optimizer = torch.optim.Adam(net.parameters(), lr=1e-3)
22: criterion = nn.CrossEntropyLoss()
23:
24: res = train(net, train_data, test_data, 20, optimizer, criterion)
```

示例程序进行了 20 次迭代训练，训练过程中损失和准确率的变化如图 9.24 所示。随着训练的进行，损失一直下降，准确率一直上升。可以看到，迭代 20 次后，GoogLeNet 能在 CIFAR10 数据集上取得约 85.7%的准确率。GoogLeNet 中加入了更加结构化的 Inception 模块，能使用更大的通道和更多的层，同时也控制了计算量。

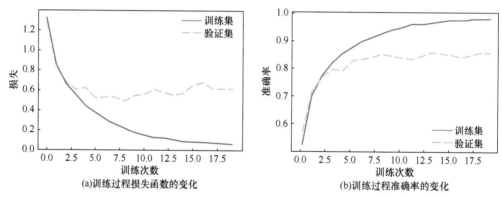

(a)训练过程损失函数的变化　　　　　　　　　　(b)训练过程准确率的变化

图 9.24　GoogLeNet 训练过程中损失和准确率的变化：(a)损失的变化曲线；(b)准确率的变化曲线。蓝色实线表示训练集的结果，橙色虚线表示验证集的结果

9.2.5　ResNet

深层神经网络难以训练，因为存在梯度消失问题。随着层数的增加，离损失函数越远的层，反向传播时的梯度越小，就越难以更新，这种现象称为退化（Degradation）。ResNet 针对退化现象提出了短路连接（Shortcut Connection），极大地消除了深度过大的神经网络的训练困难问题，让神经网络的"深度"首次突破 100 层，最深的神经网络甚至超过 1000 层。在 ResNet（简称残差网络）提出之前，解决退化问题的常见方法有两种：

- 按层训练，即首先训练较浅的层，然后不断增加层数，但这种方法的效果不是很好，而且比较麻烦。
- 使用更宽的层，或者增加输出通道，而不加深网络的层数，这种结构的效果并不好。

1. 残差网络的原理

一般而言，对浅层网络逐渐叠加处理层，模型在训练集和验证集上的性能会变好，因为模型复杂度更高，表达能力更强，对潜在的映射关系拟合得更好。然而，现实情况是，随着网络层数的增加，训练集的性能反而下降，这是网络的"退化"现象。针对训练集上的性能下降，可以使用批量归一化（Batch Normalization，BN）来解决神经网络的梯度消失和梯度爆炸问题。

按理来说，为网络叠加更多的层后，浅层网络的解空间应包含在深层网络的解空间中，深层网络的解空间至少存在不差于浅层网络的解，因为只需将增加的层变成恒等映射，而其他层的权重原封不动地复制浅层网络的权重，就可获得与浅层网络同样的性能。更好的解明明存在，为什么找不到？为什么找到的反而是更差的解？显然，这是一个优化问题，它表明结构相似的模型的优化难度是不一样的，且难度的增长不是线性的，越深的模型，就越难以优化。解决方法有两种：一种是调整求解方法，如更好的初始化、更好的梯度下降算法等；另一种是调整模型结构，使模型更易于优化，通过改变模型结构，实际上改变求解的误差面（Error Surface）的形态。

ResNet 从第二种解决方法入手，探求更好的模型结构来克服模型优化难题。图 9.25 对比了普通连接与残差连接。某层的输入是 x，期望输出是 $H(x)$。使用普通连接时，如图 9.25(a)所示，上层的梯度必须逐层传回；使用残差连接时，如图 9.25(b)所示，相当于中间有了一条更短的路径，梯度能够从这条路径传回，避免了梯度过小的情况。

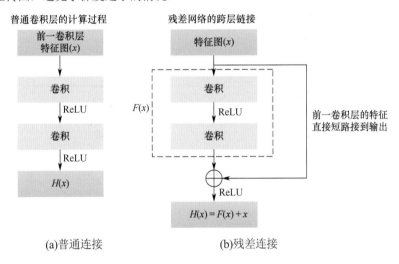

图 9.25　残差网络的跨层连接示意图

ResNet 的思路如下：将堆叠的多个处理层（Layer）称为一个残差块（Block），对某个残差块，其拟合函数为 $F(x)$，若期望的潜在映射为 $H(x)$，与其让 $F(x)$ 直接学习潜在的映射，不如学习残差 $H(x)-x$，即 $F(x)=H(x)-x$，这时前向路径上的 $F(x)$ 就变成了 $F(x)+x$，即用 $F(x)+x$ 来拟合 $H(x)$。这样可能更容易优化，因为相比于让 $F(x)$ 学习成恒等映射，让 $F(x)$ 学习成 0 更容易——后者通过 L2 正则化就可轻松实现。这样，对于残差块，只需 $F(x) \to 0$ 就可得到恒等映射，性能不减。

- 如果直接将输入 x 传给输出作为初始结果，就是一个更浅层的网络，更容易训练。
- 这个网络没有学习的部分，可以使用更深的网络 $F(x)$ 训练它，使得训练更容易。
- 最后希望拟合的结果是 $F(x)=H(x)-x$，这就是一个残差结构。

2. 残差块

$F(x)+x$ 构成的处理块称为残差块（Residual Block），如图 9.25(b)所示，多个相似的残差块串联起来就构成 ResNet。

一个残差块有 2 条路径 $F(x)$ 和 x，$F(x)$ 路径拟合残差，称为残差路径；x 路径为恒等映射（Identity

Mapping），也称短路连接（Shortcut Connection）。图中的符号⊕表示对应元素相加（Elementwise Addition），它要求参与运算的 $F(x)$ 和 x 的尺寸相同。

残差路径分为两类，如图 9.26 所示。一类带有瓶颈结构，使用 1×1 卷积层，用于先降通道数再升通道数，目的是降低计算复杂度，称为瓶颈结构残差块，如图 9.26(b)所示。另一类不使用 1×1 卷积层处理，称为基本残差块，由 2 个 3×3 卷积层构成，不改变输出的特征图的通道数，如图 9.26(a)所示。

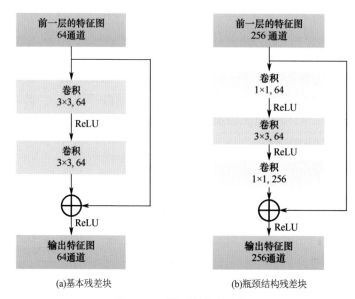

(a)基本残差块   (b)瓶颈结构残差块

图 9.26   两类残差块的结构

下面通过代码 9.41 实现一个残差块。

代码 9.41   残差块定义

```
01: import torch
02: from torch import nn
03: import torch.nn.functional as F
04:
05: def conv3x3(in_channel, out_channel, stride=1):
06:     return nn.Conv2d(in_channel, out_channel, 3,
07:                     stride=stride, padding=1, bias=False)
08:
09: class Residual_Block(nn.Module):
10:     def __init__(self, in_channel, out_channel, same_shape=True):
11:         super(Residual_Block, self).__init__()
12:         self.same_shape = same_shape
13:         stride=1 if self.same_shape else 2
14:
15:         self.conv1 = conv3x3(in_channel, out_channel, stride=stride)
16:         self.bn1 = nn.BatchNorm2d(out_channel)
17:
18:         self.conv2 = conv3x3(out_channel, out_channel)
19:         self.bn2 = nn.BatchNorm2d(out_channel)
```

```
20:         if not self.same_shape:
21:             self.conv3 = nn.Conv2d(in_channel, out_channel, 1, stride=stride)
22:
23:     def forward(self, x):
24:         out = self.conv1(x)
25:         out = F.relu(self.bn1(out), True)
26:         out = self.conv2(out)
27:         out = F.relu(self.bn2(out), True)
28:
29:         if not self.same_shape:
30:             x = self.conv3(x)
31:         return F.relu(x+out, True)
```

下面验证残差块的输入和输出尺寸，如代码 9.42 所示。

代码 9.42　验证残差块的输入和输出尺寸

```
01: test_net = Residual_Block(32, 32)
02: test_x = Variable(torch.zeros(1, 32, 96, 96))
03: print('input: {}'.format(test_x.shape))
04: test_y = test_net(test_x)
05: print('output: {}'.format(test_y.shape))
```

输出为

```
Input: torch. Size([1, 32, 96, 96])
output: torch. Size([1, 32, 96, 96])
```

针对输入、输出的特征图尺寸不同的情况，验证残差块的输出，如代码 9.43 所示。

代码 9.43　验证残差块的输出

```
01: test_net = Residual_Block(3, 32, False)
02: test_x = Variable(torch.zeros(1, 3, 96, 96))
03: print('input: {}'.format(test_x.shape))
04: test_y = test_net(test_x)
05: print('output: {}'.format(test_y.shape))
```

输出为

```
Input: torch. Size([1, 3, 96, 96])
output: torch. Size([1, 32, 48, 48])
```

3. ResNet 的实现

ResNet 是多个残差块的串联，具体网络架构如图 9.27 所示。该网络主要由 5 个处理块构成，每个处理块都用灰色的背景框表示。ResNet 的设计具有如下特点：

- 与普通卷积神经网络相比，ResNet 多了很多"旁路"，即红色的短路连接，其首尾圈出的处理层构成一个残差块。
- 在 ResNet 中，所有的残差块都没有池化层，下采样是通过设置 1×1 卷积的 stride = 2 来实现的。
- 分别在处理块 3，4，5 中通过 1×1 卷积实现下采样 1 倍，同时特征图数量增加 1 倍，如图中黄色的卷积块所示。
- 通过平均池化而非全连接层得到最终的特征。
- 每个卷积层之后都紧接批量归一化，为简化起见，图中未显示。

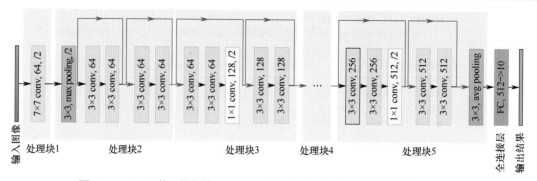

图 9.27 ResNet 的网络架构。处理块 4 和处理块 3 类似，因此省略其具体结构

使用 PyTorch 很容易定义复杂的残差网络，如代码 9.44 所示。

代码 9.44 ResNet 网络定义

```
01: class ResNet(nn.Module):
02:     def __init__(self, in_channel, num_classes, verbose=False):
03:         super(ResNet, self).__init__()
04:         self.verbose = verbose
05:
06:         self.block1 = nn.Conv2d(in_channel, 64, 7, 2)
07:
08:         self.block2 = nn.Sequential(
09:             nn.MaxPool2d(3, 2),
10:             Residual_Block(64, 64),
11:             Residual_Block(64, 64)
12:         )
13:
14:         self.block3 = nn.Sequential(
15:             Residual_Block(64, 128, False),
16:             Residual_Block(128, 128)
17:         )
18:
19:         self.block4 = nn.Sequential(
20:             Residual_Block(128, 256, False),
21:             Residual_Block(256, 256)
22:         )
23:
24:         self.block5 = nn.Sequential(
25:             Residual_Block(256, 512, False),
26:             Residual_Block(512, 512),
27:             nn.AvgPool2d(3)
28:         )
29:
30:         self.classifier = nn.Linear(512, num_classes)
31:
32:     def forward(self, x):
33:         x = self.block1(x)
34:         if self.verbose:
35:             print('block 1 output: {}'.format(x.shape))
```

```
36:        x = self.block2(x)
37:        if self.verbose:
38:            print('block 2 output: {}'.format(x.shape))
39:        x = self.block3(x)
40:        if self.verbose:
41:            print('block 3 output: {}'.format(x.shape))
42:        x = self.block4(x)
43:        if self.verbose:
44:            print('block 4 output: {}'.format(x.shape))
45:        x = self.block5(x)
46:        if self.verbose:
47:            print('block 5 output: {}'.format(x.shape))
48:        x = x.view(x.shape[0], -1)
49:        x = self.classifier(x)
50:        return x
```

打印每个处理块得到的特征图的尺寸，如代码 9.45 所示。

代码 9.45 验证数据维度和尺寸

```
01: test_net = ResNet(3, 10, True)
02: test_x = Variable(torch.zeros(1, 3, 96, 96))
03: test_y = test_net(test_x)
04: print('output: {}'.format(test_y.shape))
```

输出为

```
block 1 output: torch.Size([1, 64, 45, 45])
block 2 output: torch.Size([1, 64, 22, 22])
block 3 output: torch.Size([1, 128, 11, 11])
block 4 output: torch.Size([1, 256, 6, 6])
block 5 output: torch.Size([1, 512, 1, 1])
output: torch.Size([1, 10])
```

可以看到特征图的尺寸不断减小，通道数不断增加。代码 9.46 是网络训练代码，它使用 CIFAR10 数据集来训练网络。

代码 9.46 训练 ResNet 网络

```
01: from torch.autograd import Variable
02: from torchvision.datasets import CIFAR10
03: from torchvision import transforms as tfs
04: from utils import train
05:
06: def data_tf(x):
07:     im_aug = tfs.Compose([
08:         tfs.Resize(96),
09:         tfs.ToTensor(),
10:         tfs.Normalize([0.5, 0.5, 0.5], [0.5, 0.5, 0.5])
11:     ])
12:     x = im_aug(x)
13:     return x
14:
15: train_set = CIFAR10('../../data', train=True, transform=data_tf)
```

```
16: train_data = torch.utils.data.DataLoader(train_set, batch_size=64, shuffle=True)
17: test_set = CIFAR10('../../data', train=False, transform=data_tf)
18: test_data = torch.utils.data.DataLoader(test_set, batch_size=128, shuffle= False)
19:
20: net = ResNet(3, 10)
21: optimizer = torch.optim.Adam(net.parameters(), lr=1e-3)
22: criterion = nn.CrossEntropyLoss()
23:
24: res = train(net, train_data, test_data, 20, optimizer, criterion)
```

示例程序进行了 20 次迭代训练,训练过程中损失和准确率的变化如图 9.28 所示。随着训练的进行,训练损失一直下降,准确率一直上升。可以看到,迭代 20 次后,ResNet 能在 CIFAR10 数据集上取得约 80.0%准确率。示例程序的准确率不如 VGG、GoogLeNet 等,主要原因是训练数据相对较少,且没有数据增强,若使用更大的数据集和更多的训练次数,则能得到更好的结果。ResNet 使用跨层通道使得训练非常深的卷积神经网络成为可能;同样,它使用简单的卷积层配置,使其拓展更加简单。

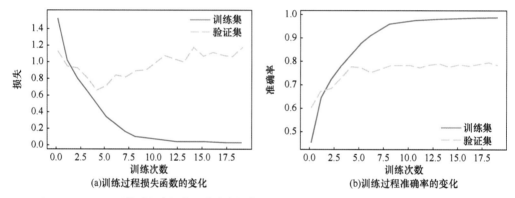

图 9.28　ResNet 训练过程中损失和准确率的变化:(a)损失的变化曲线;(b)准确率的变化曲线。蓝色实线表示训练集的结果,橙色虚线表示验证集的结果

9.2.6　DenseNet

ResNet 提出的跨层连接思想,直接影响了随后出现的卷积网络架构,其中最有名的是 2017 年提出的 DenseNet。DenseNet 和 ResNet 的不同之处在于 ResNet 是跨层求和,而 DenseNet 是跨层将特征在通道维度上拼接。图 9.29 对比了 CNN、ResNet 和 DenseNe,其中第二行是 ResNet 的网络连接图,它的重要特性是将上一层的输出短路连接到本层的输出,具体操作是对应元素相加;第三行是 DenseNet 的网络连接图,它的主要特点是将前面的特征图直接拼接到后续层的输出,因为是在通道维度上进行特征拼接,所以底层的输出将保留而进入后面的所有层,能够更好地保证梯度的传播,同时使用低维特征和高维特征联合训练,能够得到更好的结果。

DenseNet 主要的优点如下:
- 减轻了梯度消失问题。
- 加强了特征的传递作用。
- 更有效地利用了底层的特征,特征的分辨率较高。
- 一定程度上减少了参数数量。

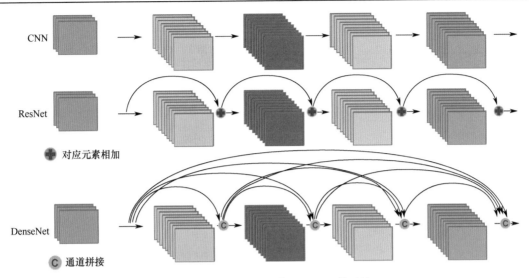

图 9.29　CNN、ResNet 和 DenseNet 的对比

在深度学习网络中，随着网络深度的加深，梯度消失问题越来越明显，目前很多论文都针对该问题提出了解决方案，如 ResNet、HighwayNetworks、StochasticDepth、FractalNets 等，尽管这些算法的网络结构存在差别，但核心都是尽可能缩短最后层到最初层的深度。延续这一思路，就是在保证网络中层与层之间最大程度的信息传输的前提下，直接将所有层连接起来。

在传统的卷积神经网络中，如果有 L 层，就有 L 个层间连接，但在 DenseNet 中有 $L(L+1)/2$ 个连接，如图 9.30 所示。连接方式如下：每层的输入来自前面所有层的输出，x_0 是输入图像，H_1 的输入是 x_0；H_2 的输入是 x_0 和 x_1，其中 x_1 是 H_1 的输出。后续层的输入以此类推，H_2 的输入为 x_0, x_1, x_2, x_3 的特征图在通道维度上的拼接。

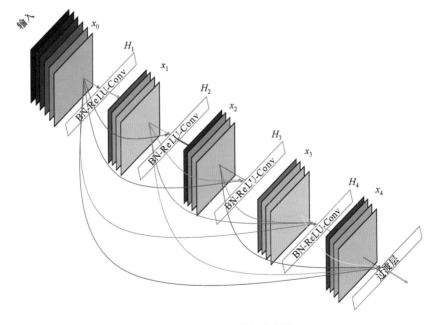

图 9.30　DenseNet 的网络架构

1. DenseBlock

DenseNet 主要由 DenseBlock 构成，下面通过 PyTorch 演示如何实现 DenseBlock。首先定义一个卷积块，该卷积块的顺序是批量归一化（BN）→非线性激活（ReLU）→卷积操作（Conv），如代码 9.47 所示。

代码 9.47　卷积块定义

```
01: import torch
02: from torch import nn
03:
04: def conv_block(in_channel, out_channel):
05:     layer = nn.Sequential(
06:         nn.BatchNorm2d(in_channel),
07:         nn.ReLU(True),
08:         nn.Conv2d(in_channel, out_channel, 3, padding=1, bias=False)
09:     )
10:     return layer
```

Dense_Block 将每次卷积的输出称为 growth_rate，因为若输入是 in_channel，且有 n 层，则输出是 in_channel $+ n \times$ growh_rate，如代码 9.48 所示。

代码 9.48　DenseBlock 定义

```
01: class Dense_Block(nn.Module):
02:     def __init__(self, in_channel, growth_rate, num_layers):
03:         super(Dense_Block, self).__init__()
04:         block = []
05:         channel = in_channel
06:         for i in range(num_layers):
07:             block.append(conv_block(channel, growth_rate))
08:             channel += growth_rate
09:
10:         self.net = nn.Sequential(*block)
11:
12:     def forward(self, x):
13:         for layer in self.net:
14:             out = layer(x)
15:             x = torch.cat((out, x), dim=1)
16:         return x
```

下面通过代码 9.49 验证输出的通道数是否正确。

代码 9.49　验证通道数

```
01: test_net = Dense_Block(3, 12, 3)
02: test_x = Variable(torch.zeros(1, 3, 96, 96))
03: print('input shape: {} x {} x {}'.format(test_x.shape[1], test_x. shape[2], test_x.shape[3]))
04: test_y = test_net(test_x)
05: print('output shape: {} x {} x {}'.format(test_y.shape[1], test_y. shape[2],test_y.shape[3]))
```

输出为

```
input shape: 3 x 96 x 96
output shape: 39 x 96 x 96
```

　　输入的通道数为 3，经过三个卷积块，卷积的通道数为 12，因此输出的通道数为 3 + 3×12 = 39。

　　除了 Dense_Block，DenseNet 中还有一个模块，它称为过渡块（Transition Block），因为 DenseNet 会不断地对维度进行拼接，所以当层数很高时，输出的通道数会越来越大，参数和计算量也越来越大，为了避免这个问题，需要引入过渡块来减少输出的通道数，同时将输入的长宽减半。这个过渡块可以使用 1×1 的卷积，如代码 9.50 所示。

代码 9.50　过渡块定义

```
01: def Transition(in_channel, out_channel):
02:     trans_layer = nn.Sequential(
03:         nn.BatchNorm2d(in_channel),
04:         nn.ReLU(True),
05:         nn.Conv2d(in_channel, out_channel, 1),
06:         nn.AvgPool2d(2, 2)
07:     )
08:     return trans_layer
```

通过代码 9.51 验证过渡块是否正确。

代码 9.51　验证过渡块

```
01: test_net = Transition(3, 12)
02: test_x = Variable(torch.zeros(1, 3, 96, 96))
03: print('input shape: {} x {} x {}'.format(test_x.shape[1], test_x. shape[2], test_x.shape[3]))
04: test_y = test_net(test_x)
05: print('output shape: {} x {} x {}'.format(test_y.shape[1], test_y. shape[2], test_y.shape[3]))
```

输出为

```
input shape: 3 x 96 x 96
output shape: 12 x 48 x 48
```

2．DenseNet 实现

实现 DenseBlock 和过渡块后，堆叠这些网络块就能实现 DenseNet，如代码 9.52 所示。

代码 9.52　DenseNet 定义

```
01: class  DenseNet(nn.Module):
02:     def __init__(self, in_channel, num_classes, growth_rate=32, block_layers=[6,12,24,16]):
03:         super(DenseNet, self).__init__()
04:         self.block1 = nn.Sequential(
05:             nn.Conv2d(in_channel, 64, 7, 2, 3),
06:             nn.BatchNorm2d(64),
07:             nn.ReLU(True),
08:             nn.MaxPool2d(3, 2, padding=1)
09:         )
10:
11:         channels = 64
12:         block = []
13:         for i, layers in enumerate(block_layers):
14:             block.append(Dense_Block(channels, growth_rate, layers))
15:             channels += layers * growth_rate
16:             if i != len(block_layers) - 1:
17:                 # 通过过渡层将大小减半，通道数减半
```

```
18:              block.append(Transition(channels, channels // 2))
19:              channels = channels // 2
20:
21:          self.block2 = nn.Sequential(*block)
22:          self.block2.add_module('bn', nn.BatchNorm2d(channels))
23:          self.block2.add_module('relu', nn.ReLU(True))
24:          self.block2.add_module('avg_pool', nn.AvgPool2d(3))
25:
26:          self.classifier = nn.Linear(channels, num_classes)
27:
28:      def forward(self, x):
29:          x = self.block1(x)
30:          x = self.block2(x)
31:
32:          x = x.view(x.shape[0], -1)
33:          x = self.classifier(x)
34:          return x
```

代码 9.53 是网络训练代码，它使用 CIFAR10 数据集来训练网络。

代码 9.53　DenseNet 训练

```
01: from torch.autograd import Variable
02: from torchvision.datasets import CIFAR10
03: from torchvision import transforms as tfs
04: from utils import train
05:
06: def data_tf(x):
07:     im_aug = tfs.Compose([
08:         tfs.Resize(96),
09:         tfs.ToTensor(),
10:         tfs.Normalize([0.5, 0.5, 0.5], [0.5, 0.5, 0.5])
11:     ])
12:     x = im_aug(x)
13:     return x
14:
15: train_set = CIFAR10('../../data', train=True, transform=data_tf)
16: train_data = torch.utils.data.DataLoader(train_set, batch_size=64, shuffle=True)
17: test_set = CIFAR10('../../data', train=False, transform=data_tf)
18: test_data = torch.utils.data.DataLoader(test_set, batch_size=128, shuffle=False)
19:
20: net = DenseNet(3, 10)
21: optimizer = torch.optim.Adam(net.parameters(), lr=1e-3)
22: criterion = nn.CrossEntropyLoss()
23:
24: res = train(net, train_data, test_data, 20, optimizer, criterion)
```

　　示例程序进行了 20 次迭代训练，训练过程中损失和准确率的变化如图 9.31 所示。随着训练的进行，训练损失一直下降，准确率一直上升。可以看到，迭代 20 次后，DenseNet 能在 CIFAR10 数据集上取得约 85.5%的准确率。DenseNet 将残差连接改为特征拼接，使网络有了更密的连接。

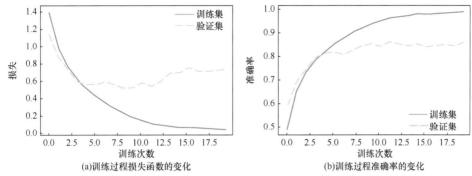

图 9.31　DenseNet 训练过程中损失和准确率的变化：(a)损失的变化曲线；(b)准确率的变化曲线。
蓝色实线表示训练集的结果；橙色虚线表示验证集的结果

9.3　小结

本章介绍了深度学习中非常重要的一类网络——卷积神经网络。在介绍卷积神经网络的过程中，不仅介绍了卷积神经网络的基本构造，而且介绍了如何使用 PyTorch 来实现卷积神经网络。此外，还介绍了卷积神经网络数据的预处理、归一化、正则化、学习率调节等技巧。深度学习是发展非常迅速的方向，为了让读者对神经网络的原理、技术、技巧等建立感性认识，为后续的学习、研究奠定基础，本章还介绍了卷积神经网络的几种典型架构及其技术细节。

由于篇幅的限制，本章并未介绍所有的技术细节，读者可在学习过程中查阅网络教程，阅读、理解各种网络的 PyTorch 实现。为了更好地掌握卷积神经网络，建议读者在理解和实现的基础上，以示例程序为基础实现自己的网络模型。

9.4　练习题

01. GoogLeNet 的实现。GoogLeNet 有很多后续版本，请阅读论文并实现各版本的技术点，对比分析有何不同：
    - v1：最早的版本。
    - v2：加入批量归一化（BN）加快训练。
    - v3：对 Inception 模块做了调整。
    - v4：基于 ResNet 加入了残差连接。

02. ResNet 的实验。基于 ResNet 的实现，完成如下实验：
    - 尝试论文中提出的瓶颈结构。
    - 尝试将顺序 Conv→BN→ReLU 改为 BN→ReLU→Conv，查看准确度是否会提高。
    - 在 Residual_Block 中加入 1×1 卷积，了解结果是否有差别。

9.5　在线练习题

扫描如下二维码，访问在线练习题。

第 10 章　目标检测

目标检测（Object Detection）是视觉感知的第一步，也是计算机视觉的一个重要研究和应用方向。目标检测是指在静态图像或视频中，找到某些特定目标的位置，一般以包围框（Bounding Box）的形式给出结果，同时输出每个检出目标的具体类别。与图像分类中一幅图像赋予一个类别及图像分割中一个像素赋予一个类别的模式不同，目标检测需要预测框的位置和目标类别。也就是说，目标检测任务期望达到的理想目标是"类别判断准"和"框的位置准"。目标检测算法逐渐成为近年来深度学习的研究热点，在人工智能和信息技术的许多领域中都有广泛的应用，包括机器视觉、安全监控、自动驾驶、人机交互、虚拟现实和增强现实等。图 10.1 所示为本章配套资源的二维码。

(a)本章配套在线讲义　　　(b)本章配套练习题

图 10.1　本章配套资源的二维码

10.1　目标检测的任务

目标检测的任务是找出图像中所有感兴趣的目标，确定它们的类别和位置，是计算机视觉领域的核心问题之一。由于各类目标有着不同的外观、形状、姿态，再加上光照、遮挡等因素的干扰，目标检测在计算机视觉中是一项具有挑战性的任务。

在机器视觉中，目标检测有四大类任务。

- 分类（Classification）：给定一幅图像或一段视频，判断其中包含什么类别的目标。
- 定位（Location）：定位出目标的位置。
- 检测（Detection）：定位出目标的位置并且知道目标是什么。
- 分割（Segmentation）：分为实例分割和场景分割，解决每个像素属于哪个目标或场景的问题。

目标检测的四大类任务的结果如图 10.2 所示，本章所要讲解的目标检测任务是分类问题和回归问题的叠加，分类的目的是区分目标属于哪个类别，回归则用来定位目标所在的位置。

图 10.2　目标检测的四大类任务的示意

10.2 目标检测的发展历程

2013 年之前，检测方法大多以传统方法为主，特征提取加分类器是基本框架；2013 年至 2016 年是检测算法的飞速发展阶段，多种神经网络结构的问世形成了检测算法的新发展格局。图 10.3 显示了目标检测的发展历程。

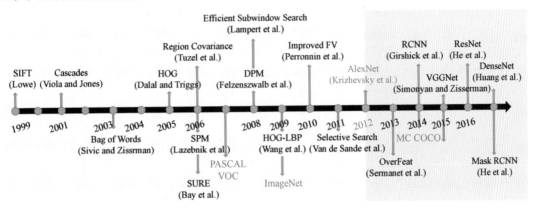

图 10.3 目标检测的发展历程

不涉及深度学习前，传统目标检测通常分为区域选取、特征提取和特征分类三个阶段。

- 区域选取。首先选取图像中可能出现目标的位置。由于目标位置、大小都不固定，所以传统算法通常使用滑动窗口寻找目标，但滑动窗口算法有两大瓶颈：①由于要对每个滑动窗口进行计算，所以整体计算量很大；②求解每个滑动窗口时，可能会造成信息（上下文信息或全局信息）丢失。
- 特征提取。得到目标的位置后，常用人工精心设计的提取器提取特征，如 SIFT 和 HOG 等。由于提取器包含的参数较少，且人工设计的特征提取算法鲁棒性较低，所以特征提取的质量并不高。
- 特征分类。最后，对上一步得到的特征进行分类，常用的分类器有 SVM、Boosting、Random Forest 等。

传统方法的特征和分类器之间的关联较弱，但在深度学习中二者的联系更紧密。卷积神经网络本身具备特征提取能力和分类能力，因此深度学习能够将特征和分类器整合在一起，从而发挥更大的价值。

传统方法的特征是人为设计的，并且非线性处理层较浅，因此相对深度学习方法，传统方法的特征表达能力有限。但是，传统方法的优点之一是层次简单，方便调试，也就是说，算法的可解释性较好。总体而言，深度学习之前的传统方法有如下优缺点。

优点：
- 在 CPU 上较为有效。
- 易于调试，可解释性强。
- 适用于数据量较少的情况。

缺点：
- 在大数据集上的表现性能较为局限。
- 难以利用 GPU 来进行并行加速。

深度神经网络具有较深的非线性处理能力，可以提取鲁棒性和语义性更好的特征，并且分类器性能更优越。2014 年推出的 RCNN（Regions with CNN features）是使用深度学习实现目标检测的经典之作，从此拉开了深度学习进行目标检测的序幕。图 10.4 显示了基于深度学习的目标检测的发展历程。

RCNN	Fast RCNN	YOLO v1	YOLO v2	YOLO v3	CornerNet
MultiBox	Faster RCNN	SSD	FPN	RefineDet	TridentNet
SPP-Net	MR-CNN	R-FCN	RetinaNet	RFBNet	FCOS
OveaFeat	DeepBox	HyperNet	Mask RCNN	CornerNet	FoveaBox
2014	2015	2016	2017	2018	2019

图 10.4　基于深度学习的目标检测的发展历程

在 RCNN 的基础上，2015 年的 Fast RCNN 实现了端到端的检测与卷积共享，其网络架构如图 10.5 所示，之后的 Faster RCNN 提出了锚框（Anchor）这一划时代的思想。2016 年，YOLO（You Only Look Once）实现了无锚框的一阶检测，而 Single-shot MultiBox Detector（SSD）实现了多特征图的一阶检测，这两种算法对随后的目标检测产生了深远的影响。

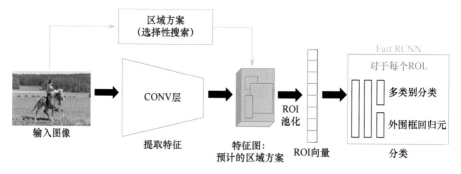

图 10.5　Fast RCNN 的网络框架

2017 年，特征金字塔网络（Feature Pyramid Networks，FPN）利用特征金字塔实现了更优秀的特征提取网络，Mask RCNN 则在实现实例分割的同时，提升了目标检测的性能。2018 年，目标检测的算法更为多样，如使用角点进行检测的 CornerNet、使用中心点进行检测的 CenterNet 等。

在目标检测算法中，目标的包围框从无到有，包围框变化过程一定程度上体现了检测是一阶的还是二阶的。

- 一阶。一阶算法将二阶算法的两个阶段合二为一，在一个阶段中完成寻找目标出现位置与类别的预测，方法更简单，依赖于特征融合、Focal Loss 等优秀的网络经验，速度一般要比二阶网络的快，但精度有一定的损失，典型算法如 SSD、YOLO 系列等。
- 二阶。二阶算法通常在第一阶段专注于找出目标的位置，得到建议框，保证足够的准召率；然后在第二个阶段专注于对建议框进行分类，寻找更精确的位置，典型算法有 Faster RCNN。二阶算法的精度通常更高，但速度较慢。当然，还有如 Cascade RCNN 这样的多阶算法。

为了得到目标的范围和初步的建议框，Faster RCNN 首次提出了锚框的概念，即一系列大小和宽高不等的先验框，它们均匀地分布在特征图上。利用特征可以预测这些锚框的类别，以及与真实目标包围框的偏移。锚框相当于给目标检测提供了一架梯子，使得检测器不至于直接从无到有地预测目标，因此精度往往相对较高，常见算法有 Faster RCNN 和 SSD 等。当然，还有一部分思路更为多样的无锚框算法，如 YOLO 等直接通过特征预测框位置的方法。最近，还出现了众多依靠关键点来检测目标的算法，如 CornerNet 和 CenterNet 等。

10.3　目标检测评估方法

要对前述分类问题进行评估，只需将预测的标签和真值进行比较，得到分类准确率。例如，如果分类器准确地将图像中的一只小狗分类为"狗"，那么分类准确率就为 100%。但是，图像分类的这个衡量指标不能直接用于目标检测，因为每幅图像中可能含有不同类别的目标。目标检测评估方法不仅用来衡量目标检测的性能，而且在网络的损失函数中也要用到，因此这里介绍目前检测常用的几种评估方法。

目标检测算法的预测结果应该包含图像、图像中的目标类别以及每个目标的包围框位置。将这种结构化数据与验证集的数据进行比较，可以衡量目标检测的质量。例如，给定图像和一些包围框、分类名称等说明性文字，如图 10.6(b)所示。

(a)输入图像　　　　　　　　　　　　　　(b)目标检测真值

图 10.6　目标检测示例

对于这幅图像，模型在训练时的输入图像如图 10.6(a)所示。训练的真值是三组解释性数据，包含分类结果、包围框的坐标数据、包围框的宽度和高度，如图 10.7 所示，假设图像中的坐标数据及宽度和高数据的单位都是像素。

类　　别	X坐标	Y坐标	包围框宽度	包围框高度
dog	400	100	150	100
horse	100	200	300	250

图 10.7　目标检测结果的数据呈现

训练好的模型会在一幅图像上产生很多这样的预测结果，但是大多数结果的置信度都不高，因此只需要考虑那些超过某个置信度的预测结果。那么该用什么方法来评估目标包围框的位置和分类结果呢？

10.3.1　交并比

能够告诉每个预测结果框的正确性的指标是交并比（Intersection over Union，IoU）。交并比是预测框和标注数据包围框的交集和并集的比率，也称 Jaccard 指数。要获得交集和并集的值，首先要将预测框覆盖到参考包围框上方，如图 10.8 所示。

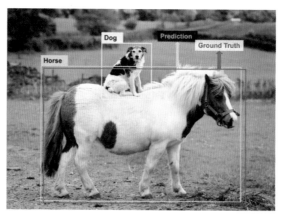

图 10.8   预测框和参考包围框

对于每个类别，预测框和参考包围框的重叠部分称为交集，而两个包围框覆盖的所有区域称为并集。例如，假设我们单独分析图像中的马，此时放大的图像如图 10.9 所示。在这个例子中，交集相当大——两个包围框重合的区域（蓝绿色区域），并集则是所有的橙色区域和蓝绿色区域。

得到两个包围框的交集和并集后，就可计算 IoU，如图 10.10 所示。

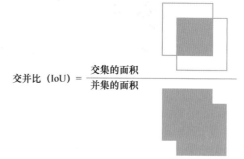

$$交并比（IoU）= \frac{交集的面积}{并集的面积}$$

图 10.9   单独分析图像中的马时，放大的图像   图 10.10   IoU 计算示例

利用 IoU，就可判断检测结果是否正确。IoU 的常用阈值是 0.5，如果 IoU 大于 0.5，就认为检测正确，否则就认为检测错误。

注意：0.5 只是一个人为设置的经验值。事实上，IoU 的阈值要视不同的场景进行调整。为便于学习，可以首先使用 0.5，然后根据后续的实际情况进行调整。

10.3.2   精度

IoU 只能评估单个包围框的准确率，而单幅图像中可能有很多相同的目标，并且测试图像通常有多幅，因此要定义一个平均化的评价指标。首先使用目标检测模型为每幅图像生成包围框，然后使用 IoU 数值和阈值为图像中每个类别（C）的所有包围框计算正确检测的数量 $N(\text{TurePosition})_C$；每幅图像都有标准数据，因此能够得到图像中类别 C 的真实数量 $N(\text{TotalObjects})_C$。于是，这两个数值之比就是类别 C 的预测精度，即

$$\text{Precision}_C = \frac{N(\text{TruePosition})_C}{N(\text{TotalObjects})_C} \tag{10.1}$$

10.3.3　平均精度

对于一个给定的类别，可以通过精度来评估该类别在单幅图像中的检测质量。为了得到所有测试图像上的性能表现，需要定义平均精度。首先对测试集中的每幅图像都计算类别 C 的精度，所有包含类别 C 的图像数量为 $N(\text{TotalImages})_C$，对这些图像的精度取平均后，得到的平均值就称为该类别的平均精度（Average Precision，AP），即

$$\text{AP}_C = \frac{\sum \text{Precision}_C}{N(\text{TotalImages})_C} \tag{10.2}$$

10.3.4　平均精度均值

前面定义的评价指标主要针对某个类别，且目标检测模型通常能够检测到多种类型的目标，因此需要评估多种类型的评估指标。假设有 $N(\text{Classes})$ 个类别，那么对所有类别的平均精度取平均后，得到的均值就是平均精度均值（mean Average Precision，mAP），即

$$\text{mAP} = \frac{\sum \text{AP}_C}{N(\text{Classes})} \tag{10.3}$$

平均精度均值是预测目标位置和类别的性能度量标准，目标检测任务使用它作为性能衡量指标。

10.4　目标检测的原理

目标检测发展到今天，已有很多检测方法。由于性能问题，目前人们基本上不再使用传统方法，学术界、产业界主要研究开发基于深度学习的目标检测算法。为了更好地介绍目标检测技术，本节首先详细介绍 YOLO-v1 的实现，然后简要介绍 YOLO 检测框架后续版本的特点，以便更有效地学会目标检测的思路、技术原理等。目前，在实践中大多使用 YOLO-v4 及其后续版本。

10.4.1　YOLO-v1

YOLO-v1 使用 CNN 模型，以端到端的方式解决目标检测的所有问题，核心思想是将整幅图像作为网络输入，直接在输出层回归包围框的位置和包围框所在目标的类别，如图 10.11 所示。

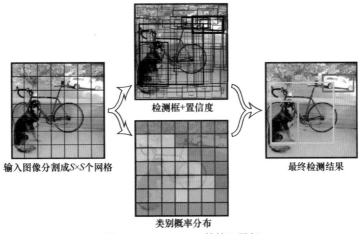

检测框+置信度

输入图像分割成 $S\times S$ 个网格

最终检测结果

类别概率分布

图 10.11　YOLO-v1 的核心思想

1．网络的基本结构

YOLO-v1 的主要过程如下：首先将输入图像固定为统一大小（448×448），然后将统一大小的图像划分为 $S×S$ 个网格，如果某个目标的中心落在这个网格中，该网格就负责预测这个目标。在程序实现中，$S = 7$。每个网格要预测 $B = 2$ 个包围框，每个包围框除了要回归自身的位置，还要附带预测一个置信度值。针对每个网格，还要检测其所覆盖区域类别的概率。

YOLO 的结构很简单：主体结构是卷积和池化，最后加上两层全连接。单看网络结构时，YOLO 与普通的 CNN 分类网络几乎没有本质区别，最大的差异是最后的输出层使用线性函数作为激活函数，因为还要预测框的位置（数值型），而不仅仅是目标的概率。因此，粗略地说，YOLO 的整个结构就是输入图像经过神经网络的变换得到一个输出的张量，如图 10.12 所示。

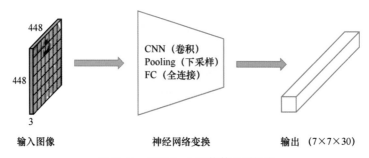

图 10.12　YOLO-v1 网络的主要组成

因为 YOLO-v1 采用的是一些常规的神经网络结构，所以在理解其设计时，应重点理解输入和输出的映射关系。输入和输出的映射关系如图 10.13 所示。

- 输入原始图像，要求缩放到 448×448 大小，3 通道。在 YOLO 网络中，卷积层最后连接两个全连接层，全连接层要求固定大小的向量作为输入，倒推回去也就要求原始图像的大小固定。因此，YOLO 设计的输入图像大小是 448×448，输出一个 7×7×30 的张量。
- 输入图像被划分为多个 7×7 的网格，输出张量中的 7×7 对应于输入图像中的 7×7 网格。或者可将 7×7×30 的张量视为 7×7 = 49 个 30 维向量，即输入图像中的每个网格对应输出中的一个 30 维向量。例如，在图 10.13 中，输入图像左上角的网格对应于输出张量中左上角的向量。

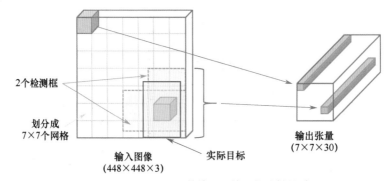

图 10.13　YOLO-v1 的输入和输出的映射关系

注意，并不是说只有网格内的信息被映射到一个 30 维向量。神经网络提取和变换输入图像信息后，网格周边的信息也被识别和整理，最后编码到那个 30 维向量中。

下面具体分析每个网格对应的 30 维向量中包含的信息，如图 10.14 所示。

- 20 个目标分类的概率。YOLO 支持识别 20 种不同的目标（人、鸟、猫、汽车、椅子等），因此有 20 个值表示该网格位置存在任意一种目标的概率，记为

$$P(C_1|\text{Object}), \cdots, P(C_i|\text{Object}), \cdots, P(C_{20}|\text{Object})$$

  写成条件概率的原因是，若网格中存在一个目标，则它是 C_i 的概率为 $P(C_i|\text{Object})$。

- 2 个包围框的位置。每个包围框的位置都需要 4 个数值（c_x, c_y, w, h）来表示，即包围框中心点的 x 坐标、y 坐标以及包围框的宽度和高度。2 个包围框共需 8 个数值来表示位置。

- 2 个包围框的置信度。包围框的置信度定义为

  包围框的置信度 = 包围框内存在目标的概率×包围框与目标真实包围框的交并比

  即

$$\text{Confidence} = \text{Pr}(\text{Object}) \times \text{IoU}_{\text{pred}}^{\text{truth}}$$

  式中，$\text{Pr}(\text{Object})$是包围框内存在目标的概率，它与前面的 $P(C_i|\text{Object})$不同。不管哪个目标，$\text{Pr}(\text{Object})$体现的都是有或没有目标的概率，而 $P(C_i|\text{Object})$假设网络中已有一个明确的目标。$\text{IoU}_{\text{pred}}^{\text{truth}}$ 是包围框与目标真实包围框的交并比。注意，现在讨论的 30 维向量中的包围框是 YOLO 网络的输出，即预测的包围框，所以 $\text{IoU}_{\text{pred}}^{\text{truth}}$ 体现了预测框与真实包围框的接近程度。

还要说明的是，虽然有时说是预测框，但 IoU 是在训练阶段计算的。进入测试阶段后，并不知道真实目标在哪里，只能完全依赖于网络的输出，因此不需要也无法计算 IoU。总之，包围框的置信度意味着它是否包含目标及位置的准确度。置信度高表示存在一个目标且位置比较准确，置信度低表示可能没有目标，或者即使有目标也存在较大的位置偏差。

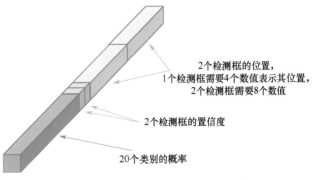

2个检测框的位置，
1个检测框需要4个数值表示其位置，
2个检测框需要8个数值

2个检测框的置信度

20个类别的概率

图 10.14　YOLO-v1 的输出向量的定义

2. 网络详细设计与损失函数

深入分析网络的设计发现，YOLO-v1 网络是标准的卷积/池化层 + 全连接层结构，非常简单且清晰，如图 10.15 所示。YOLO 输出的每个格点是如何知道输出预测目标类别和位置的？这就是神经网络算法的神奇之处：通过为网络提供大量配对的图像与标签，让网络去拟合期望的输出。首先拿到一批标注好的图像数据集，按规则打好标签；然后，让神经网络去拟合训练数据集。训练数据集中的标签是通过人工标注获得的，当神经网络对数据集拟合得足够好时，就相当于神经网络具备了一定的智能识别能力。

从表现形式上看，YOLO 框架更像 CNN 分类模型。在网络详细结构设计方面，YOLO-v1 网络继承于 GoogLeNet 网络，总共采用了 24 个卷积层和 2 个全连接层，具体的卷积、池化等设置如图 10.16 所示。受到 GoogLeNet 的启发，YOLO-v1 大量采用 1×1 与 3×3 卷积结合的方式来减少参数。然而，不同的是，YOLO-v1 未使用 Inception 模块的分支结构，我们可将 YOLO-v1 视为在 GoogLeNet 基础上仅保留 Inception 模块中 1×1 与 3×3 卷积分支的版本。

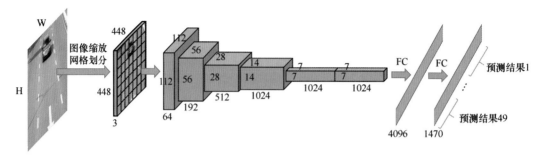

图 10.15　YOLO-v1 的网络架构。图中仅示意了卷积/池化层部分

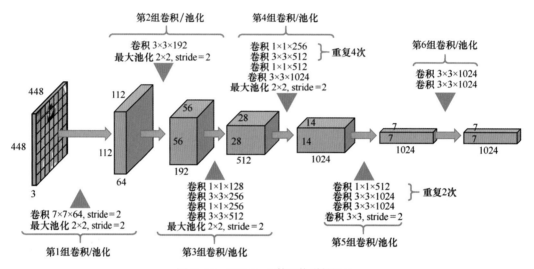

图 10.16　YOLO-v1 的网络详细设计

根据上面的说明，我们可以使用 PyTorch 实现 YOLO 网络，如代码 10.1 所示。

代码 10.1　定义 YOLO-v1 网络

```
01: import torch
02: from torch import nn
03: import torch.nn.functional as F
04:
05: class YoloNet(nn.Module):
06:     '''
07:     YOLO 网络模型，模型输入图像尺寸为 448x448x3
08:     张量输入尺寸为[batchsize,3,448,448]
09:     输出尺寸为 [batchsize,30,7,7]
10:     '''
11:     def __init__(self):
12:         super(YoloNet, self).__init__()
13:
14:         self.t1 = nn.Sequential(
15:             nn.Conv2d(in_channels = 3, out_channels = 64, kernel_size = (7,7),
                     stride = 2, padding = (2,2)),
16:             nn.MaxPool2d(kernel_size = (2,2), stride = 2),
17:         )
```

```
18:
19:         self.t2 = nn.Sequential(
20:             nn.Conv2d(in_channels = 64, out_channels = 192, kernel_size = (3,3),
                        padding = (1,1)),
21:             nn.MaxPool2d(kernel_size = (2,2), stride = 2),
22:         )
23:
24:         self.t3 = nn.Sequential(
25:             nn.Conv2d(in_channels = 192, out_channels = 128, kernel_size = (1,1)),
26:             nn.Conv2d(in_channels=128, out_channels=256, kernel_size = (3,3),
                        padding=(1,1)),
27:             nn.Conv2d(in_channels=256, out_channels=256, kernel_size =(1,1)),
28:             nn.Conv2d(in_channels=256, out_channels=512, kernel_size = (3,3),
                        padding=(1,1)),
29:             nn.MaxPool2d(kernel_size=(2,2), stride=2),
30:         )
31:
32:         self.t4 = nn.Sequential(
33:             nn.Conv2d(in_channels=512, out_channels=256, kernel_size = (1,1)),
34:             nn.Conv2d(in_channels=256, out_channels=512, kernel_size = (3,3),
                        padding=(1,1)),
35:             nn.Conv2d(in_channels=512, out_channels=256, kernel_size = (1,1)),
36:             nn.Conv2d(in_channels=256, out_channels=512, kernel_size = (3,3),
                        padding=(1,1)),
37:             nn.Conv2d(in_channels=512, out_channels=256, kernel_size = (1,1)),
38:             nn.Conv2d(in_channels=256, out_channels=512, kernel_size = (3,3),
                        padding=(1,1)),
39:             nn.Conv2d(in_channels=512, out_channels=256, kernel_size = (1,1)),
40:             nn.Conv2d(in_channels=256, out_channels=512, kernel_size = (3,3),
                        padding=(1,1)),
41:
42:             nn.Conv2d(in_channels=512, out_channels=512, kernel_size =(1,1)),
43:             nn.Conv2d(in_channels=512, out_channels=1024, kernel_size = (3,3),
                        padding=(1,1)),
44:             nn.MaxPool2d(kernel_size=(2,2), stride=2),
45:         )
46:
47:         self.t5 = nn.Sequential(
48:             nn.Conv2d(in_channels=1024, out_channels=512, kernel_size =(1,1)),
49:             nn.Conv2d(in_channels=512, out_channels=1024, kernel_size = (3,3),
                        padding=(1,1)),
50:             nn.Conv2d(in_channels=1024, out_channels=512, kernel_size =(1,1)),
51:             nn.Conv2d(in_channels=512, out_channels=1024, kernel_size = (3,3),
                        padding=(1,1)),
52:
53:             nn.Conv2d(in_channels=1024, out_channels=1024, kernel_size = (3,3),
                        padding=(1,1)),
54:             nn.Conv2d(in_channels=1024, out_channels=1024, kernel_size = (3,3),
                        stride=2, padding=(1,1))
55:         )
```

```
56:
57:         self.t6 = nn.Sequential(
58:             nn.Conv2d(in_channels=1024, out_channels=1024, kernel_size = (3,3),
                         padding = (1,1)),
59:             nn.Conv2d(in_channels=1024, out_channels=1024, kernel_size = (3,3),
                         padding = (1,1))
60:         )
61:
62:         self.t7 = nn.Sequential(
63:             nn.Linear(1024*7*6, 4096),
64:             nn.ReLU(True),
65:             nn.Dropout(),
66:             nn.Linear(4096, 7*7*30)
67:         )
68:
69:     def forward(self,x):
70:         x = self.t1(x)
71:         x = self.t2(x)
72:         x = self.t3(x)
73:         x = self.t4(x)
74:         x = self.t5(x)
75:         x = self.t6(x)
76:
77:         x = torch.flatten(x,1)
78:         x = self.t7(x)
79:         x = F.sigmoid(x)
80:         x = x.view(-1, 30, 7, 7)
81:
82:         return x  # output of model
```

在上述代码中，__init__()定义网络架构，主要有 6 个卷积、池化组，每组的卷积核大小等如代码所示。定义网络后，通过 forward()函数将输入数据依次通过网络各层进行处理，然后将输出的张量转换为[batchsize,30,7,7]，其中 batchsize 是批次处理图像的数量。

确定神经网络结构后，训练效果的好坏就由损失函数和优化器决定，而 YOLO-v1 使用普通的梯度下降法作为优化器。下面重点介绍 YOLO-v1 使用的损失函数，它的各部分说明如图 10.17 所示。

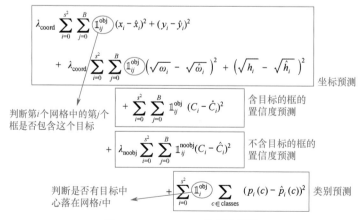

图 10.17　YOLO-v1 的损失函数

图中所示的损失函数初看之下晦涩难懂，下面具体解释损失函数中的各项。在损失函数中，各项损失使用的都是平方和误差公式，因此可以暂时不看公式中的 λ_{coord} 项和 λ_{noobj} 项。输出的预测数值及所造成的损失如下：

- 预测框的中心点 (x, y)，损失是图中的第一行。$\mathbb{1}_{ij}^{obj}$ 为控制函数，当标签中包含目标的网格位置时，该值为 1；当网格中不含目标时，该值为 0。也就是说，只对那些有真实目标所属的网格计算损失，如果网格中不包含目标，预测数值就不对损失函数造成影响。数值 (x, y) 与标签使用简单的平方和误差。

- 预测框的宽度和高度 (w, h)，损失是图中的第二行。$\mathbb{1}_{ij}^{obj}$ 的含义相同，但对 (w, h) 在损失函数中的处理分别加了根号，原因是如果不加根号，损失函数就倾向于调整尺寸较大的预测框。例如，20 像素的偏差对 800×600 的预测框几乎没有影响，此时的 IoU 数值仍然很大，但对 30×40 的预测框影响很大。加根号是为了尽可能地消除大尺寸框与小尺寸框之间的差异。

- 第三行与第四行都是预测框的置信度 C。当网格中不含目标时，置信度的标签为 0；当网格中含有目标时，置信度的标签为预测框与真实目标框的 IoU 数值。

- 第五行为目标类别概率 P。在对应的类别位置，该标签的数值为 1；在其余位置，该标签的数值为 0。

下面来看 λ_{coord} 与 λ_{noobj}。YOLO 面临的目标检测问题是典型类别数量不均衡的问题。例如，有 49 个网格，但含有目标的网格往往只有三四个。此时，若不采取其他措施，目标检测的 mAP 就不会太高，因为模型倾向于不含有目标的网格。λ_{coord} 与 λ_{noobj} 的作用就是让含有目标的网格在损失函数中的权重更大，让模型更重视含目标的网格所造成的损失。λ_{coord} 与 λ_{noobj} 的取值通常分别为 5 与 0.5，如代码 10.2 所示。

代码 10.2　定义 YOLO 的损失

```
01: import torch
02: import torch.nn as nn
03: from torch.nn import functional
04: from torch.autograd import Variable
05: import torchvision.models as models
06:
07: class YoloLoss(nn.Module):
08:     def __init__(self, n_batch, B, C, lambda_coord, lambda_noobj, use_gpu = False):
09:         """
10:         定位损失，具体参数如下：
11:         n_batch: 批次的图像数量
12:         B: 包围框的数量
13:         C: 类别数量
14:         lambda_coord: 包围框中含目标的权重系数
15:         lambda_noobj: 包围框中不含目标的权重系数
16:         """
17:         super(YoloLoss, self).__init__()
18:         self.n_batch = n_batch
19:         self.B = B # assume there are two bounding boxes
20:         self.C = C
21:         self.lambda_coord = lambda_coord
22:         self.lambda_noobj = lambda_noobj
```

```
23:            self.use_gpu = use_gpu
24:
25:    def compute_iou(self, bbox1, bbox2):
26:        """
27:        计算包围框 bbox1 和 bbox2 的交并比，每个包围框的参数为[x_center,y_center,w,h]
28:        bbox1: (tensor) 包围框 1，尺寸[N,4]
29:        bbox2: (tensor) 包围框 2，尺寸[M,4]
30:        """
31:        # transfer center coordinate to x1, y1, x2, y2
32:        b1x1y1 = bbox1[:,:2]-bbox1[:,2:]**2 # [N, (x1,y1)=2]
33:        b1x2y2 = bbox1[:,:2]+bbox1[:,2:]**2 # [N, (x2,y2)=2]
34:        b2x1y1 = bbox2[:,:2]-bbox2[:,2:]**2 # [M, (x1,y1)=2]
35:        b2x2y2 = bbox2[:,:2]+bbox2[:,2:]**2 # [M, (x1,y1)=2]
36:        box1 = torch.cat((b1x1y1.view(-1,2), b1x2y2.view(-1, 2)), dim=1)
                  # [N,4], 4=[x1,y1,x2,y2]
37:        box2 = torch.cat((b2x1y1.view(-1,2), b2x2y2.view(-1, 2)), dim=1)
                  # [M,4], 4=[x1,y1,x2,y2]
38:        N = box1.size(0)
39:        M = box2.size(0)
40:        # find coordinate of intersection boxes
41:        tl = torch.max(
42:            box1[:,:2].unsqueeze(1).expand(N,M,2), # [N,2] → [N,1,2] → [N,M,2]
43:            box2[:,:2].unsqueeze(0).expand(N,M,2), # [M,2] → [1,M,2] → [N,M,2]
44:        )
45:        br = torch.min(
46:            box1[:,2:].unsqueeze(1).expand(N,M,2), # [N,2] → [N,1,2] → [N,M,2]
47:            box2[:,2:].unsqueeze(0).expand(N,M,2), # [M,2] → [1,M,2] → [N,M,2]
48:        )
49:
50:        # width and height
51:        wh = br - tl # [N,M,2]
52:        wh[(wh<0).detach()] = 0
53:        inter = wh[:, :, 0] * wh[:, :, 1] # [N,M]
54:
55:        area1 = (box1[:,2]-box1[:,0]) * (box1[:,3]-box1[:,1]) # [N,]
56:        area2 = (box2[:,2]-box2[:,0]) * (box2[:,3]-box2[:,1]) # [M,]
57:        area1 = area1.unsqueeze(1).expand_as(inter) # [N,] → [N,1] →[N,M]
58:        area2 = area2.unsqueeze(0).expand_as(inter) # [M,] → [1,M] →[N,M]
59:
60:        iou = inter / (area1 + area2 - inter)
61:        return iou
62:
63:    def forward(self, pred_tensor, target_tensor):
64:        """
65:        计算损失
66:        pred_tensor: 网络预测的结果，尺寸为[batch,SxSx(Bx5+20))]
67:        target_tensor: 真值，尺寸为[batch,S,S,Bx5+20]
68:        返回：总损失值
69:        """
70:        n_elements = self.B * 5 + self.C
```

```
71:        batch = target_tensor.size(0)
72:        target_tensor = target_tensor.view(batch,-1,n_elements)
73:
74:        pred_tensor = pred_tensor.view(batch,-1,n_elements)
75:        coord_mask = target_tensor[:,:,5] → 0
76:        noobj_mask = target_tensor[:,:,5] == 0
77:        coord_mask = coord_mask.unsqueeze(-1).expand_as(target_tensor)
78:        noobj_mask = noobj_mask.unsqueeze(-1).expand_as(target_tensor)
79:
80:        coord_target = target_tensor[coord_mask].view(-1,n_elements)
81:        coord_pred = pred_tensor[coord_mask].view(-1,n_elements)
82:        # seperately take all these cordinates
83:        class_pred = coord_pred[:,self.B*5:]
84:        class_target = coord_target[:,self.B*5:]
85:        box_pred = coord_pred[:,:self.B*5].contiguous().view(-1,5)
86:        box_target = coord_target[:,:self.B*5].contiguous().view(-1,5)
87:
88:        noobj_target = target_tensor[noobj_mask].view(-1,n_elements)
89:        noobj_pred = pred_tensor[noobj_mask].view(-1,n_elements)
90:
91:        # compute loss which do not contain objects
92:        if self.use_gpu:
93:            noobj_target_mask = torch.cuda.ByteTensor(noobj_target.size())
94:        else:
95:            noobj_target_mask = torch.ByteTensor(noobj_target.size())
96:        noobj_target_mask.zero_()
97:        for i in range(self.B):
98:            noobj_target_mask[:,i*5+4] = 1
99:        noobj_target_c = noobj_target[noobj_target_mask] # only compute loss of c
               size [2*B*noobj_target.size(0)]
100:        noobj_pred_c = noobj_pred[noobj_target_mask]
101:        noobj_loss = functional.mse_loss(noobj_pred_c, noobj_target_c, size_average=False)
102:
103:        # compute loss which contain objects
104:        if self.use_gpu:
105:            coord_response_mask = torch.cuda.ByteTensor(box_target.size())
106:            coord_not_response_mask = torch.cuda.ByteTensor(box_target.size())
107:        else:
108:            coord_response_mask = torch.ByteTensor(box_target.size())
109:            coord_not_response_mask = torch.ByteTensor(box_target.size ())
110:        coord_response_mask.zero_()
111:        coord_not_response_mask = ~coord_not_response_mask.zero_()
112:        for i in range(0,box_target.size()[0],self.B):
113:            box1 = box_pred[i:i+self.B]
114:            box2 = box_target[i:i+self.B]
115:            iou = self.compute_iou(box1[:, :4], box2[:, :4])
116:            max_iou, max_index = iou.max(0)
117:            if self.use_gpu:
118:                max_index = max_index.data.cuda()
119:            else:
```

```
120:                     max_index = max_index.data
121:                     coord_response_mask[i+max_index]=1
122:                     coord_not_response_mask[i+max_index]=0
123:
124:             # 1. response loss
125:             box_pred_response = box_pred[coord_response_mask].view(-1, 5)
126:             box_target_response = box_target[coord_response_mask].view(-1, 5)
127:             contain_loss = functional.mse_loss(box_pred_response[:, 4],box_
                             target_response[:, 4], size_average=False)
128:             loc_loss = functional.mse_loss(box_pred_response[:, :2], box_target_
                         response[:, :2], size_average=False) + \
129:                        functional.mse_loss(box_pred_response[:, 2:4],box_target_
                         response[:, 2:4], size_average=False)
130:             # 2. not response loss
131:             box_pred_not_response = box_pred[coord_not_response_mask].view (-1, 5)
132:             box_target_not_response = box_target[coord_not_response_mask].view(-1, 5)
133:
134:             # compute class prediction loss
135:             class_loss = functional.mse_loss(class_pred, class_target, size_average=False)
136:
137:             # compute total loss
138:             total_loss = self.lambda_coord * loc_loss + contain_loss + self.
                         lambda_noobj * noobj_loss + class_loss
139:             return total_loss
```

至此，就介绍完了 YOLO-v1 的网络设计和损失函数。为了加深对网络设计细节、训练、实现等的理解，读者可以对照网络和源码。原作者的代码是使用 C 语言实现的，相对不太好理解，读者可以查看基于 PyTorch 等的实现[①]。

10.4.2　YOLO-v2

相对于 YOLO-v1，YOLO-v2 主要在预测精度、速度、识别目标数量三个方面做了改进。YOLO-v2 识别的目标变得更多，即扩展到能够检测 9000 种不同的目标，因此又称 YOLO9000。它用更简单的特征提取网络 DarkNet19 取代了 GoogLeNet 网络；引入了批量归一化（Batch Normalization，BN）层来加快网络的收敛速度，增强了网络的泛化能力；训练高分辨率分类器以适应更高分辨率的图像；利用 WordTree 来联合训练 ImageNet 分类数据集和 COCO 测试数据集；去除了全连接层，且采用 k 均值聚类算法自动寻找先验框——锚框，从而提高检测性能。

10.4.3　YOLO-v3

2018 年，YOLO-v3 发布，它继承了 YOLO-v1 和 YOLO9000 的思想，实现了速度和检测精度的平衡。该算法改进 DarkNet19 后，设计出了 DarkNet53 网络，其灵感来自 ResNet（残差网络）。在网络中加入直连通道后，允许输入信息直接传到后面的层，同时引入特征金字塔网络（Feature Pyramid Networks，FPN）来实现多尺度预测，有效地提高了小目标的检测能力。YOLO-v3 通过引入残差结构和卷积层来实现特征图尺寸的修改，如图 10.18 所示。

---

① PyTorch 实现 YOLO-v1：https://zhuanlan.zhihu.com/p/139713442。

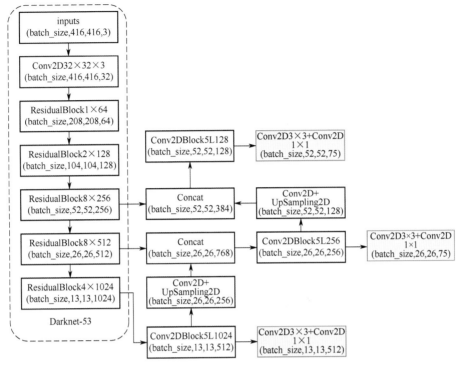

图 10.18　YOLO-v3 网络结构示意图

10.4.4　YOLO-v4

2020 年，Alexey 等人在 YOLO-v3 的基础上，提出了高效检测目标的新算法 YOLO-v4，该算法的特点是集成了更多的新技术，主要包括 Mosaic 法和自对抗训练（Self-Adversarial Training，SAT）法，提出了改进的空间注意力模块（Spatial Attention Module，SAM）、路径聚合网络（Path Aggregation Network，PAN）和交叉小批量归一化（Cross mini-Batch Normalization，CmBN）。YOLO-v4 的框架如图 10.19 所示，包括 YOLO-v3 的 Head、空间金字塔池化（Spatial Pyramid Pooling，SPP）、PAN 的 Neck 以及 CSPDarkNet53 的 Backbone。

YOLO-v4 分为四部分——输入端、主干网络、Neck 部分和预测部分。输入端包括 Mosaic、cmBN、SAT；主干网络包括 CSPDarknet53 网络、Mish 激活函数、DropBlock；Neck 部分包括 SPP 模块、FPN+PAN 结构；预测部分主要为改进的损失函数 CIoU_Loss 和改进的包围框筛选 DIoU_nms。

10.4.5　YOLO-v5

YOLO-v4 推出后，时隔 2 个月，研究人员就推出了 YOLO-v5[①]。在准确度指标上，YOLO-v5 的性能与 YOLO-v4 的不相上下，但速度远超 YOLO-v4，模型尺寸（27MB）也比 YOLO-v4 的 245MB 小了很多，在模型部署上有很强的优势。YOLO-v5 的结构与 YOLO-v4 的类似，主要不同如下：输入端采用了 Mosaic 数据增强、自适应锚框计算、自适应图片缩放方法；框架包括 Focus 结构、CSP 结构的主干网络和 FPN 结构的 Neck。一系列改进方法让 YOLO 在目标检测速度上处于领先地位。YOLO-v1 到 YOLO-v5 的发展小结如表 10.1 所示。

---

① 开源网址：https://github.com/ultralytics/yolov5。

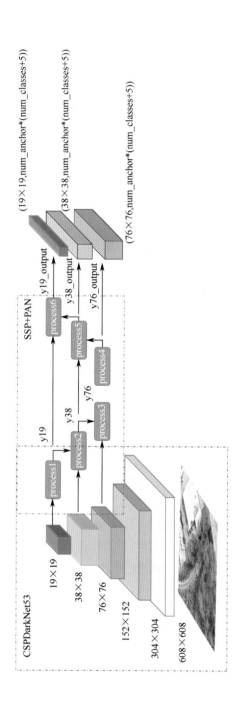

图 10.19　YOLO-V4 的框构

表 10.1　YOLO-v1 到 YOLO-v5 的发展小结

YOLO系列版本	网络结构	模型发展
YOLO-v1	GoogleNet	提出one-stage检测模型
YOLO-v2	DarkNet19	提升性能；利用分类数据集
YOLO-v3	DarkNet53	进一步提升性能
YOLO-v4	CSPDarkNet53	综合各种技巧，通过实验找到最佳组合
YOLO-v5	Focus + CSP	结构灵活，模型参数更少

10.5　YOLO-v4 原理与实现

为了更好地理解 YOLO 系列方法的原理和实现细节，下面详细介绍 YOLO-v4，其他版本的实现可以采用对比分析法来理解。YOLO-v4 是一个组合并创新了大量前人研究技术的算法，实现了速度和精度的完美平衡。YOLO-v4 在使用 YOLO-v3 的损失函数的基础上，使用了新的网络基本架构（Backbone），集成了新的优化方法和模型策略，如加权残差连接（Weighted Residual Connection，WRC）、跨阶段部分连接（Cross Stage Partial Connection，CSP）、交叉小批量归一化（Cross mini-Batch Normalization，CmBN）、自对抗训练（Self-Adversarial Training，SAT）、Mish 激活函数、马赛克（Mosaic）数据增强、DropBlock 正则化、完全 IoU（Complete-IoU，CIoU）损失等，因此检测精度较高，速度较快。本节主要分析 YOLO-v4 的网络架构 CSPDarknet、特征金字塔部分的 SPP 和 PANet，以及特征预测和解码部分。

10.5.1　主干特征提取网络

YOLO-v4 改进了 Darknet53，借鉴了跨阶段部分网络（Cross Stage Partial Networks，CSPNet）。CSPNet 实际上基于 DenseNet 的思想，复制基础层的特征映射图，通过 DenseBlock 将副本发送到下一个阶段，进而将基础层的特征映射图分离出来。这样可以有效缓解梯度消失问题，支持特征传播，鼓励网络重用特征，减少网络参数数量。CSPNet 可与 ResNet、ResNeXt 和 DenseNet 结合，且目前主要有 CSPResNext50 和 CSPDarknet53 两种改造的主干网络。CSPNet 解决了其他大型卷积神经网络框架的基本架构中网络优化的梯度信息重复问题，将梯度的变化从头到尾集成到特征图中，减少了模型的参数量，提高了计算速度，保证了推理速度和准确率，减小了模型尺寸。当输入是 416×416 时，CSPDarknet53 的网络结构如图 10.20 所示。

CSPDarknet53 的两个重要特点如下。

- 使用了残差网络的残差结构。在 CSPDarknet53 中，残差卷积首先进行一次卷积核大小为 3×3、步长为 2 的卷积，该卷积压缩输入特征层的宽度和高度，获得一个特征层并将其命名为 layer。然后，对该特征层进行一次 1×1 的卷积和一次 3×3 的卷积，并将结果与 layer 相加，构成残差结构。不断进行 1×1 卷积和 3×3 卷积及残差边叠加，可大幅度加深网络层数。残差网络的特点是容易优化，且能通过增大深度来提高准确率。内部的残差块使用了跳跃连接，缓解了在深度神经网络中增大深度带来的梯度消失问题。对 resblock_body 的结构进行了修改，使用了 CSPnet 结构，将原来残差块的堆叠拆分成了左右两部分：主干部分继续进行原来的残差块的堆叠；另一部分则像一个残差边一样，经过少量处理后直接连接到最后。
- Darknet53 的每个卷积部分都使用特有的 DarknetConv2D 结构，每次卷积时都进行 L2 正则化，卷积完后进行批量归一化与 Mish 激活函数计算。Mish 函数定义为

$$Mish = x\tanh(\ln(1 + e^x)) \tag{10.4}$$

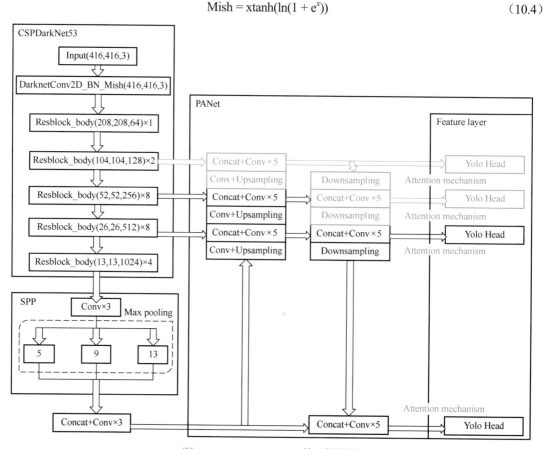

图 10.20   CSPDarknet53 的网络结构

其形状如图 10.21 所示。

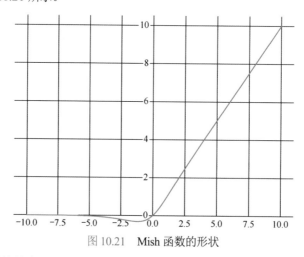

图 10.21   Mish 函数的形状

CSPDarknet53 结构的实现如代码 10.3 所示。

代码 10.3   CSPDarknet53 的定义

```
01: import torch
```

```
02: import torch.nn.functional as F
03: import torch.nn as nn
04: import math
05: from collections import OrderedDict
06:
07: # Mish 激活函数
08: class Mish(nn.Module):
09:     def __init__(self):
10:         super(Mish, self).__init__()
11:
12:     def forward(self, x):
13:         return x * torch.tanh(F.softplus(x))
14:
15: # 卷积块(CONV+BATCHNORM+MISH)
16: class BasicConv(nn.Module):
17:     def __init__(self, in_channels, out_channels, kernel_size, stride = 1):
18:         super(BasicConv, self).__init__()
19:
20:         self.conv = nn.Conv2d(in_channels, out_channels, kernel_size, stride,
                kernel_size//2, bias=False)
21:         self.bn = nn.BatchNorm2d(out_channels)
22:         self.activation = Mish()
23:
24:     def forward(self, x):
25:         x = self.conv(x)
26:         x = self.bn(x)
27:         x = self.activation(x)
28:         return x
29:
30: # CSPdarknet 的结构块的组成部分（内部堆叠的残差块）
31: class Resblock(nn.Module):
32:     def __init__(self, channels, hidden_channels=None, residual_activation=nn.Identity()):
33:         super(Resblock, self).__init__()
34:
35:         if hidden_channels is None:
36:             hidden_channels = channels
37:
38:         self.block = nn.Sequential(
39:             BasicConv(channels, hidden_channels, 1),
40:             BasicConv(hidden_channels, channels, 3)
41:         )
42:
43:     def forward(self, x):
44:         return x + self.block(x)
45:
46: # CSPdarknet 的结构块（存在一个大残差边，它绕过了很多残差结构）
47: class  Resblock_body(nn.Module):
48:     def __init__(self, in_channels, out_channels, num_blocks, first):
49:         super(Resblock_body, self).__init__()
50:
51:         self.downsample_conv = BasicConv(in_channels, out_channels, 3, stride = 2)
52:
```

```
53:          if first:
54:              self.split_conv0 = BasicConv(out_channels, out_channels, 1)
55:              self.split_conv1 = BasicConv(out_channels, out_channels, 1)
56:              self.blocks_conv = nn.Sequential(
57:                  Resblock(channels=out_channels, hidden_channels= out_channels//2),
58:                  BasicConv(out_channels, out_channels, 1)
59:              )
60:              self.concat_conv = BasicConv(out_channels*2, out_channels, 1)
61:          else:
62:              self.split_conv0 = BasicConv(out_channels, out_channels //2, 1)
63:              self.split_conv1 = BasicConv(out_channels, out_channels //2, 1)
64:
65:              self.blocks_conv = nn.Sequential(
66:                  *[Resblock(out_channels//2) for _ in range(num_blocks)],
67:                  BasicConv(out_channels//2, out_channels//2, 1)
68:              )
69:              self.concat_conv = BasicConv(out_channels, out_channels, 1)
70:
71:      def forward(self, x):
72:          x = self.downsample_conv(x)
73:
74:          x0 = self.split_conv0(x)
75:
76:          x1 = self.split_conv1(x)
77:          x1 = self.blocks_conv(x1)
78:
79:          x = torch.cat([x1, x0], dim=1)
80:          x = self.concat_conv(x)
81:
82:          return x
83:
84: class CSPDarkNet(nn.Module):
85:      def __init__(self, layers):
86:          super(CSPDarkNet, self).__init__()
87:          self.inplanes = 32
88:          self.conv1 = BasicConv(3, self.inplanes, kernel_size=3, stride=1)
89:          self.feature_channels = [64, 128, 256, 512, 1024]
90:
91:          self.stages = nn.ModuleList([
92:              Resblock_body(self.inplanes, self.feature_channels[0], layers[0],first=True),
93:              Resblock_body(self.feature_channels[0], self.feature_channels
                  [1],layers[1], first=False),
94:              Resblock_body(self.feature_channels[1], self.feature_channels
                  [2], layers[2], first=False),
95:              Resblock_body(self.feature_channels[2], self.feature_channels
                  [3], layers[3], first=False),
96:              Resblock_body(self.feature_channels[3], self.feature_channels
                  [4], layers[4], first=False)
97:          ])
98:
99:          self.num_features = 1
100:         # 初始化权重
```

```
101:            for m in self.modules():
102:                if isinstance(m, nn.Conv2d):
103:                    n = m.kernel_size[0] * m.kernel_size[1] * m.out_channels
104:                    m.weight.data.normal_(0, math.sqrt(2. / n))
105:                elif isinstance(m, nn.BatchNorm2d):
106:                    m.weight.data.fill_(1)
107:                    m.bias.data.zero_()
108:
109:        def forward(self, x):
110:            x = self.conv1(x)
111:
112:            x = self.stages[0](x)
113:            x = self.stages[1](x)
114:            out3 = self.stages[2](x)
115:            out4 = self.stages[3](out3)
116:            out5 = self.stages[4](out4)
117:
118:            return out3, out4, out5
119:
120: def darknet53(pretrained, **kwargs):
121:     model = CSPDarkNet([1, 2, 8, 8, 4])
122:     if pretrained:
123:         if isinstance(pretrained, str):
124:             model.load_state_dict(torch.load(pretrained))
125:         else:
126:             raise Exception("darknet request a pretrained path.got[{}]".
                       format(pretrained))
127:     return model
```

10.5.2　特征金字塔

在特征金字塔部分，YOLO-v4 提出了两种改进方式。

- 使用了 SPP 结构。
- 使用了 PANet 结构。

如图 10.20 所示，除了 CSPDarknet53 和 Yolo Head 结构，都是特征金字塔结构。SPP 结构掺杂在对 CSPdarknet53 的最后一个特征层的卷积中。在对 CSPdarknet53 的最后一个特征层进行三次 DarknetConv2D_BN_Leaky 卷积后，分别利用四个不同尺度的最大池化进行处理，最大池化的池化核大小分别为 13×13、9×9、5×5 和 1×1，其中 1×1 表示无处理。代码 10.4 定义了 SPP 结构。

代码 10.4　SPP 结构定义
```
01: # SPP 结构，利用不同大小的池化核进行池化（池化后堆叠）
02: class  SpatialPyramidPooling(nn.Module):
03:     def __init__(self, pool_sizes=[5, 9, 13]):
04:         super(SpatialPyramidPooling, self).__init__()
05:
06:         self.maxpools = nn.ModuleList([nn.MaxPool2d(pool_size, 1, pool_
               size//2) for pool_size in pool_sizes])
07:
08:     def forward(self, x):
09:         features = [maxpool(x) for maxpool in self.maxpools[::-1]]
10:         features = torch.cat(features + [x], dim=1)
```

```
11:
12:        return features
```

SPP 能够极大地增大感受野，分离出最显著的上下文特征，其结构示意图如图 10.22 所示。

PANet 是在 2018 年提出的一种实例分割算法，它的具体结构有反复提升特征的功能。图 10.23 所示为原始的 PANet 结构，可以看出它的一个非常重要的特点是特征的反复提取。在图 10.23 中，最左侧是传统的特征金字塔结构，它完成特征金字塔从下到上的特征提取，还要实现从上到下的特征提取。

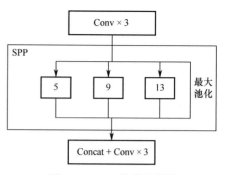

图 10.22　SPP 结构示意图

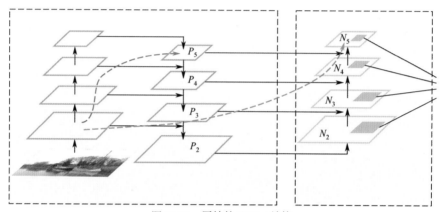

图 10.23　原始的 PANet 结构

在 YOLO-v4 中，主要在三个有效特征层上使用 PANet 结构，如图 10.24 所示。

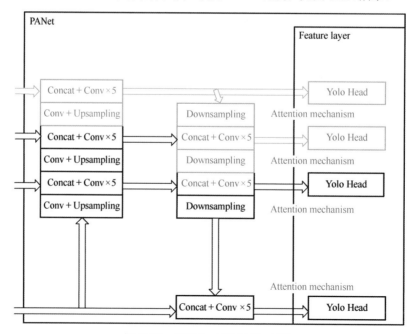

图 10.24　YOLO-v4 的 PANet 结构

10.5.3　利用特征进行预测

获得特征后，第三步就是如何使用特征进行预测。预测的主要过程和特点如下。

- 在特征利用部分，YOLO-v4 提取多特征层进行目标检测，共提取三个特征层，分别位于中间层、中下层和底层，各个维度的尺寸分别为(76, 76, 256)、(38, 38, 512)和(19, 19, 1024)。
- 输出层的各个维度的尺寸分别为(19, 19, 75)、(38, 38, 75)和(76, 76, 75)，最后的维度为75，因为该图是基于 VOC 数据集的，类别数为20，YOLO-v4 针对每个特征层只有 3 个先验框，所以最后的维度为3×25；使用 COCO 训练集时，类别数为80，最后的维度为255 = 3×85，三个特征层的各个维度的尺寸分别为(19, 19, 255)、(38, 38, 255)和(76, 76, 255)。

具体实现如代码 10.5 所示。

代码 10.5　YOLO-v4 网络定义

```
01: # 最后获得 YOLO-v4 的输出
02: def yolo_head(filters_list, in_filters):
03:     m = nn.Sequential(
04:         conv2d(in_filters, filters_list[0], 3),
05:         nn.Conv2d(filters_list[0], filters_list[1], 1),
06:     )
07:     return m
08:
09: # YOLO-v4 的网络定义
10: class  YoloBody(nn.Module):
11:     def __init__(self, config):
12:         super(YoloBody, self).__init__()
13:         self.config = config
14:         # backbone
15:         self.backbone = darknet53(None)
16:
17:         self.conv1 = make_three_conv([512,1024],1024)
18:         self.SPP = SpatialPyramidPooling()
19:         self.conv2 = make_three_conv([512,1024],2048)
20:
21:         self.upsample1 = Upsample(512,256)
22:         self.conv_for_P4 = conv2d(512,256,1)
23:         self.make_five_conv1 = make_five_conv([256, 512],512)
24:
25:         self.upsample2 = Upsample(256,128)
26:         self.conv_for_P3 = conv2d(256,128,1)
27:         self.make_five_conv2 = make_five_conv([128, 256],256)
28:         # 3*(5+num_classes)=3*(5+20)=3*(4+1+20)=75
29:         final_out_filter2 = len(config["yolo"]["anchors"][2]) * (5 +config
                ["yolo"]["classes"])
30:         self.yolo_head3 = yolo_head([256, final_out_filter2],128)
31:
32:         self.down_sample1 = conv2d(128,256,3,stride=2)
33:         self.make_five_conv3 = make_five_conv([256, 512],512)
34:         # 3*(5+num_classes)=3*(5+20)=3*(4+1+20)=75
35:         final_out_filter1 = len(config["yolo"]["anchors"][1]) * (5 + config
```

```
                   ["yolo"]["classes"])
36:          self.yolo_head2 = yolo_head([512, final_out_filter1],256)
37:
38:          self.down_sample2 = conv2d(256,512,3,stride=2)
39:          self.make_five_conv4 = make_five_conv([512, 1024],1024)
40:          # 3*(5+num_classes)=3*(5+20)=3*(4+1+20)=75
41:          final_out_filter0 = len(config["yolo"]["anchors"][0]) * (5 + config
                   ["yolo"]["classes"])
42:          self.yolo_head1 = yolo_head([1024, final_out_filter0],512)
43:
44:      def forward(self, x):
45:          # backbone
46:          x2, x1, x0 = self.backbone(x)
47:
48:          P5 = self.conv1(x0)
49:          P5 = self.SPP(P5)
50:          P5 = self.conv2(P5)
51:
52:          P5_upsample = self.upsample1(P5)
53:          P4 = self.conv_for_P4(x1)
54:          P4 = torch.cat([P4,P5_upsample],axis=1)
55:          P4 = self.make_five_conv1(P4)
56:
57:          P4_upsample = self.upsample2(P4)
58:          P3 = self.conv_for_P3(x2)
59:          P3 = torch.cat([P3,P4_upsample],axis=1)
60:          P3 = self.make_five_conv2(P3)
61:
62:          P3_downsample = self.down_sample1(P3)
63:          P4 = torch.cat([P3_downsample,P4],axis=1)
64:          P4 = self.make_five_conv3(P4)
65:
66:          P4_downsample = self.down_sample2(P4)
67:          P5 = torch.cat([P4_downsample,P5],axis=1)
68:          P5 = self.make_five_conv4(P5)
69:
70:          out2 = self.yolo_head3(P3)
71:          out1 = self.yolo_head2(P4)
72:          out0 = self.yolo_head1(P5)
73:
74:          return out0, out1, out2
```

10.5.4　预测结果的解码

由第二步可以得到三个特征层的预测结果，即各个维度的尺寸分别为(N, 19, 19, 255)、(N, 38, 38, 255)和(N, 76, 76, 255)的数据，它们对应每幅图上大小分别为19×19、38×38、76×76 的网格上的三个预测框的位置。然而，这个预测结果并不对应图像上最终预测框的位置，还需要解码。YOLO-v4 的三个特征层将整幅图像分为大小分别是19×19、38×38、76×76 的网格，每个网络负责一个区域的检测。已知特征层的预测结果对应三个预测框的位置，首先将其变形，结果为(N, 19, 19, 3, 85)、(N, 38, 38, 3, 85)

和(N, 76, 76, 3, 85)。在最后一个维度中，85 的由来是 4 + 1 + 80。这些数字分别代表 x_offset、y_offset、h 和 w、置信度、分类结果。解码过程就是让每个网格加上对应的 x_offset 和 y_offset，结果是预测框的中心，然后利用先验框和 h、w 算出预测框的长度和宽度，得到整个预测框的位置。预测框的示意图如图 10.25 所示。

图 10.25　预测框的示意图

得到最终的预测结果后，还要进行得分排序与非极大抑制，这一部分基本上是所有目标检测的通用部分。该项目的处理方式与其他项目的不同，它对每个类别进行判别：

● 取出每个类别得分大于 self.obj_threshold 的框和得分。

● 利用框的位置和得分进行非极大抑制。

具体实现如代码 10.6 所示。调用 yolo_eval 时，就会对每个特征层解码。

代码 10.6　预测结果的解码

```
01: import torch
02: import torch.nn as nn
03: from torchvision.ops import nms
04: import numpy as np
05:
06: class DecodeBox():
07:     def __init__(self, anchors, num_classes, input_shape, anchors_mask =
            [[6,7,8], [3,4,5], [0,1,2]]):
08:         super(DecodeBox, self).__init__()
09:         self.anchors = anchors
10:         self.num_classes = num_classes
11:         self.bbox_attrs = 5 + num_classes
12:         self.input_shape = input_shape
13:         # 13x13 的特征层对应的 anchor 是[142, 110],[192, 243],[459, 401]
14:         # 26x26 的特征层对应的 anchor 是[36, 75],[76, 55],[72, 146]
15:         # 52x52 的特征层对应的 anchor 是[12, 16],[19, 36],[40, 28]
16:         self.anchors_mask = anchors_mask
17:
18:     def decode_box(self, inputs):
19:         outputs = []
20:         for i, input in enumerate(inputs):
21:             # 输入共有三个，它们的 shape 分别是
22:             # batch_size, 255, 13, 13
23:             # batch_size, 255, 26, 26
24:             # batch_size, 255, 52, 52
25:             batch_size = input.size(0)
26:             input_height = input.size(2)
27:             input_width = input.size(3)
28:
29:             # 当输入为 416x416 时
```

```
30:        # stride_h = stride_w = 32、16、8
31:        stride_h = self.input_shape[0] / input_height
32:        stride_w = self.input_shape[1] / input_width
33:        # 此时得到的 scaled_anchors 大小是相对于特征层的
34:        scaled_anchors = [(anchor_width / stride_w, anchor_height /
               stride_h) for anchor_width, anchor_height in self.Anchors
               [self.anchors_mask[i]]]
35:
36:        # 输入共有三个，它们的 shape 分别是
37:        # batch_size, 3, 13, 13, 85
38:        # batch_size, 3, 26, 26, 85
39:        # batch_size, 3, 52, 52, 85
40:        prediction = input.view(batch_size,
41:                 len(self.anchors_mask[i]),
42:                 self.bbox_attrs, input_height,
43:                 input_width).permute(0, 1, 3, 4, 2).contiguous()
44:
45:        # 先验框的中心位置的调整参数
46:        x = torch.sigmoid(prediction[..., 0])
47:        y = torch.sigmoid(prediction[..., 1])
48:        # 先验框的宽度和高度调整参数
49:        w = prediction[..., 2]
50:        h = prediction[..., 3]
51:        # 获得置信度，确定是否有目标
52:        conf = torch.sigmoid(prediction[..., 4])
53:        # 类别置信度
54:        pred_cls = torch.sigmoid(prediction[..., 5:])
55:
56:        FloatTensor = torch.cuda.FloatTensor if x.is_cuda else torch.FloatTensor
57:        LongTensor = torch.cuda.LongTensor if x.is_cuda else torch.LongTensor
58:
59:        # 生成网格、先验框中心、网格左上角
60:        # batch_size,3,13,13
61:        grid_x = torch.linspace(0, input_width - 1, input_width).repeat
               (input_height, 1).repeat(
62:            batch_size * len(self.anchors_mask[i]), 1, 1).view(x.shape).
               type(FloatTensor)
63:        grid_y = torch.linspace(0, input_height - 1, input_height).repeat
               (input_width, 1).t().repeat(
64:            batch_size * len(self.anchors_mask[i]), 1, 1).view(y.shape).
               type(FloatTensor)
65:
66:        # 按照网格格式生成先验框的宽度和高度
67:        # batch_size,3,13,13
68:        anchor_w = FloatTensor(scaled_anchors).index_select(1, LongTensor([0]))
69:        anchor_h = FloatTensor(scaled_anchors).index_select(1, LongTensor([1]))
70:        anchor_w = anchor_w.repeat(batch_size, 1).repeat(1, 1, input_
               height * input_width).view(w.shape)
71:        anchor_h = anchor_h.repeat(batch_size, 1).repeat(1, 1, input_
               height * input_width).view(h.shape)
```

```
72:
73:            # 利用预测结果调整先验框
74:            # 先调整先验框的中心，即从先验框中心向右下角偏移
75:            # 再调整先验框的宽度和高度
76:            pred_boxes = FloatTensor(prediction[..., :4].shape)
77:            pred_boxes[..., 0] = x.data + grid_x
78:            pred_boxes[..., 1] = y.data + grid_y
79:            pred_boxes[..., 2] = torch.exp(w.data) * anchor_w
80:            pred_boxes[..., 3] = torch.exp(h.data) * anchor_h
81:
82:            # 将输出结果归一化为小数形式
83:            _scale = torch.Tensor([input_width, input_height,
84:                input_width, input_height]).type(FloatTensor)
85:            output = torch.cat((pred_boxes.view(batch_size, -1, 4) / _scale,
86:                conf.view(batch_size, -1, 1),
87:                pred_cls.view(batch_size, -1, self.num_classes)), -1)
88:            outputs.append(output.data)
89:        return outputs
90:
91:    def yolo_correct_boxes(self, box_xy, box_wh, input_shape, image_shape, letterbox_image):
92:        # 将 y 轴放在前面是为了方便让预测框与图像的宽度和高度相乘
93:        box_yx = box_xy[..., ::-1]
94:        box_hw = box_wh[..., ::-1]
95:        input_shape = np.array(input_shape)
96:        image_shape = np.array(image_shape)
97:
98:        if letterbox_image:
99:            # 这里求得 offset 是图像有效区域相对于图像左上角的偏移情况
100:            # new_shape 指的是宽度和高度缩放情况
101:            new_shape = np.round(image_shape * np.min(input_shape/image_shape))
102:            offset = (input_shape - new_shape)/2./input_shape
103:            scale = input_shape/new_shape
104:
105:            box_yx = (box_yx - offset) * scale
106:            box_hw *= scale
107:
108:        box_mins = box_yx - (box_hw / 2.)
109:        box_maxes = box_yx + (box_hw / 2.)
110:        boxes = np.concatenate([box_mins[..., 0:1], box_mins[...,1:2],
111:            box_maxes[..., 0:1], box_maxes[..., 1:2]], axis=-1)
111:        boxes *= np.concatenate([image_shape, image_shape], axis=-1)
112:        return boxes
113:
114:    def non_max_suppression(self, prediction, num_classes, input_shape,
        image_shape, letterbox_image, conf_thres=0.5, nms_thres=0.4):
115:        # 将预测结果的格式转换成左上角右下角的格式
116:        # prediction [batch_size, num_anchors, 85]
117:        box_corner = prediction.new(prediction.shape)
118:        box_corner[:, :, 0] = prediction[:, :, 0] - prediction[:, :, 2] / 2
119:        box_corner[:, :, 1] = prediction[:, :, 1] - prediction[:, :, 3] / 2
```

```
120:        box_corner[:, :, 2] = prediction[:, :, 0] + prediction[:, :, 2] / 2
121:        box_corner[:, :, 3] = prediction[:, :, 1] + prediction[:, :, 3] / 2
122:        prediction[:, :, :4] = box_corner[:, :, :4]
123:
124:        output = [None for _ in range(len(prediction))]
125:        for i, image_pred in enumerate(prediction):
126:            # 对类别预测部分取 max
127:            # class_conf [num_anchors, 1] 类别置信度
128:            # class_pred [num_anchors, 1] 类别
129:            class_conf, class_pred = torch.max(image_pred[:, 5:5 + num_
                    classes], 1, keepdim=True)
130:
131:            # 利用置信度进行第一轮筛选
132:            conf_mask = (image_pred[:, 4] * class_conf[:, 0] >= conf_thres).squeeze()
133:
134:            # 根据置信度进行预测结果的筛选
135:            image_pred = image_pred[conf_mask]
136:            class_conf = class_conf[conf_mask]
137:            class_pred = class_pred[conf_mask]
138:            if not image_pred.size(0):
139:                continue
140:
141:            # detections  [num_anchors, 7]
142:            # 7 的内容为 x1, y1, x2, y2, obj_conf, class_conf, class_pred
143:            detections = torch.cat((image_pred[:, :5], class_conf.float(),
                    class_pred.float()), 1)
144:
145:            # 获得预测结果中包含的所有类别
146:            unique_labels = detections[:, -1].cpu().unique()
147:
148:            if prediction.is_cuda:
149:                unique_labels = unique_labels.cuda()
150:                detections = detections.cuda()
151:
152:            for c in unique_labels:
153:                # 获得某个类别得分筛选后的全部预测结果
154:                detections_class = detections[detections[:, -1] == c]
155:
156:                # 使用官方自带的非极大抑制可让速度更快！
157:                keep = nms(
158:                    detections_class[:, :4],
159:                    detections_class[:, 4] * detections_class[:, 5],
160:                    nms_thres
161:                )
162:                max_detections = detections_class[keep]
163:
164:                # Add max detections to outputs
165:                output[i] = max_detections if output[i] is None else torch.
                        cat((output[i], max_detections))
166:
```

```
167:            if output[i] is not None:
168:                output[i] = output[i].cpu().numpy()
169:                box_xy, box_wh = (output[i][:, 0:2] + output[i][:,2:4])/2,
                        output[i][:, 2:4] - output[i][:, 0:2]
170:                output[i][:, :4] = self.yolo_correct_boxes(box_xy, box_wh,
                        input_shape, image_shape, letterbox_image)
171:        return output
```

10.5.5　在原始图像上进行绘制

通过第四步可以获得预测框在原始图像上的位置，且这些预测框都经过了筛选。将这些筛选后的预测框直接绘制在原始图像上，就得到了最终的结果。

10.6　YOLO-v4 的技巧及损失函数分析

相较于 YOLO-v3 和之前的版本，YOLO-v4 做了很多小创新，堪称目标检测技巧"万花筒"。YOLO-v4 中的一些技巧很适合学习，可用在我们自己的项目中，也可帮助我们更好地理解模型中的各个模块与组件的作用。本节介绍 YOLO-v4 中用到的几个关键技巧，并分析 YOLO-v4 的损失函数。

10.6.1　Mosaic 数据增强

YOLO-v4 的 Mosaic 数据增强参考了 CutMix 数据增强方式，理论上有一定的相似性。CutMix 数据增强方式利用两幅图像进行拼接，如图 10.26(a)所示。

(a)CutMix数据增强　　　　　　　　　　　　(b)Mosaic数据增强

图 10.26　YOLO-v4 所用的数据增强方法

Mosaic 增强是 CutMix 的扩展，如图 10.26(b)所示。CutMix 是两幅图像的混合，Mosaic 增强则是四幅图像的混合，其优点是一幅图像相当于四幅图像，等价于增加了训练的批次，能够显著减少训练所需训练批次中的样本数量，丰富检测目标的背景。Mosaic 增强的步骤如下。

步骤 1：每次读取四幅图像，如图 10.27 所示。

图 10.27　Mosaic 增强的步骤 1

步骤 2：对四幅图像进行翻转、缩放、色域变化等，并按四个方向摆好，如图 10.28 所示。

图 10.28　Mosaic 增强的步骤 2

步骤 3：组合图片并组合框，如图 10.29 所示。实现代码如代码 10.7 所示。

图 10.29　Mosaic 增强的步骤 3

代码 10.7　Mosaic 增强

```
01: def merge_bboxes(self, bboxes, cutx, cuty):
02:     merge_bbox = []
03:     for i in range(len(bboxes)):
04:         for box in bboxes[i]:
05:             tmp_box = []
06:             x1, y1, x2, y2 = box[0], box[1], box[2], box[3]
07:
08:             if i == 0:
09:                 if y1 > cuty or x1 > cutx:
10:                     continue
11:                 if y2 >= cuty and y1 <= cuty:
12:                     y2 = cuty
13:                 if x2 >= cutx and x1 <= cutx:
14:                     x2 = cutx
15:
16:             if i == 1:
17:                 if y2 < cuty or x1 > cutx:
18:                     continue
19:                 if y2 >= cuty and y1 <= cuty:
20:                     y1 = cuty
21:                 if x2 >= cutx and x1 <= cutx:
22:                     x2 = cutx
23:
24:             if i == 2:
25:                 if y2 < cuty or x2 < cutx:
26:                     continue
27:                 if y2 >= cuty and y1 <= cuty:
28:                     y1 = cuty
29:                 if x2 >= cutx and x1 <= cutx:
30:                     x1 = cutx
31:
```

```
32:                    if i == 3:
33:                        if y1 > cuty or x2 < cutx:
34:                            continue
35:                        if y2 >= cuty and y1 <= cuty:
36:                            y2 = cuty
37:                        if x2 >= cutx and x1 <= cutx:
38:                            x1 = cutx
39:                    tmp_box.append(x1)
40:                    tmp_box.append(y1)
41:                    tmp_box.append(x2)
42:                    tmp_box.append(y2)
43:                    tmp_box.append(box[-1])
44:                    merge_bbox.append(tmp_box)
45:        return merge_bbox
46:
47: def get_random_data_with_Mosaic(self, annotation_line, input_shape, max_
        boxes=100, hue=.1, sat=1.5, val=1.5):
48:        h, w = input_shape
49:        min_offset_x = self.rand(0.25, 0.75)
50:        min_offset_y = self.rand(0.25, 0.75)
51:
52:        nws = [int(w * self.rand(0.4, 1)), int(w * self.rand(0.4, 1)),int
            (w * self.rand(0.4, 1)), int(w * self.rand(0.4, 1))]
53:        nhs = [int(h * self.rand(0.4, 1)), int(h * self.rand(0.4, 1)),int
            (h * self.rand(0.4, 1)), int(h * self.rand(0.4, 1))]
54:
55:        place_x = [int(w*min_offset_x) - nws[0], int(w*min_offset_x) - nws[1],
            int(w*min_offset_x), int(w*min_offset_x)]
56:        place_y = [int(h*min_offset_y) - nhs[0], int(h*min_offset_y), int (h*min_
            offset_y), int(h*min_offset_y) - nhs[3]]
57:
58:        image_datas = []
59:        box_datas = []
60:        index = 0
61:        for line in annotation_line:
62:            # 对每行进行分割
63:            line_content = line.split()
64:            # 打开图片
65:            image = Image.open(line_content[0])
66:            image = cvtColor(image)
67:
68:            # 图片大小
69:            iw, ih = image.size
70:            # 保存框的位置
71:            box = np.array([np.array(list(map(int,box.split(',')))) for box in
                line_content[1:]])
72:
73:            # 是否翻转图片
74:            flip = self.rand()<.5
75:            if flip and len(box)>0:
76:                image = image.transpose(Image.FLIP_LEFT_RIGHT)
77:                box[:, [0,2]] = iw - box[:, [2,0]]
78:
79:            nw = nws[index]
80:            nh = nhs[index]
81:            image = image.resize((nw,nh), Image.BICUBIC)
```

```
82:
83:            # 放置图像，分别对应四幅分割图像的位置
84:            dx = place_x[index]
85:            dy = place_y[index]
86:            new_image = Image.new('RGB', (w,h), (128,128,128))
87:            new_image.paste(image, (dx, dy))
88:            image_data = np.array(new_image)
89:
90:            index = index + 1
91:            box_data = []
92:            # 重新处理 box
93:            if len(box)>0:
94:                np.random.shuffle(box)
95:                box[:, [0,2]] = box[:, [0,2]]*nw/iw + dx
96:                box[:, [1,3]] = box[:, [1,3]]*nh/ih + dy
97:                box[:, 0:2][box[:, 0:2]<0] = 0
98:                box[:, 2][box[:, 2]>w] = w
99:                box[:, 3][box[:, 3]>h] = h
100:                box_w = box[:, 2] - box[:, 0]
101:                box_h = box[:, 3] - box[:, 1]
102:                box = box[np.logical_and(box_w>1, box_h>1)]
103:                box_data = np.zeros((len(box),5))
104:                box_data[:len(box)] = box
105:
106:            image_datas.append(image_data)
107:            box_datas.append(box_data)
108:
109:        # 分割图像，放在一起
110:        cutx = int(w * min_offset_x)
111:        cuty = int(h * min_offset_y)
112:
113:        new_image = np.zeros([h, w, 3])
114:        new_image[:cuty, :cutx, :] = image_datas[0][:cuty, :cutx, :]
115:        new_image[cuty:, :cutx, :] = image_datas[1][cuty:, :cutx, :]
116:        new_image[cuty:, cutx:, :] = image_datas[2][cuty:, cutx:, :]
117:        new_image[:cuty, cutx:, :] = image_datas[3][:cuty, cutx:, :]
118:
119:        # 色域变换
120:        hue = self.rand(-hue, hue)
121:        sat = self.rand(1, sat) if self.rand()<.5 else 1/self.rand(1, sat )
122:        val = self.rand(1, val) if self.rand()<.5 else 1/self.rand(1, val)
123:        x = cv2.cvtColor(np.array(new_image/255,np.float32), cv2.COLOR_RGB2HSV)
124:        x[..., 0] += hue*360
125:        x[..., 0][x[..., 0]>1] -= 1
126:        x[..., 0][x[..., 0]<0] += 1
127:        x[..., 1]  *= sat
128:        x[..., 2]  *= val
129:        x[x[:, :, 0]>360, 0] = 360
130:        x[:, :, 1:][x[:, :, 1:]>1] = 1
131:        x[x<0] = 0
132:        new_image = cv2.cvtColor(x, cv2.COLOR_HSV2RGB)*255
133:
134:        # 进一步处理框
135:        new_boxes = self.merge_bboxes(box_datas, cutx, cuty)
136:
137:        return new_image, new_boxes
```

10.6.2 CIoU

IoU 是一个比值，它对目标的尺度不敏感。然而，常用的包围框回归损失优化和 IoU 优化不完全等价，普通 IoU 无法直接优化不重叠的部分。于是，有人提出直接使用 IoU 作为回归优化的损失函数，而 CIoU 损失是其中的一种优秀想法。CIoU 考虑了目标与锚框之间的距离、重叠率、尺度和惩罚因子，使得目标框的回归变得更稳定，而不像 IoU 和 GIoU 那样出现训练发散等问题。CIoU 参数示意图如图 10.30 所示。

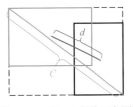

图 10.30 CIoU 参数示意图

CIoU 的公式为

$$\text{CIoU} = \text{IoU} - \frac{\rho^2(b, b^{\text{gt}})}{c^2} - \alpha \upsilon \tag{10.5}$$

式中，$\rho^2(b, b^{\text{gt}})$ 是预测框中心点和真实框中心点之间的欧氏距离，c 是能够同时包含预测框和真实框的最小闭包区域的对角线距离，α 和 υ 的公式如下所示：

$$\alpha = \frac{\upsilon}{1 - \text{IoU} + \upsilon} \tag{10.6}$$

$$\upsilon = \frac{4}{\pi^2} \left(\arctan \frac{w^{\text{gt}}}{h^{\text{gt}}} - \arctan \frac{w}{h} \right)^2 \tag{10.7}$$

将 $1 - \text{CIoU}$ 代入，可得相应的损失函数为

$$\text{LOSS\_CIoU} = 1 - \text{IoU} + \frac{\rho^2(b, b^{\text{gt}})}{c^2} + \alpha \upsilon$$

CIoU 的实现如代码 10.8 所示。

代码 10.8 CIoU 的实现代码

```
01: def box_ciou(self, b1, b2):
02:     """输入为
03:     b1: tensor, shape=(batch, feat_w, feat_h, anchor_num, 4), xywh
04:     b2: tensor, shape=(batch, feat_w, feat_h, anchor_num, 4), xywh
05:     返回为ciou: tensor, shape=(batch, feat_w, feat_h, anchor_num, 1)
06:     """
07:     # 求出预测框的左上角和右下角
08:     b1_xy = b1[..., :2]
09:     b1_wh = b1[..., 2:4]
10:     b1_wh_half = b1_wh/2.
11:     b1_mins = b1_xy - b1_wh_half
12:     b1_maxes = b1_xy + b1_wh_half
13:     # 求出真实框的左上角和右下角
14:     b2_xy = b2[..., :2]
15:     b2_wh = b2[..., 2:4]
16:     b2_wh_half = b2_wh/2.
17:     b2_mins = b2_xy - b2_wh_half
18:     b2_maxes = b2_xy + b2_wh_half
19:
20:     # 求出真实框和预测框的所有IoU
21:     intersect_mins = torch.max(b1_mins, b2_mins)
22:     intersect_maxes = torch.min(b1_maxes, b2_maxes)
```

```
23:        intersect_wh = torch.max(intersect_maxes - intersect_mins, torch.zeros_
                        like(intersect_maxes))
24:        intersect_area = intersect_wh[..., 0] * intersect_wh[..., 1]
25:        b1_area = b1_wh[..., 0] * b1_wh[..., 1]
26:        b2_area = b2_wh[..., 0] * b2_wh[..., 1]
27:        union_area = b1_area + b2_area - intersect_area
28:        iou = intersect_area / torch.clamp(union_area,min = 1e-6)
29:
30:        # 计算中心之间的距离
31:        center_distance = torch.sum(torch.pow((b1_xy - b2_xy), 2), axis=-1)
32:
33:        # 找到覆盖两个框的最小框的左上角和右下角
34:        enclose_mins = torch.min(b1_mins, b2_mins)
35:        enclose_maxes = torch.max(b1_maxes, b2_maxes)
36:        enclose_wh = torch.max(enclose_maxes - enclose_mins, torch.zeros_
                        like(intersect_maxes))
37:        # 计算对角线距离
38:        enclose_diagonal = torch.sum(torch.pow(enclose_wh,2), axis=-1)
39:        ciou = iou - 1.0 * (center_distance) / torch.clamp( enclose_diagonal,min = 1e-6)
40:
41:        v = (4 / (math.pi ** 2)) * torch.pow((torch.atan(b1_wh[..., 0] /
                torch.clamp(b1_wh[..., 1],min = 1e-6)) - torch.atan(b2_wh[...,0] /
                torch.clamp(b2_wh[..., 1], min = 1e-6))), 2)
42:        alpha = v / torch.clamp((1.0 - iou + v), min=1e-6)
43:        ciou = ciou - alpha * v
44:        return ciou
```

10.6.3 损失函数

网络的最后输出是三个特征层的每个网格所对应的预测框及其类别，即三个特征层分别对应的图像被划分为不同尺寸的网格后，每个网格上三个先验框对应的位置、置信度和类别。对于输出的 y1，y2,y3，[..., :2]是相对于每个网格点的偏移量，[..., 2: 4]是宽度和高度，[..., 4: 5]是框的置信度，[..., 5:]是每个类别的预测概率。现在的 y_pre 还未解码，解码后才是真实图像的情况。计算损失实际上是对比 y_pre 和 y_true：y_pre 是图像经过网络后的输出，其内部含有三个特征层的内容，需要解码才能在图像上画出；y_true 是真实图像，每个真实框对应(19,19)、(38,38)、(76,76)网格上的偏移位置、长宽与类别，需要编码才能与 y_pred 的结构一致。

实际上，y_pre 和 y_true 在各个维度上的尺寸都是(batch_size,19,19,3,85)、(batch_size,38,38,3,85)和(batch_size,76,76,3,85)。

得到 y_pre 和 y_true 后，损失函数的值需要对三个特征层进行处理，这里以最小特征层为例说明如下。

- 利用 y_true 取出该特征层中真实存在目标的点的位置(m,19,19,3,1)及对应的类别(m,19,19,3,80)。
- 处理输出的预测值，得到变形后的预测值 y_pre 及解码后的 x, y, w, 其中 hshape 为(m,19,19,3,85)。
- 对于每幅图像，计算所有真实框与预测框的 IoU，当某些预测框和真实框的重合度大于 0.5时，就忽略它们。

- 计算 CIoU 作为回归的损失，这里只计算正样本的回归损失。
- 计算置信度的损失，它由两部分构成：第一部分是实际存在目标的损失，它将预测结果的置信度值与 1 对比；第二部分是不存在目标的损失，它将第四步得到的最大 IoU 值与 0 对比。
- 计算预测类别的损失，即存在目标的预测类别与真实类别的差距。实际上，计算得到的总损失是如下三个损失项之和：实际存在的框，CIoU 损失；实际存在的框，预测结果中置信度的值与 1 对比；实际不存在的框，预测结果中的置信度值与 0 对比，该部分要去除被忽略的不包含目标的框；实际存在的框，类别预测结果与实际结果的对比。

损失函数的定义如代码 10.9 所示。

代码 10.9 损失函数的定义

```
01: import torch
02: import torch.nn as nn
03: import math
04: import numpy as np
05:
06: class YOLOLoss(nn.Module):
07:     def __init__(self, anchors, num_classes, input_shape, cuda, anchors_mask =
            [[6,7,8], [3,4,5], [0,1,2]], label_smoothing = 0):
08:         super(YOLOLoss, self).__init__()
09:         #------------------------------------------------------------#
10:         # 13x13 的特征层对应的锚框是[142, 110],[192, 243],[459, 401]
11:         # 26x26 的特征层对应的锚框是[36, 75],[76, 55],[72, 146]
12:         # 52x52 的特征层对应的锚框是[12, 16],[19, 36],[40, 28]
13:         #------------------------------------------------------------#
14:         self.anchors = anchors
15:         self.num_classes = num_classes
16:         self.bbox_attrs = 5 + num_classes
17:         self.input_shape = input_shape
18:         self.anchors_mask = anchors_mask
19:         self.label_smoothing = label_smoothing
20:
21:         self.ignore_threshold = 0.7
22:         self.cuda = cuda
23:
24:     def clip_by_tensor(self, t, t_min, t_max):
25:         t = t.float()
26:         result = (t >= t_min).float() * t + (t < t_min).float() * t_min
27:         result = (result <= t_max).float() * result + (result > t_max).float() * t_max
28:         return result
29:
30:     def MSELoss(self, pred, target):
31:         return torch.pow(pred - target, 2)
32:
33:     def BCELoss(self, pred, target):
34:         epsilon = 1e-7
35:         pred = self.clip_by_tensor(pred, epsilon, 1.0 - epsilon)
36:         output = - target * torch.log(pred) - (1.0 - target) * torch.log(1.0 - pred)
37:         return output
38:
```

```
39:    def box_ciou(self, b1, b2):
40:        """输入为
41:        b1: tensor, shape = (batch, feat_w, feat_h, anchor_num, 4), xywh
42:        b2: tensor, shape = (batch, feat_w, feat_h, anchor_num, 4), xywh
43:        返回为ciou: tensor, shape = (batch, feat_w, feat_h, anchor_num, 1)
44:        """
45:        # 求出预测框的左上角和右下角
46:        b1_xy = b1[..., :2]
47:        b1_wh = b1[..., 2:4]
48:        b1_wh_half = b1_wh/2.
49:        b1_mins = b1_xy - b1_wh_half
50:        b1_maxes = b1_xy + b1_wh_half
51:        # 求出真实框的左上角和右下角
52:        b2_xy = b2[..., :2]
53:        b2_wh = b2[..., 2:4]
54:        b2_wh_half = b2_wh/2.
55:        b2_mins = b2_xy - b2_wh_half
56:        b2_maxes = b2_xy + b2_wh_half
57:
58:        # 求出真实框和预测框的所有 IoU
59:        intersect_mins = torch.max(b1_mins, b2_mins)
60:        intersect_maxes = torch.min(b1_maxes, b2_maxes)
61:        intersect_wh = torch.max(intersect_maxes - intersect_mins, torch.
                            zeros_like(intersect_maxes))
62:        intersect_area = intersect_wh[..., 0] * intersect_wh[..., 1]
63:        b1_area = b1_wh[..., 0] * b1_wh[..., 1]
64:        b2_area = b2_wh[..., 0] * b2_wh[..., 1]
65:        union_area = b1_area + b2_area - intersect_area
66:        iou = intersect_area / torch.clamp(union_area,min = 1e-6)
67:
68:        # 计算中心之间的距离
69:        center_distance = torch.sum(torch.pow((b1_xy - b2_xy), 2),axis=-1)
70:
71:        # 找到覆盖两个框的最小框的左上角和右下角
72:        enclose_mins = torch.min(b1_mins, b2_mins)
73:        enclose_maxes = torch.max(b1_maxes, b2_maxes)
74:        enclose_wh = torch.max(enclose_maxes - enclose_mins, torch.zeros_
                            like(intersect_maxes))
75:        # 计算对角线距离
76:        enclose_diagonal = torch.sum(torch.pow(enclose_wh,2), axis=-1)
77:        ciou = iou - 1.0 * (center_distance) / torch.clamp( enclose_diagonal,min = 1e-6)
78:
79:        v = (4 / (math.pi ** 2)) * torch.pow((torch.atan(b1_wh[..., 0]/
                torch.clamp(b1_wh[..., 1],min = 1e-6)) - torch.atan(b2_wh[...,
                0] / torch.clamp(b2_wh[..., 1], min = 1e-6))), 2)
80:        alpha = v / torch.clamp((1.0 - iou + v), min=1e-6)
81:        ciou = ciou - alpha * v
82:        return ciou
83:
84:    # 平滑标签
85:    def smooth_labels(self, y_true, label_smoothing, num_classes):
86:        return y_true * (1.0 - label_smoothing) + label_smoothing / num_classes
```

```
 87:
 88:     def forward(self, l, input, targets=None):
 89:         # l 代表使用的是第几个有效特征层
 90:         # input 的 shape 为 bs, 3*(5+num_classes), 13, 13
 91:         #                   bs, 3*(5+num_classes), 26, 26
 92:         #                   bs, 3*(5+num_classes), 52, 52
 93:         # targets 真实框的标签情况 [batch_size, num_gt, 5]
 94:
 95:         # 获得图像数量，特征层的高度和宽度
 96:         bs = input.size(0)
 97:         in_h = input.size(2)
 98:         in_w = input.size(3)
 99:         # 计算步长：每个特征点对应原始图像上的多少个像素点
100:         # 如果特征层的大小为 13x13，一个特征点就对应原始图像上的 32 个像素点
101:         # 如果特征层的大小为 26x26，一个特征点就对应原始图像上的 16 个像素点
102:         # 如果特征层的大小为 52x52，一个特征点就对应原始图像上的 8 个像素点
103:         # stride_h = stride_w = 32, 16, 8
104:         stride_h = self.input_shape[0] / in_h
105:         stride_w = self.input_shape[1] / in_w
106:         # 此时得到的 scaled_anchors 是相对于特征层的
107:         scaled_anchors = [(a_w / stride_w, a_h / stride_h) for a_w,a_h in self.anchors]
108:         # 输入共有三个，它们的 shape 分别是
109:         # bs, 3 * (5+num_classes), 13, 13 => bs, 3, 5 + num_classes, 13, 13
110:                 => batch_size, 3, 13, 13, 5 + num_classes
111:         # batch_size, 3, 13, 13, 5 + num_classes
112:         # batch_size, 3, 26, 26, 5 + num_classes
113:         # batch_size, 3, 52, 52, 5 + num_classes
114:         prediction = input.view(bs, len(self.anchors_mask[l]), self.bbox_
                attrs, in_h, in_w).permute(0, 1, 3, 4, 2).contiguous()
115:
116:         # 先验框的中心位置的调整参数
117:         x = torch.sigmoid(prediction[..., 0])
118:         y = torch.sigmoid(prediction[..., 1])
119:         # 先验框的宽度和高度调整参数
120:         w = prediction[..., 2]
121:         h = prediction[..., 3]
122:         # 获得置信度，是否有目标
123:         conf = torch.sigmoid(prediction[..., 4])
124:         # 类别置信度
125:         pred_cls = torch.sigmoid(prediction[..., 5:])
126:
127:         # 获得网络应有的预测结果
128:         y_true, noobj_mask, box_loss_scale = self.get_target(l, targets,
                scaled_anchors, in_h, in_w)
129:
130:         # 解码预测结果，判断预测结果和真实值的重合度
131:         # 重合度过大时，则忽略，因为这些特征点属于预测比较准确的特征点，作为负样本不合适
132:         noobj_mask, pred_boxes = self.get_ignore(l, x, y, h, w, targets, scaled_
                anchors, in_h, in_w, noobj_mask)
133:
134:         if  self.cuda:
```

```
135:        y_true = y_true.cuda()
136:        noobj_mask = noobj_mask.cuda()
137:        box_loss_scale = box_loss_scale.cuda()
138:
139:      box_loss_scale = 2 - box_loss_scale
140:
141:      # 计算预测结果和真实结果的 CIoU
142:      ciou = (1 - self.box_ciou(pred_boxes[y_true[..., 4] == 1],y_true[..., :4]
                [y_true[..., 4] == 1])) * box_loss_scale[ y_true[..., 4] == 1]
143:      loss_loc = torch.sum(ciou)
144:      # 计算置信度的损失
145:      loss_conf = torch.sum(self.BCELoss(conf, y_true[..., 4]) * y_true[..., 4]) + \
146:              torch.sum(self.BCELoss(conf, y_true[..., 4]) * noobj_mask)
147:
148:      loss_cls = torch.sum(self.BCELoss(pred_cls[y_true[..., 4] ==1],
                self.smooth_labels(y_true[..., 5:][y_true[..., 4] ==1], self.
                label_smoothing, self.num_classes)))
149:
150:      loss = loss_loc + loss_conf + loss_cls
151:      num_pos = torch.sum(y_true[..., 4])
152:      num_pos = torch.max(num_pos, torch.ones_like(num_pos))
153:      return loss, num_pos
154:
155:  def calculate_iou(self, _box_a, _box_b):
156:      # 计算真实框的左上角和右下角
157:      b1_x1, b1_x2 = _box_a[:, 0] - _box_a[:, 2] / 2, _box_a[:, 0] + _box_a[:, 2] / 2
158:      b1_y1, b1_y2 = _box_a[:, 1] - _box_a[:, 3] / 2, _box_a[:, 1] + _box_a[:, 3] / 2
159:      # 计算由先验框获得的预测框的左上角和右下角
160:      b2_x1, b2_x2 = _box_b[:, 0] - _box_b[:, 2] / 2, _box_b[:, 0] + _box_b[:, 2] / 2
161:      b2_y1, b2_y2 = _box_b[:, 1] - _box_b[:, 3] / 2, _box_b[:, 1] + _box_b[:, 3] / 2
162:
163:      # 将真实框和预测框都转换为左上角和右下角的形式
164:      box_a = torch.zeros_like(_box_a)
165:      box_b = torch.zeros_like(_box_b)
166:      box_a[:, 0], box_a[:, 1], box_a[:, 2], box_a[:, 3] = b1_x1, b1_y1, b1_x2, b1_y2
167:      box_b[:, 0], box_b[:, 1], box_b[:, 2], box_b[:, 3] = b2_x1, b2_y1, b2_x2, b2_y2
168:
169:      # A 为真实框的数量，B 为先验框的数量
170:      A = box_a.size(0)
171:      B = box_b.size(0)
172:
173:      # 计算相交的面积
174:      max_xy = torch.min(box_a[:, 2:].unsqueeze(1).expand(A, B, 2),box_b[:,
                2:].unsqueeze(0).expand(A, B, 2))
175:      min_xy = torch.max(box_a[:, :2].unsqueeze(1).expand(A, B, 2), box_
                b[:, :2].unsqueeze(0).expand(A, B, 2))
176:      inter = torch.clamp((max_xy - min_xy), min=0)
177:      inter = inter[:, :, 0] * inter[:, :, 1]
178:      # 计算预测框和真实框各自的面积
179:      area_a = ((box_a[:, 2]-box_a[:, 0]) * (box_a[:, 3]-box_a[:,1])).
                unsqueeze(1).expand_as(inter) # [A,B]
180:      area_b = ((box_b[:, 2]-box_b[:, 0]) * (box_b[:, 3]-box_b[:, 1])).
```

```
                    unsqueeze(0).expand_as(inter) # [A,B]
181:         # 求 IOU
182:         union = area_a + area_b - inter
183:         return inter / union # [A,B]
184:
185:     def get_target(self, l, targets, anchors, in_h, in_w):
186:         # 计算共有多少幅图像
187:         bs = len(targets)
188:         # 选取哪些先验框不包含目标
189:         noobj_mask = torch.ones(bs, len(self.anchors_mask[l]), in_h,in_w,
                    requires_grad = False)
190:         # 让网络更关注小目标
191:         box_loss_scale = torch.zeros(bs, len(self.anchors_mask[l]),in_h, in_w,
                    requires_grad = False)
192:         # batch_size, 3, 13, 13, 5 + num_classes
193:         y_true = torch.zeros(bs, len(self.anchors_mask[l]), in_h, in_w,
                    self.bbox_attrs, requires_grad = False)
194:         for b in  range(bs):
195:             if len(targets[b])==0: continue
196:             batch_target = torch.zeros_like(targets[b])
197:             # 计算出正样本在特征层上的中心点
198:             batch_target[:, [0,2]] = targets[b][:, [0,2]] * in_w
199:             batch_target[:, [1,3]] = targets[b][:, [1,3]] * in_h
200:             batch_target[:, 4] = targets[b][:, 4]
201:             batch_target = batch_target.cpu()
202:
203:             # 转换真实框的形式 num_true_box, 4
204:             gt_box = torch.FloatTensor(torch.cat((torch.zeros(( batch_target.
                    size(0), 2)), batch_target[:, 2:4]), 1))
205:             # 转换先验框的形式 9, 4
206:             anchor_shapes = torch.FloatTensor(torch.cat((torch.zeros((len
                    (anchors), 2)), torch.FloatTensor(anchors)), 1))
207:
208:             # best_ns:[每个真实框最大的重合度 max_iou, 每个真实框最重合的先验框序号]
209:             best_ns = torch.argmax(self.calculate_iou(gt_box,anchor_shapes), dim=-1)
210:
211:             for t, best_n in enumerate(best_ns):
212:                 if best_n not in self.anchors_mask[l]: continue
213:                 # 判断这个先验框是当前特征点的哪个先验框
214:                 k = self.anchors_mask[l].index(best_n)
215:                 # 真实框属于哪个网格
216:                 i = torch.floor(batch_target[t, 0]).long()
217:                 j = torch.floor(batch_target[t, 1]).long()
218:                 # 取出真实框的类别
219:                 c = batch_target[t, 4].long()
220:
221:                 # noobj_mask 代表无目标的特征点
222:                 noobj_mask[b, k, j, i] = 0
223:                 # tx、ty 代表中心调整参数的真实值
224:                 y_true[b, k, j, i, 0] = batch_target[t, 0]
225:                 y_true[b, k, j, i, 1] = batch_target[t, 1]
226:                 y_true[b, k, j, i, 2] = batch_target[t, 2]
```

```
227:                   y_true[b, k, j, i, 3] = batch_target[t, 3]
228:                   y_true[b, k, j, i, 4] = 1
229:                   y_true[b, k, j, i, c + 5] = 1
230:                   # 获得 xywh 的比例, 大目标的损失权重小, 小目标的损失权重大
231:                   box_loss_scale[b, k, j, i] = batch_target[t, 2] * batch_target[t,
                           3] / in_w / in_h
232:         return y_true, noobj_mask, box_loss_scale
233:
234:    def get_ignore(self, l, x, y, h, w, targets, scaled_anchors, in_h, in_w, noobj_mask):
235:         # 计算共有多少幅图像
236:         bs = len(targets)
237:
238:         FloatTensor = torch.cuda.FloatTensor if x.is_cuda else torch.FloatTensor
239:         LongTensor = torch.cuda.LongTensor if x.is_cuda else torch.LongTensor
240:         # 生成网格, 先验框中心, 网格左上角
241:         grid_x = torch.linspace(0, in_w - 1, in_w).repeat(in_h, 1).repeat(
242:                 int(bs * len(self.anchors_mask[l])), 1, 1).view(x.shape).type(FloatTensor)
243:         grid_y = torch.linspace(0, in_h - 1, in_h).repeat(in_w, 1).t().repeat(
244:                 int(bs * len(self.anchors_mask[l])), 1, 1).view(y.shape).type(FloatTensor)
245:
246:         # 生成先验框的宽度和高度
247:         scaled_anchors_l = np.array(scaled_anchors)[self.anchors_mask[l]]
248:         anchor_w = FloatTensor(scaled_anchors_l).index_select(1, LongTensor([0]))
249:         anchor_h = FloatTensor(scaled_anchors_l).index_select(1,LongTensor([1]))
250:
251:         anchor_w = anchor_w.repeat(bs, 1).repeat(1, 1, in_h * in_w).view(w.shape)
252:         anchor_h = anchor_h.repeat(bs, 1).repeat(1, 1, in_h * in_w).view(h.shape)
253:         # 计算调整后的先验框中心与宽度和高度
254:         pred_boxes_x = torch.unsqueeze(x + grid_x, -1)
255:         pred_boxes_y = torch.unsqueeze(y + grid_y, -1)
256:         pred_boxes_w = torch.unsqueeze(torch.exp(w) * anchor_w, -1)
257:         pred_boxes_h = torch.unsqueeze(torch.exp(h) * anchor_h, -1)
258:         pred_boxes = torch.cat([pred_boxes_x, pred_boxes_y,pred_boxes_w,
                     pred_boxes_h], dim = -1)
259:         for b in range(bs):
260:             # 转换预测结果的形式
261:             pred_boxes_for_ignore = pred_boxes[b].view(-1, 4)
262:             # 计算真实框, 并将真实框转换成相对于特征层的大小
263:             if len(targets[b]) > 0:
264:                 batch_target = torch.zeros_like(targets[b])
265:                 # 计算出正样本在特征层上的中心点
266:                 batch_target[:, [0,2]] = targets[b][:, [0,2]] * in_w
267:                 batch_target[:, [1,3]] = targets[b][:, [1,3]] * in_h
268:                 batch_target = batch_target[:, :4]
269:                 # 计算交并比
270:                 anch_ious = self.calculate_iou(batch_target,pred_boxes_for_ignore)
271:                 # 每个先验框对应真实框的最大重合度
272:                 anch_ious_max, _ = torch.max(anch_ious, dim = 0)
273:                 anch_ious_max = anch_ious_max.view(pred_boxes[b].size()[:3])
274:                 noobj_mask[b][anch_ious_max > self.ignore_threshold] = 0
275:         return noobj_mask, pred_boxes
```

　　至此，就介绍完了 YOLO-v4 的主要技术点。YOLO-v4 网络采用了大量的技巧，读者需要反复阅读相关的资料并对照代码才能理解。为了更好地理解每个技术点，建议读者首先将他人写好的代码和训练好的网络参数输入自己的图像试运行，建立感性认识，然后逐步分析正向计算过程都包含了哪些具体流程，使用了什么技术点。吃透正向计算过程后，再分析训练过程，了解数据是如何输入网络和处理的、损失函数是如何定义和实现的。

10.7　训练自己的 YOLO-v4 模型

图 10.31　YOLO-v4 项目的文件目录

　　详细了解 YOLO-v4 的架构和细节后，就可基于开源代码项目，尝试在 PyTorch 框架下训练自己的 YOLO-v4 模型，同时实现推理和预测。首先前往代码仓库①下载对应的代码，下载完成后解压它，然后用编程软件打开文件夹。注意，打开的根目录必须正确，否则在相对目录不正确的情况下代码将无法运行。一定要确保打开后的根目录是文件存放的目录，YOLO-v4 项目的文件目录如图 10.31 所示。

10.7.1　数据集的准备

　　YOLO-v4 可以使用 VOC 格式的数据进行训练，训练前需要自己准备好数据集，若没有自己的数据集，可通过 Github 连接下载 VOC12+07 数据集。训练前将标签文件放在 VOCdevkit/VOC2007/Annotation 中，具体标签的样式如图 10.32 所示。

　　训练前将图像文件放在 VOCdevki/VOC2007/JPEGImages 中，如图 10.33 所示。

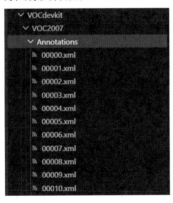

图 10.32　具体的标签样式

图 10.33　图像文件位置

10.7.2　数据集处理

　　存储数据集后，需要进一步处理数据集，目的是获得训练所用的文件 2007_train.txt 和 2007_val.txt，这时需要用到根目录下的 voc_annotation.py。voc_annotation.py 中的一些参数需要设置，它们是 annotation_mode、classes_path、trainval_percent、train_percent 和 VOCdevkit_path，第一次训练时可以只修改 classes_path。数据集参数设置如代码 10.10 所示。

---

① https://gitee.com/pi-lab/yolov4_pytorch。

代码 10.10　数据集参数设置

```
01: '''
02: annotation_mode 用于指定文件运行时计算的内容
03: annotation_mode 为 0 表示整个标签处理过程，包括获得 VOCdevkit/VOC2007/ImageSets
    中的 txt 及训练用的 2007_train.txt、2007_val.txt
04: annotation_mode 为 1 表示获得 VOCdevkit/VOC2007/ImageSets 中的 txt
05: annotation_mode 为 2 表示获得训练用的 2007_train.txt、2007_val.txt
06: '''
07: annotation_mode = 0
08: '''
09: 必须修改，用于生成 2007_train.txt、2007_val.txt 的目标信息
10: 与训练和预测所用的 classes_path 一致即可
11: 如果生成的 2007_train.txt 中没有目标信息
12: 那么是因为 classes 未被正确设置
13: 仅在 annotation_mode 为 0 和 2 时有效
14: '''
15: classes_path = 'model_data/voc_classes.txt'
16: '''
17: trainval_percent 用于指定（训练集+验证集）与测试集的比例，默认情况下（训练集+验证集）:
        测试集 = 9:1
18: train_percent 用于指定（训练集+验证集）中训练集与验证集的比例，默认情况下训练集:验证
        集 = 9:1
19: 仅在 annotation_mode 为 0 和 1 时有效
20: '''
21: trainval_percent = 0.9
22: train_percent = 0.9
23: '''
24: 指向 VOC 数据集所在的文件夹
25: 默认指向根目录下的 VOC 数据集
26: '''
27: VOCdevkit_path = 'VOCdevkit'
```

classes_path 用于指向检测类别所对应的 txt 文件。例如，对于 VOC 数据集，所用 txt 文件的写法如图 10.34 所示。训练自己的数据集时，可以建立一个 cls_classes.txt，以在其中写明自己所要区分的类别。

10.7.3　网络训练

通过 voc_annotation.py 生成 2007_train.txt 和 2007_val.txt 后，就可开始训练。训练的参数较多，可在下载库后仔细查看注释，其中最重要的参数仍是 train.py 中的 classes_ path。

classes_path 用于指向检测类别所对应的 txt，这个 txt 和 voc_annotation.py 中的 txt 一样，训练自己的数据集时必须对其进行修改。修改 classes_path 后，就可运行 train.py 以开始训练。

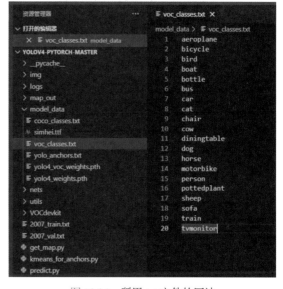

图 10.34　所用 txt 文件的写法

训练多代后，会在 logs 文件夹中生成权重。

其他参数的作用如代码 10.11 所示。

代码 10.11　网络训练

```
01: # 训练前一定要修改 classes_path，使其对应自己的数据集
02: classes_path = 'model_data/voc_classes.txt'
03: # anchors_path 代表先验框对应的 txt 文件，一般不做修改
04: # anchors_mask 用于帮助代码找到对应的先验框，一般不做修改
05: anchors_path = 'model_data/yolo_anchors.txt'
06: anchors_mask = [[6, 7, 8], [3, 4, 5], [0, 1, 2]]
07: # 权重文件请看 README，百度网盘下载
08: # 训练自己的数据集时提示维度不匹配正常，预测的东西不一样，维度自然不匹配
09: # 预训练权重在 99%的情况下都要使用，如果不用，权重就会太过随机，导致特征提取效果不明显，
10: # 网络训练的结果也不会好。数据的预训练权重对不同数据集是通用的，因为特征是通用的
11: model_path = 'model_data/yolo4_weight.h5'
12: # 输入的 shape 大小，一定要是 32 的倍数
13: input_shape = [416, 416]
14: # YOLOv4 的技巧应用
15: # mosaic, Mosaic 数据增强 True or False
16: # 实际测试时 Mosaic 数据增强并不稳定，所以默认为 False
17: # Cosine_scheduler, 余弦退火学习率 True or False
18: # label_smoothing, 标签平滑，一般为 0.01 以下，如 0.01、0.005
19: mosaic = False
20: Cosine_scheduler = False
21: label_smoothing = 0
22:
23: # 训练分为两个阶段，分别是冻结阶段和解冻阶段
24: # 冻结阶段训练参数
25: # 此时模型的主干被冻结，特征提取网络不变
26: # 占用的显存较小，仅对网络进行微调
27: Init_Epoch = 0
28: Freeze_Epoch = 50
29: Freeze_batch_size = 4
30: Freeze_lr = 1e-3
31: # 解冻阶段训练参数
32: # 此时模型的主干未被冻结，特征提取网络发生改变
33: # 占用的显存较大，网络的所有参数都发生改变
34: # batch 不能为 1
35: UnFreeze_Epoch = 100
36: Unfreeze_batch_size = 4
37: Unfreeze_lr = 1e-4
38: # 是否进行冻结训练，默认先冻结主干训练后解冻训练
39: Freeze_Train = True
40: # 用于设置是否使用多线程读取数据，0 代表关闭多线程
41: # 开启后会加快数据读取速度，但会占用更多的内存
42: # keras 中开启多线程有时速度反而慢许多
43: # 当 IO 为瓶颈时再开启多线程，即 GPU 运算速度远大于读取图像的速度
44: num_workers = 0
45: # 获得图像路径和标签
46: train_annotation_path = '2007_train.txt'
47: val_annotation_path = '2007_val.txt'
```

10.7.4　训练结果预测

预测训练结果时需要用到文件 yolo.py 和 predict.py。首先要修改 yolo.py 中的参数 model_path 和 classes_path，它们的说明如下所示：

- model_path 指向训练好的权重文件，位于 logs 文件夹中。
- classes_path 指向检测类别所对应的 txt。

完成修改后，就可运行 predict.py 进行检测，运行时输入图像路径即可。

10.8　小结

本章介绍了目标检测的基本原理、评价方法、典型算法，以及 YOLO-v1 和 YOLO-v4 的原理和实现，通过实例讲解了如何使用 YOLO 来实现目标检测、训练自己的目标检测网络等。目标检测网络使用了大量技巧，学会这些技巧可帮助读者更好地理解其他方向的深度学习技术。

初学者要掌握如此多的技术点和技巧比较困难，但可以首先理解基本概念和评估方法，学会如何使用他人的目标检测网络来完成任务，然后深入学习 YOLO-v1 的理论和编程实现，结合理论和程序，理解并掌握技术点和技巧，最后深入学习 YOLO-v4。在学习过程中，可以查阅知乎等网站中的相关文章，通过交叉验证来提升自己的理解。

10.9　练习题

01．YOLO-v1 网络训练和推理。(a)理解 YOLO-v1 网络的技术细节后，编写基于 PyToch 的网络模型以及训练和推理的代码；(b)根据网络的要求构造训练集和测试数据集；(c)对比分析自己实现的目标检测的精度、效率等指标。

02．YOLO-v4 实验。仔细阅读 YOLO-v4 的技术细节，基于 PyTorch 的 YOLO-v4 实现[①]，实现自定义目标的网络训练和测试。

10.10　在线练习题

扫描如下二维码，访问在线练习题。

---

① https://gitee.com/pi-lab/yolov4_pytorch。

第11章　深度强化学习

强化学习（Reinforcement Learning，RL）是机器学习的一个重要分支，相较于机器学习中经典的有监督学习和无监督学习，强化学习的最大特点是在交互中学习。人工智能中的很多应用问题需要算法时刻做出决策并执行动作。例如，下围棋时，每一步都要决定在棋盘上的哪个位置放置棋子，以最大的可能战胜对手；又如，无人机需要根据环境中的障碍物或者敌机的位置、态势等信息，选择最优的控制指令；再如，自动驾驶算法需要根据路况来确定当前的行驶策略，以保证安全地行驶到目的地等。这类问题有一个共同点，即智能体（Agent）在与环境的交互过程中根据获得的奖励或惩罚不断地学习知识，调整自己的动作策略，以达到某个预期目标，从便更加适应环境。解决这类问题的机器学习算法被称为强化学习。虽然传统的强化学习理论在过去几十年间不断完善，但是仍然难以解决现实世界中的复杂问题。强化学习的范式类似于人类学习知识的过程，因此，强化学习被视为实现通用人工智能的重要途径。

深度强化学习（Deep Reinforcement Learning，DRL）是深度学习与强化学习相结合的产物，它集成了深度学习在视觉等感知问题上的强大理解能力以及强化学习的决策能力，实现了端到端学习。深度强化学习的出现使得强化学习技术真正走向实用，应用于解决现实世界中的复杂问题。从2013 年深度 Q 网络（Deep Q Network，DQN）的提出到目前，深度强化学习领域出现了大量的算法以及解决实际应用问题的论文。本章介绍深度强化学习的算法，包括强化学习的基本原理、深度强化学习的基本思想、基于价值函数的深度强化学习算法，以及如何将它们应用到控制领域。图 11.1 所示为本章配套资源的二维码。

(a)本章配套在线讲义　　(b)本章配套练习题

图 11.1　本章配套资源的二维码

11.1　强化学习

强化学习是指智能体以"试错"[①]的方式进行学习，通过与环境交互获得奖励以指导行为，目标是使智能体获得最大的奖励。强化学习中由环境提供的强化信号对所产生动作的好坏进行评价，而不直接告诉强化学习系统如何产生正确的动作。由于外部环境提供的信息少，强化学习系统必须依靠自身的经历进行学习，在行动—评价的环境中获得知识，改进行动策略以适应环境。强化学习的原理如图11.2 所示，主要特点如下：

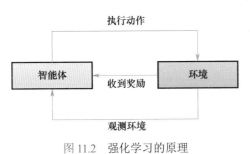

图 11.2　强化学习的原理

- 基于评估。强化学习利用环境来评估当前策

---

① 试错是解决问题、获得知识的常用方法，即根据已有经验，采取系统或随机的方式去尝试各种可能的答案。

略，据此优化模型。

- 交互性。强化学习的数据在智能体与环境的交互中产生。
- 序列决策过程。智能体在与环境的交互过程中需要做出一系列决策，这些决策往往是前后关联的。

11.1.1　强化学习的基本概念

强化学习和普通机器学习方法的不同之处在于，强化学习并不使用简单的训练样本来进行学习，而通过智能体与环境的交互来进行学习。下面举例说明强化学习的基本概念和数学原理。假设有如图 11.3 所示的环境，它有 5 个房间，房间与房间之间通过门连接，房间的编号从 0 到 4，室外用 5 代表。本例的目标是从任意一个房间走到室外，即到达状态 5。

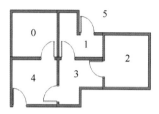

图 11.3　示例环境的结构图

结合示例，这里对概念简要说明如下：

- 智能体。智能体是强化学习的动作实体，是强化学习的本体，作为学习者或者决策者。
- 环境。环境是强化学习智能体以外的一切，主要由状态集组成，图 11.3 中的房间 1～4 和室外 5 构成环境。
- 状态。状态是一个表示环境的数据，状态集则是环境中所有可能的状态。使用 s 表示状态，在每个时间节点，智能体所处环境的表示即为状态，如所在房间的编号。
- 动作。动作是指智能体针对当前的环境做出操作来改变状态，动作集则是智能体可以做出的所有动作。使用 a 表示动作，在每个状态下，智能体可以采取的操作即为动作，如从一个房间走向另一个房间。每采取一个动作，智能体就相应转到下一个状态，环境也相应地发生变化。
- 奖励。奖励是智能体执行一个动作后获得的正/负反馈信号，奖励集则是智能体获得的所有反馈信息。使用 r 表示奖励，每次状态迁移，智能体都有可能收到一个奖励反馈，如从房间 1 走向房间 5，就收到反馈 100。
- 策略。强化学习是从环境状态到动作的映射学习，我们称该映射关系为策略。通俗地说，智能体选择动作的思考过程就是策略。使用 P 表示策略，最终目标是学习得到一个策略可以让智能体得到最大的累计反馈。
- 目标。目标是指智能体自动寻找连续时间序列中的最优策略，最优策略通常是最大化长期累计奖励。

强化学习是解决这种决策问题的一类方法。算法通过智能体和环境交互的奖励来进行学习，进而得到一个策略函数，这个函数能够将状态映射到最优的动作，函数的输入是当前时刻的环境信息，输出则是要执行的动作：

$$a = \pi(s) \tag{11.1}$$

式中，s 为状态，a 为待执行的动作，状态和动作分别来自状态集和动作集。动作和状态可以是离散的，如前进、后退，也可以是连续的，如前进 10.4 米、后退 3.5 米。对于前者，动作集和状态集是有限集；对于后者，动作集和状态集是无限集。执行动作的目标是达到某种目的，如从某个房间走到室外（编号 5）。

11.1.2 马尔可夫决策过程

强化学习要解决的问题可以抽象成马尔可夫决策过程（Markov Decision Process，MDP）。马尔可夫过程的特点是，系统下一时刻的状态由当前时刻的状态决定，而与更早的时刻无关。与马尔可夫过程不同的是，MDP 中的智能体可以执行动作，以改变自己和环境的状态，并且得到惩罚或奖励。MDP 可以表示为一个五元组：

$$\{S, A, P_a, R_a, \gamma\} \tag{11.2}$$

式中，S 和 A 分别为状态集和动作集。假设 t 时刻的状态为 $s_t \in S$，智能体执行动作 $a \in A$，下一时刻进入状态 $s_{t+1} \in S$。P_a 是从当前状态转移到下一时刻的状态的概率，R_a 是采取动作 a 的即时回报。这种状态转移与马尔可夫模型类似，不同的是，下一时刻的状态由当前状态及当前采取的动作决定，是一个随机变量，而这一状态的转移概率为

$$P_a(s, s') = p(s_{t+1} = s' \mid s_t = s, a_t = a) \tag{11.3}$$

状态转移概率表示在当前状态 s 执行动作 a 时，下一时刻进入状态 s' 的条件概率。下一时刻的状态与更早时刻的状态和动作无关，即状态转移具有马尔可夫性。一种特殊的状态称为终止状态（也称吸收状态），到达该状态后不再进入其他的后续状态。对于前面的示例，终止状态是到达状态 5。

执行动作后，智能体收到一个即时回报：

$$R_a(s, s') \tag{11.4}$$

即时回报与当前状态、当前采取的动作和下一时刻的状态有关。在每个时刻 t，智能体选择一个动作 a_t 执行，之后进入下一个状态 s_{t+1}，环境则给出回报值。智能体从某个初始状态开始，每个时刻选取一个动作执行，然后进入下一个状态，得到一个回报，如此反复：

$$s_0 \to a_0 \to s_1 \to a_1 \to s_2 \to \cdots \tag{11.5}$$

问题的核心是执行动作的策略，它可以抽象为一个函数 π，以定义每种状态下选择执行的动作。这个函数将状态 s 下选择的动作定义为

$$a = \pi(s) \tag{11.6}$$

这是确定性策略，即在每种状态下智能体执行的动作是唯一的；另外，还有随机性策略，也就是说，智能体在一种状态下可以执行的动作有多种，策略函数给出的是执行每种动作的概率：

$$\pi(a \mid s) = p(a \mid s) \tag{11.7}$$

即按概率从各种动作中随机选择一种执行。策略只与当前状态有关，而与时间点无关，在不同时刻对同一个状态执行的策略是相同的。

强化学习的目标是达到某种预期。当前执行动作的结果会影响系统后续的状态，因此需要确定动作在未来是否能够得到好的回报，而且回报要有延迟性。对于图 11.3，走到一个新房间后整个过程一般不会马上结束，但会影响后续的结果，需要使得未来成功的概率最大化，而未来又具有随机性，这就为做出一个正确的决策带来了困难。

选择策略的目标是按照策略执行后，使得各个时刻的累计回报值最大化，即未来的预期回报最大。按照某一策略执行的累计回报定义为

$$\sum_{t=0}^{+\infty} \gamma^t R_{a_t}(s_t, s_{t+1}) \tag{11.8}$$

这里使用了带衰减系数的回报和，其中 γ 称为折扣因子，它是区间[0, 1]内的一个数值。按照策略 π，智能体在每个时刻 t 执行的动作为

$$a_t = \pi(s_t) \tag{11.9}$$

之所以使用折扣因子，是因为未来具有更大的不确定性，所以回报值要随着时间衰减；另外，如果不加上这个按时间的指数级衰减，就会导致整个求和项趋于无穷大。这里假设状态转移概率及每个时刻的回报是已知的，算法要寻找最佳策略来最大化上面的累计回报。

如果每次执行一个动作后进入的下一个状态是确定的，就可直接使用上面的累计回报计算公式；如果执行完动作后进入的下一个状态是随机的，就要计算各种情况下的数学期望。类似于有监督学习中需要定义损失函数来评价预测函数的优劣，在强化学习中也要对策略函数的优劣进行评价。为此，定义状态价值函数的概念，它是在状态 s 下按照策略 π 执行动作的累计回报的数学期望，衡量的是按照某一策略执行后的累计回报。状态价值函数的计算公式为

$$V_\pi(s) = \sum_{s'} P_{\pi(s)}(s, s')(R_{\pi(s)}(s, s') + \gamma V_\pi(s')) \tag{11.10}$$

这是一个递归的定义，函数的自变量是状态与策略函数，它们被映射为一个实数，每个状态的价值函数依赖于从该状态执行动作后能到达的后续状态的价值函数。在状态 s 下执行动作 $\pi(s)$，下一时刻的状态 s' 是不确定的，进入每个状态的概率为 $P_\pi(s)(s, s')$，当前获得的回报是 $R_{\pi(s)}(s, s')$，因此需要对下一时刻的所有状态计算数学期望，即概率意义上的均值，而总回报是当前的回报和后续时刻的回报 $V_\pi(s')$ 之和，其中 $R(s)$ 表示当前时刻获得的回报。如果是非确定性策略，那么还要考虑所有的动作，这种情况下状态价值函数的计算公式为

$$V_\pi(s) = \sum_a \pi(a \mid s) \sum_{s'} P_{\pi(s)}(s, s')(R_a(s, s') + \gamma V_\pi(s')) \tag{11.11}$$

类似地，可以定义动作价值函数，它是智能体按照策略 π 在状态 s 下执行具体动作 a 后的预期回报，计算公式为

$$Q_\pi(s, a) = \sum_{s'} P_a(s, s')(R_a(s, s') + \gamma V_\pi(s')) \tag{11.12}$$

动作价值函数除了指定初始状态 s 与策略 π，还指定当前状态 s 下执行的动作 a。这个函数衡量的是按照某一策略，在某一状态下执行各种动作的价值，它等于在当前状态 s 下执行一个动作后的即时回报 $R_a(s, s')$ 与在下一个状态 s' 下按照策略 π 执行动作后得到的状态价值函数 $V_\pi(s')$ 之和，此时也要对状态转移概率 $P_a(s, s')$ 求数学期望。状态价值函数的计算公式（11.10）和动作值函数的计算公式（11.12）称为贝尔曼方程，它们是马尔可夫决策过程的核心。

因为算法要寻找最优策略，所以需要定义最优策略的概念。状态价值函数定义了策略的优劣，因此可以根据该函数值对策略的优劣排序，对两个不同的策略 π 和 π'，如果对任意状态 s 都有

$$V_\pi(s) \geqslant V_{\pi'}(s) \tag{11.13}$$

则称策略 π 优于策略 π'。任意有限状态和动作的马尔可夫决策过程至少存在一个最优策略，它优于其他任何不同的策略。

针对所有的策略 π，最优动作价值函数定义为

$$Q^*(s, a) = \max_\pi Q_\pi(s, a) \tag{11.14}$$

对于状态−动作对 (s, a)，最优动作价值函数给出了在状态 s 下执行动作 a 后，在后续状态下按照最优策略执行动作后的预期回报。找到最优动作价值函数后，就可根据它得到最优策略，具体做法是在每个状态下执行动作价值函数值最大的动作：

$$\pi^*(s) = \arg\max_a Q^*(s,a) \tag{11.15}$$

因此，可以通过寻找最优动作价值函数来得到最优策略函数。最优状态价值函数和最优动作价值函数都满足贝尔曼最优性方程。对状态价值函数，有如下定义：

$$V^*(s) = \max_a \sum_{s'} P_a(s,s')(R_a(s,s') + \gamma V^*(s')) \tag{11.16}$$

上式的意义是，对任何一个状态 s，要保证策略 π 能够让状态价值函数取最大值，就需要本次执行的动作 a 所带来的回报与下一个状态 s' 下的最优状态价值函数值之和是最优的。类似地，对动作价值函数有

$$Q^*(s,a) = \sum_{s'} P_a(s,s')(R_a(s,s') + \gamma \max_{a'} Q^*(s',a')) \tag{11.17}$$

其意义是要保证一个策略使得动作价值函数是最优的，就要保证执行动作 a 后，在下一个状态 s' 下执行的动作 a' 是最优的。对任意有限状态和动作的马尔可夫决策过程，贝尔曼最优性方程有唯一解，且与具体的策略无关。可将贝尔曼最优性方程视为一个方程组，每个状态都有一个方程，未知数的数量等于状态数。

11.1.3　Q 学习算法

若知道所有状态的状态转移概率及回报值，理论上就可使用动态规划算法求解出最优策略。在这种情况下，可以采用迭代求解法，即从一个随机设定的初始值开始，使用某种规则进行迭代，以更新状态价值函数公式（11.10）或者动作价值函数公式（11.12），直到收敛到函数极大值。

然而，在很多实际应用中，无法直接得到所有状态间的转移概率，因此无法使用动态规划算法求解，只能采用随机算法。随机算法的核心思想如下：从一个初始的随机策略开始随机地执行一些动作，然后观察回报和状态转移，以此估计价值函数的值，或者更新价值函数的值。形象地说，就是加大效果好的动作的执行力度，减小效果不好的动作的执行力度。蒙特卡罗（Monte Carlo，MC）算法和时序差分（Temporal Difference，TD）算法是随机算法的典型代表。TD 算法在执行一个动作后更新动作价值函数，无须依赖状态转移概率，就可直接通过生成随机的样本来计算，并用贝尔曼最优性方程来估计价值函数的值，然后构造更新项。TD 算法的典型实现包括 SARSA 算法和 Q 学习算法，下面重点介绍 Q 学习算法。

Q 学习是强化学习的主要算法之一，是一种无模型的学习方法，它提供智能系统在马尔可夫环境下通过动作序列选择最优动作的学习能力。Q 学习的一个关键假设是智能体与环境的交互可视为一个马尔可夫决策过程，即智能体当前所处的状态和选择的动作，取决于一个固定的状态转移概率分布、下一个状态，并且得到一个即时回报。Q 学习的目标是寻找一个策略以最大化未来获得的回报，且最终能够根据当前状态及最优策略给出期望的动作。它的优点之一是在不知道某个环境的模型的条件下，也可对动作进行期望值比较，这就是它被称为无模型的原因。

在 Q 学习中，每个 $Q(s,a)$ 对应一个 Q 值，在学习过程中根据 Q 值选择动作。Q 值的定义是，如果执行当前相关的动作且按某个策略执行下去，就得到回报的总和。具体的求解思路如下：首先基于状态 s 用 ϵ 贪婪法选择动作 a；然后执行动作 a，得到回报 R，并且进入状态 s'；最后使用贪婪法选择 a'，也就是说，选择使 $Q(s',*)$ 中最大的 a' 所对应的 Q 值来更新价值函数。具体实现时，可将所有状态、动作的 $Q(s,a)$ 存储在一个二维表格即 Q 表中，首先初始化，然后通过该表确定一些动作，最后根据式（11.18）更新表中的值，直到收敛：

$$Q(s,a) \leftarrow Q(s,a) + \alpha[R(s,s') + \gamma \max_{a'} Q(s',a') - Q(s,a)] \tag{11.18}$$

式中，α 为算法的学习率，γ 为算法的折扣因子。Q 学习算法估计每个动作价值函数的最大值，通过迭代直接找到 Q 函数的极值，进而确定最优策略，其流程如算法 11.1 所示。

算法 11.1　Q 学习算法的流程

输入：迭代回合数 T，状态集 S，动作集 A，学习率 α，折扣因子 γ，贪婪度 ϵ

输出：所有状态和动作对应的价值 Q

1　初始化，将所有非终止状态的 $Q(s,a)$ 初始化为任意值，将终止状态 $Q(s,a)$ 初始化为 0

2　**for** i from 1 to T **do**

3　　　初始化 s 为当前状态序列中的第一个状态

4　　　**while** 一直运行 **do**

5　　　　　用 ϵ 贪婪法在当前状态 s 下选择动作 a

6　　　　　在状态 s 下执行当前动作 a，得到新状态 s' 和回报 R

7　　　　　更新价值函数 $Q(s,a) \leftarrow Q(s,a) + \alpha[R(s,s') + \gamma \max_{a'} Q(s',a') - Q(s,a)]$

8　　　　　$s = s'$

9　　　　　**if** s' 是终止状态 **then**

10　　　　　　　结束当前迭代

11　　　　**end**

12　　　**end**

13　**end**

根据 Q 表选择动作 a 时，要根据当前动作价值函数的估计值为每个状态选择一个动作来执行。通常有三种方案：一是随机选择一个动作，称为探索（Exploration）；二是根据当前的动作函数值选择一个价值最大的动作，称为开发（Exploitation）；三是前两者的结合，即 ϵ 贪心策略。

- 探索是指智能体在已知的（状态−动作）二元组分布外，选择其他未知的动作。
- 开发是指智能体在已知的所有（状态−动作）二元组分布中，本着"最大化动作价值"的原则选择最优的动作。换句话说，当智能体从已知的动作中选择时，称其为开发（或利用）。
- ϵ 贪心策略权衡开发与探索的比例，表示当智能体做决策时，有 ϵ 的概率随机选择已有动作中价值最大的动作，有概率 $1 - \epsilon$ 选择未知的一个动作。

开发与探索是强化学习中非常突出的一个问题，也是决定这个强化学习系统能否获得最优解的重点。试想一下，如果执行多臂赌博机[①]任务时事先选择其中的几根摇臂进行试探，那么当试探一定程度时，就会发现某根摇臂获得的收益较多，因此会在一定时间内每次都选择这根摇臂。然而，事实上，这根摇臂只在所选动作范围内是最优的，即局部最优的，而不一定是全局最优的，因此还需要在开发过程中逐步探索其他摇臂。开发对最大化当前时刻的期望收益是正确的做法，而探索则会在较长时间内带来最大化的总收益。遗憾的是，在某个状态下智能体只能执行一个动作——要么开发，要么探索，二者无法同时进行，这就是强化学习的突出矛盾——权衡开发与探索。编写代码时，通常采用 ϵ 贪心策略，即通过参数 ϵ 控制探索和开发的比例，让智能体在概率 ϵ 下选择开发，而在概率 $1-\epsilon$ 下选择探索。如何根据问题的情况设计合适的 ϵ，让算法能够快速迭代以找到最优策略，是 Q 学习算法的关键。

---

① 赌博机有多根摇臂，玩家投一个游戏币可以按下任意一根摇臂，每根摇臂以一定的概率吐出硬币作为回报，且每根摇臂的中奖概率不同。游戏的目标是通过一定的策略获得最大化的累计回报。

11.1.4 示例程序

本节使用 Q 学习解决经典迷宫问题，以进一步认识 Q 学习的算法逻辑。下面回到前面提到的房间问题（重绘于图 11.4 中）。现将智能体随机放到任一房间内，每打开一个房门就返回一个回报。进一步分析房间的连接规律，可以得到房间之间的抽象关系图，如图 11.5 所示，其中箭头表示智能体可从该房间转移到与之相连的房间，箭头上的数字表示回报。求解这个问题就是找到一条能够到达终点而获得最大回报的策略。

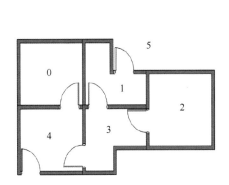

图 11.4　房间布局图

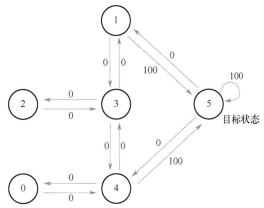

图 11.5　房间之间的抽象关系图

我们可以通过程序来实现这个算法。

（1）设置参数，如代码 11.1 所示。

代码 11.1　参数设置

```
01: import numpy as np
02: ALPHA = 0.1              # 学习率
03: GAMMA = 0.8              # 折扣因子
04: EPSILON = 0.9            # 贪婪度
05: STATES = np.arange(0,6)  # 智能体状态（共有 6 个房间）
06: ACTIONS = np.arange(0,6) # 智能体动作（共有 6 种可能）
```

（2）设置 Q 表。对于使用 Q 表的 Q 学习，Q 表包含所有的动作值 $Q(s, a)$，也就是智能体的动作准则。Q 表的行代表智能体的状态，Q 表的列代表智能体的动作，如代码 11.2 所示。

代码 11.2　设置 Q 表

```
01: def build_q_table(n_states,n_actions):
02:     table = np.zeros(n_states, n_actions)
03:     return table
```

（3）定义动作。在初始阶段，随机地探索环境往往要好于固定的行为模式，所以这也是累积经验的阶段，希望探索者不那么贪婪。因此，EPSILON 就是用来控制贪婪度的值。EPSILON 可以随着探索时间不断增大（越来越贪婪），但在本例中固定 EPSILON=0.9，即 90%的时间选择最优策略，10%的时间探索。动作定义如代码 11.3 所示。

代码 11.3　定义动作

```
01: def choose_action(state, q_table):
02:     state_actions = q_table[state, :]
```

```
03:     if (np.random.uniform() > EPSILON) or (state_actions.all() == 0):
            # 非贪婪或者这个状态还未探索过
04:         action = np.random.choice(ACTIONS)
05:     else:
06:         action = state_actions.argmax()          # 贪婪模式
07:     return action
```

（4）环境反馈。执行动作后，环境就要给动作一个反馈，即反馈下一个状态（S_）和上一个状态（S）执行动作（A）的回报（R），具体定义如代码 11.4 所示。

代码 11.4　环境反馈

```
01: def get_env_feedback(S, A):
02:     # 房间初始状态，矩阵的行代表智能体的状态，列代表智能体可以采取的动作，
03:     # 矩阵中的每个值代表采取该动作的回报，如果动作不可行，则给予回报-1,
04:     # 如果动作可行但未达到目标，则给予回报 0，如果动作达成目标（到达编号 5），
            则给予回报 100
05:     # 如 R₁₂=-1，即从房间 1 走向房间 2 的奖励为-1（因为房间 1 和房间 2 之间不可通行）
06:     env = np.asarray([[-1,-1,-1,-1,0,-1],
07:                       [-1,-1,-1,0,-1,100],
08:                       [-1,-1,-1,0,-1,-1],
09:                       [-1,0, 0, -1,0,-1],
10:                       [0,-1,-1,0,-1,100],
11:                       [-1,0,-1,-1,0,100]])
12:
13:     R = env[S, A]
14:     if R == -1:
15:         S_ = S     # 动作不可行则保持原状态
16:     else:
17:         S_ = A     # 动作可行则更新状态
18:     return S_, R
```

（5）主循环。具体操作如代码 11.5 所示，其中定义了主体的强化学习循环，完整地实现了 Q 学习的迭代过程。

代码 11.5　Q 学习的迭代过程

```
01: def QLearning():
02:     q_table = build_q_table(STATES.size, ACTIONS.size)  # 初始化 Q 表
03:     for episode in range(EPISODE):      # 回合循环
04:         S = np.random.choice(np.arange(0, 6)) # 回合随机初始位置
05:         is_terminated = False     # 回合是否结束 - 设置成未结束
06:         while not is_terminated:
07:             A = choose_action(S, q_table)       # 选择动作
08:             S_, R = get_env_feedback(S, A)      # 实施动作并得到环境的反馈
09:             q_predict = q_table[S, A]           # 估算的(状态-行为)值
10:             if S_ != 5:
11:                 q_target = R + GAMMA * q_table[S_, :].max()
                                        # 实际的(状态-行为)值（回合未结束）
12:             else:
13:                 q_target = R                    # 实际的(状态-行为)值（回合结束）
14:                 is_terminated = True            # 回合结束
15:
16:             q_table[S, A] += ALPHA * (q_target - q_predict) # Q 表更新
```

```
17:              S = S_              # 探索移至下一个状态
18:      return q_table
19:
20: # 训练与结果输出
21: if __name__ = "__main__":
22:      q_table = QLearning()
23:      print("Q-table:")
24:      print(q_table)
25:      print("Max-pair:")
26:      row = 0
27:      for i in q_table:
28:          print("(%d,%d):%f" % (row,np.argmax(i),i.max()))
29:          row += 1
```

训练结果为

```
Q-table:
[[-1.00000000e-01 -3.43900000e-01 -5.69532790e-01 -1.85679000e-01 5.
     14444423e+01 1.18800000e-02]
 [ 4.00643585e-01 7.63326033e+00 9.90190293e-02 3.35814587e+00 3.
     63042449e+00 8.14697981e+01]
 [-6.86189404e-01 -4.09510000e-01 -5.21703100e-01 4.08846411e+01 -6.
     08323800e-01 -5.21703100e-01]
 [ 3.83807255e-01 2.26304000e-02 1.18356992e-01 5.78999948e+00 7.
     66835097e+01 7.32928401e-02]
 [ 1.42590592e+00 7.45892890e+00 7.57112200e+00 5.68247947e+00 1.
     40613906e+01 9.98689979e+01]
 [-1.00000000e-01 1.49081643e-01 -1.90000000e-01 -1.00000000e-01 7.
     53480210e+00 8.33228183e+01]]
Max-pair: (0,4):51.444442
(1,5):81.469798
(2,3):40.884641
(3,4):76.683510
(4,5):99.868998
(5,5):83.322818
```

根据随机种子的不同，运行得到的 Q 表数值可能有差异。分析 Q 表可以发现，每个状态（每行）都有一个值远大于其他值，这个值所代表的动作正是对应房间存在连接且使智能体离室外更近一步的动作，如图 11.6 中的红色虚线所示。注意，从房间 3 到室外有两条路径，但 Q 表中只给出了一条路径（本次的路径是到房间 4；但是，随着随机种子的不同，路径也可能是到房间 1，即图中紫色虚线所示的路径），这是由于贪婪度较高，更新目标在初次随机确定一条路径可行后，算法就不再探索其他路径。

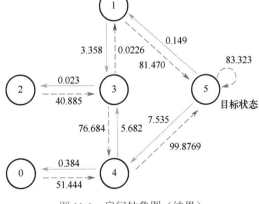

图 11.6 房间抽象图（结果）

Q 学习作为人为设计编写的强化学习算法，可以很好地解决像走迷宫这样的状态空间、动作空间有限且离散的问题，但是在遇到更复杂的问题，如学习如何保持倒立摆的平衡问题以及动作空间庞大且连续的问题时，就会显得束手无策。实际情况下，大部分问题都有巨大的状态空间或者动作空间，因此建立 Q 表所需的存储空间不够，且数据量和时间开销很大。这时，就需要结合能够拟合任何函数的神经网络和强化学习来求解。

11.2　深度强化学习

在传统的 Q 学习中，Q 值存储在 Q 表中，表中的各行是所有可能的状态，各列是所有可能的动作。这种方法可以很好地解决一些问题，尤其是在可以使用几个量来表示不多的状态时。然而，在现实中经常要使用一些原始图像作为状态的表示，而一幅 10×10 的 8 位灰度图像有 256^{100} 种不同的状态，导致建立 Q 表难度巨大，进而导致 Q 学习很难被应用到现实问题中。

为解决状态空间过大的问题，可用值函数近似的方法即用函数而非 Q 表来表示 $Q(s, a)$：

$$Q(s,a) \approx q_\pi(s,a) \tag{11.19}$$

式中，ω 称为权重，即结合机器学习中的监督学习算法，将输入状态提取的特征作为输入，用 MC/TD 算出值函数作为输出，对其进行训练直至收敛的函数参数。最适合表达复杂状态空间、动作空间，具有较好拟合能力的机器学习算法之一是神经网络。因此，可以使用深度学习神经网络来代替 Q 表。卷积神经网络可以很好地提取图像中的特征，执行抽象、分类等任务，因此可以使用神经网络模拟 Q 函数，以学习图像状态对应的 Q 值。这就是经典的深度强化学习算法——深度 Q 网络所实现的内容。它将 Q 表与神经网络结合在一起形成 Q 网络模型，利用卷积神经网络来逼近值函数，在训练过程中利用经验回放机制来训练强化学习的学习过程，设置独立的目标网络来单独处理时序差分中的偏差，以期得到最大的回报。DQN 算法的流程如算法 11.2 所示。

算法 11.2　DQN 算法流程

输入：状态空间 S，动作空间 A，折扣因子 γ，学习率 α

输出：Q 网络的 $Q_\omega(s, a)$

1　初始化经验池 D，容量为 N

2　随机初始化 Q 网络的参数 ω

3　随机初始化目标 Q 网络的参数 $\hat{\omega} = \omega$

4　**repeat**

5　　初始化起始状态 s

6　　**repeat**

7　　　在状态 s 下，选择动作 $a = \pi^\epsilon$

8　　　执行动作 a，观察环境，得到即时回报 r 和新状态 s'

9　　　将 s, a, r, s' 放入 D

10　　　从 D 中采样 ss, aa, rr, ss'

11　　　若 ss' 为终止状态，则 $y = rr$，否则 $y = rr + \gamma \max_{a'} Q_{\hat{\omega}(ss',a')}$

12　　　以 $(y - Q_\omega(ss, aa))^2$ 为损失函数来训练 Q 网络

13　　　$s \leftarrow s'$

14　　　每隔 C 步，$\hat{\omega} \leftarrow \omega$

15　　**until** s 为终止状态

16　**until** $\forall s, a, Q_\omega(s, a)$ 收敛

下面说明如何用深度强化学习解决倒立摆的平衡问题。倒立摆的环境是确定的,为简单起见,这里给出的所有方程也是确定的。这个问题的目标是生成一个策略,以试图最大限度地提高折扣和累计回报。Q 学习的主要思想是构建一个 Q 函数 Q^* : State $\times$ Action $\to \mathbb{R}$,如果在给定的状态下采取动作,就能很容易地构建一个最大化回报的策略:

$$\pi^*(s) = \arg\min_a Q^*(s,a) \tag{11.20}$$

这里,Q 函数的状态空间很大,因此构建离散的 Q 表不现实。神经网络可以拟合任何函数,因此可以通过设计神经网络并通过数据训练来完成与 Q^* 相同的功能。神经网络的训练更新规则,主要基于每个 Q 函数都遵循如下的贝尔曼最优性方程:

$$Q^\pi(s,a) = r + \gamma Q^\pi(s', \pi(s')) \tag{11.21}$$

式中,s' 表示下一时刻的状态;上式等号两侧的差称为*时序差分误差*(Temporal Difference Error),表示为 δ ,即

$$\delta = Q(s,a) - (r + \gamma \max_a Q(s',a)) \tag{11.22}$$

为了将该误差降至最低,可以使用 Huber 损失。当误差较小时,Huber 损失表现为均方误差;当误差较大时,Huber 损失则表现为平均绝对误差。因此,当 Q 函数的估计中包含很多噪声时,Huber 损失对异常值更稳健:

$$\mathcal{L} = \frac{1}{|B|} \sum_{(s,a,s',r) \in B} \mathcal{L}(\delta) \tag{11.23}$$

$$\mathcal{L}(\delta) = \begin{cases} \dfrac{1}{2}\delta^2, & |\delta| \leqslant 1, \\[2mm] |\delta| - \dfrac{1}{2}, & \text{其他} \end{cases} \tag{11.24}$$

由重放存储器采样的一批状态—动作序列,可以计算损失。

11.3　倒立摆的控制示例

本节以倒立摆的控制为例,介绍如何使用 PyTorch 在 OpenAI 的 CartPole-v1[①] 上训练深度 Q 学习模型。在该例中,智能体必须在两个动作之间做出决定——是向左还是向右移动手推车,才能让连在手推车上的倒立杆保持直立。倒立摆的控制示意图如图 11.7 所示。

智能体观察环境的当前状态并选择动作后,环境就转移到新状态,并返回指示操作结果的回报。在这项任务中,每增加一个时间步,奖励就加 1,如果倒立杆倒得太远或者手推车偏离中心的距离超过 2.4 个单位,环境就终止。这意味着表现更好的情景将持续更长的时间,积累更大的回报。

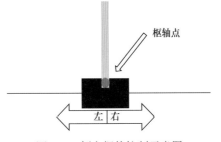

图 11.7　倒立摆的控制示意图

倒立摆任务的设计使得智能体的输入是表示环境状态(如位置、速度等)的 4 个实值。但是,神经网络完全可以通过查看场景来解决任务,所以使用以手推车为中心的屏幕块作为输入。可以用当前屏幕块与前一屏幕块的差来表示状态,以便允许智能体从一幅图像中考虑倒立杆的速度。

---

① CartPole-v1 的网址为 https://gym.openai.com/envs/CartPole-v1/。

11.3.1　仿真环境

为了让机器学习算法更快地训练并得到较好的结果，虚拟环境可极大地加快整个学习过程。OpenAI 的 Gym 提供一些常见的控制、游戏、机器人、机械手臂等模拟环境，是用于开发和比较强化学习算法的工具包。它对智能体的结构没有任何假设，且与常见的深度学习框架如 TensorFlow 或 PyTroch 兼容，通过开放、共享的接口可以方便地开发、集成自己的强化学习算法。

Gym 的安装比较简单，pip 源中包含了该库，直接输入代码 11.6 即可安装。

代码 11.6　安装库

```
01: pip install gym
```

输入并运行代码 11.7，可以测试 Gym 库是否已安装好。

代码 11.7　测试库是否安装好

```
01: import gym
02:
03: env = gym.make("CartPole-v1")
04: observation = env.reset()
05: for _ in range(1000):
06:     env.render()
07:     action = env.action_space.sample() # 随机选择一个动作
08:     observation, reward, done, info = env.step(action)
09:
10:     if done:
11:         observation = env.reset()
12: env.close()
```

11.3.2　第三方库

使用 PyTorch 很容易就可完成强化学习网络的构建和学习，主要需要的库包括：

- 神经网络（torch.nn）
- 网络优化（torch.optim）
- 自动微分计算（torch.autograd）
- 模拟环境（gym）
- 图像处理（PIL）

如代码 11.8 所示，程序加载需要的库，然后构建仿真环境。

代码 11.8　加载第三方库

```
01: import gym
02: import math
03: import random
04: import numpy as np
05: import matplotlib
06: import matplotlib.pyplot as plt
07: from collections import namedtuple, deque
08: from itertools import count
09: from PIL import Image
10:
11: import torch
12: import torch.nn as nn
```

```
13: import torch.optim as optim
14: import torch.nn.functional as F
15: import torchvision.transforms as T
16:
17: # 生成仿真环境
18: env = gym.make('CartPole-v1').unwrapped
19:
20: # 设置 matplotlib 库
21: is_ipython = 'inline' in matplotlib.get_backend()
22: if is_ipython:
23:     from IPython import display
24:
25: plt.ion()
26:
27: # 如果有 GPU，则使用 GPU 设备
28: device = torch.device("cuda" if torch.cuda.is_available() else "cpu")
```

11.3.3　经验回放内存

训练深度强化网络时，使用经验回放记忆来生成训练批数据。经验回放内存记录智能体观察到的状态转换，以便稍后重用这些数据。通过从中随机采样，构成批处理的状态转换是不相关的，从而极大地稳定并改善了 DQN 训练过程。

为此，需要两个类，如下所示：

- Transition。数据结构采用命名元组，表示环境中的单个状态转换，它实际上将"状态－动作"对映射到"下一个状态－回报"对，其中状态是后面描述的屏幕差图像。
- ReplayMemory。一个有限大小的循环缓冲区，用于保存最近观察到的状态转换。它还实现一个 .sample() 方法，用于选择一批随机的状态转换进行训练。

对应的程序如代码 11.9 所示。

代码 11.9　经验回放内存

```
01: Transition = namedtuple('Transition',
02:                 ('state', 'action', 'next_state', 'reward'))
03:
04: class ReplayMemory(object):
05:     def __init__(self, capacity):
06:         self.memory = deque([],maxlen=capacity)
07:
08:     def push(self, *args):
09:         """Save a transition"""
10:         self.memory.append(Transition(*args))
11:
12:     def sample(self, batch_size):
13:         return random.sample(self.memory, batch_size)
14:
15:     def_len_(self):
16:         return len(self.memory)
```

11.3.4　Q 网络

在本实现中，Q 网络是一个卷积神经网络，输入是当前图像和上一时刻的图像块，输出是控制量 $Q(s, \text{left})$ 和 $Q(s, \text{right})$，即在当前状态 s 下控制手推车向左或向右移动。实际上，该网络正在试图预测给定当前输入情况下采取每个动作的预期回报。

具体的实现如代码 11.10 所示。

代码 11.10　DQN 网络

```
01: class DQN(nn.Module):
02:     def __init__(self, h, w, outputs):
03:         super(DQN, self).__init__()
04:         self.conv1 = nn.Conv2d(3, 16, kernel_size=5, stride=2)
05:         self.bn1 = nn.BatchNorm2d(16)
06:         self.conv2 = nn.Conv2d(16, 32, kernel_size=5, stride=2)
07:         self.bn2 = nn.BatchNorm2d(32)
08:         self.conv3 = nn.Conv2d(32, 32, kernel_size=5, stride=2)
09:         self.bn3 = nn.BatchNorm2d(32)
10:
11:         # 计算卷积的输出大小，线性全连接层的输入取决于 conv2d 层的输出
12:         def conv2d_size_out(size, kernel_size = 5, stride = 2):
13:             return (size - (kernel_size - 1) - 1) // stride + 1
14:         convw = conv2d_size_out(conv2d_size_out(conv2d_size_out(w)))
15:         convh = conv2d_size_out(conv2d_size_out(conv2d_size_out(h)))
16:         linear_input_size = convw * convh * 32
17:         self.head = nn.Linear(linear_input_size, outputs)
18:
19:     # 可以调用返回下一个动作，或者一个批次的动作集
20:     # 返回的数据是 tensor([[left0exp,right0exp]...])
21:     def forward(self, x):
22:         x = x.to(device)
23:         x = F.relu(self.bn1(self.conv1(x)))
24:         x = F.relu(self.bn2(self.conv2(x)))
25:         x = F.relu(self.bn3(self.conv3(x)))
26:         return self.head(x.view(x.size(0), -1))
```

这个网络有三个卷积层，它们的输入/输出通道数分别为 (3, 16), (16, 32), (32, 32)，卷积核的大小都是 5×5，步幅都是 2。每个卷积之后跟一个批量归一化，卷积处理完成后加入一个线性全连接层，输出节点是 2。

11.3.5　输入数据截取

代码 11.11 所示用于从环境中提取和处理渲染图像，它使用了 torchvision 库，因此合成图像转换变得很容易。运行后，它显示所提取画面中的给定区域。

代码 11.11　输入数据截取

```
01: resize = T.Compose([T.ToPILImage(),
02:                     T.Resize(40, interpolation=Image.CUBIC),
03:                     T.ToTensor()])
04:
```

```
05: def get_cart_location(screen_width):
06:     world_width = env.x_threshold * 2
07:     scale = screen_width / world_width
08:     return int(env.state[0] * scale + screen_width / 2.0) # MIDDLE OF CART
09:
10: def get_screen():
11:     # 返回显示区域，一般情况下是 400x600x3，但在某些情况下会大于 800x1200x3
12:     # 另外转换成 PyTorch 的格式 CHW
13:     screen = env.render(mode='rgb_array').transpose((2, 0, 1))
14:
15:     # 手推车在下半部分，因此将屏幕上面和下面的空白区域去除
16:     _, screen_height, screen_width = screen.shape
17:     screen = screen[:, int(screen_height*0.4):int(screen_height * 0.8)]
18:     view_width = int(screen_width * 0.6)
19:     cart_location = get_cart_location(screen_width)
20:     if cart_location < view_width // 2:
21:         slice_range = slice(view_width)
22:     elif cart_location > (screen_width - view_width // 2):
23:         slice_range = slice(-view_width, None)
24:     else:
25:         slice_range = slice(cart_location - view_width // 2,
26:                             cart_location + view_width // 2)
27:
28:     # 去除边缘部分，得到正方形区域
29:     screen = screen[:, :, slice_range]
30:     # 转换成浮点数
31:     screen = np.ascontiguousarray(screen, dtype=np.float32) / 255
32:     screen = torch.from_numpy(screen)
33:     # 缩放像素尺寸，增加 batch 的维度(BCHW)
34:     return resize(screen).unsqueeze(0)
35:
36: # 显示一个示例画面
37: env.reset()
38: plt.figure()
39: plt.imshow(get_screen().cpu().squeeze(0).permute(1, 2, 0).numpy(),
40:            interpolation='none')
41: plt.title('Example extracted screen')
42: plt.show()
```

11.3.6　超参数和工具函数

为了更好地训练网络，定义了如下工具函数以简化代码：

- select_action。根据非常简单的平衡探索（ϵ 贪婪法策略）选择动作。简单地说，有时使用模型来选择动作，有时按照统一概率来随机地选择一个动作。选择随机动作的概率从 EPS_START 开始，并以指数方式向 EPS_END 衰减。EPS_Decay 控制衰减的速率。
- plot_durations。用于绘制连续回合交互的时间函数以及过去 100 代的平均值，是常用的评价标准这一。

具体用法如代码 11.12 所示。

代码 11.12   设置参数，定义函数

```
01: # 超参数等
02: BATCH_SIZE = 128
03: GAMMA = 0.999
04: EPS_START = 0.9
05: EPS_END = 0.05
06: EPS_DECAY = 200
07: TARGET_UPDATE = 10
08:
09: # 获取屏幕大小，以便根据 Gym 返回的形状正确初始化层
10: # 此时的典型尺寸接近 3x40x90，这是在 Get_Screen()中裁剪并缩小渲染缓冲区的结果
11: init_screen = get_screen()
12: _, _, screen_height, screen_width = init_screen.shape
13:
14:  # 获取动作的数量，这里是 2 个
15: n_actions = env.action_space.n
16:
17: # 生成策略网络、目标网络，优化器，经验回放内存等
18: policy_net = DQN(screen_height, screen_width, n_actions).to(device)
19: target_net = DQN(screen_height, screen_width, n_actions).to(device)
20: target_net.load_state_dict(policy_net.state_dict())
21: target_net.eval()
22:
23: optimizer = optim.RMSprop(policy_net.parameters())
24: memory = ReplayMemory(10000)
25:
26: steps_done = 0
27:
28: def select_action(state):
29:     """ 选择动作 """
30:     global steps_done
31:     sample = random.random()
32:     eps_threshold = EPS_END + (EPS_START - EPS_END) * \
33:         math.exp(-1. * steps_done / EPS_DECAY)
34:     steps_done += 1
35:     if sample > eps_threshold:
36:         with torch.no_grad():
37:             # t.max(1)返回每行中有最大值的那列数据，因此返回最大的期望回报
38:             return policy_net(state).max(1)[1].view(1, 1)
39:     else:
40:         return torch.tensor([[random.randrange(n_actions)]], device=
                device, dtype=torch.long)
41:
42: episode_durations = []
43:
44: def plot_durations():
45:     """"""绘制持续时间"""
46:     plt.figure(2)
47:     plt.clf()
48:     durations_t = torch.tensor(episode_durations, dtype=torch.float)
```

```
49:         plt.title('Training...')
50:         plt.xlabel('Episode')
51:         plt.ylabel('Duration')
52:         plt.plot(durations_t.numpy())
53:
54:         # 计算100次平均并绘制
55:         if len(durations_t) >= 100:
56:             means = durations_t.unfold(0, 100, 1).mean(1).view(-1)
57:             means = torch.cat((torch.zeros(99), means))
58:             plt.plot(means.numpy())
59:
60:         # 暂停, 使得绘图更新
61:         plt.pause(0.001)
62:         if is_ipython:
63:             display.clear_output(wait=True)
64:             display.display(plt.gcf())
```

11.3.7　网络训练

最后, 训练网络模型。optimize_model() 函数执行一次优化操作: 首先采样一批数据, 将所有数据连接成一个张量; 然后, 计算 $Q(s_t, a_t)$ 和 $V(s_{t_1}) = \max_a Q(s_{t+1}, a)$, 将这两个数据联合起来作为损失函数。根据定义, 当 s 为终止状态时, $V(s) = 0$。为了获得更好的稳定性, 使用目标网络计算 $V(s_{t+1})$。目标网络的权重大部分时间保持冻结, 偶尔使用策略网络的权重进行更新。这里的处理步骤通常需要进行多次, 为简单起见, 使用一代数据进行训练, 如代码 11.13 所示。

代码 11.13　模型优化函数

```
01: def optimize_model():
02:     if len(memory) < BATCH_SIZE:
03:         return
04:
05:     transitions = memory.sample(BATCH_SIZE)
06:
07:     # Transpose the batch (see https://stackoverflow.com/a/19343/3343043 for
08:     # detailed explanation). This converts batch-array of Transitions
09:     # to Transition of batch-arrays.
10:     batch = Transition(*zip(*transitions))
11:
12:     # 计算非终止状态的 mask
13:     non_final_mask = torch.tensor(tuple(map(lambda s: s is not None,
14:         batch.next_state)), device= device, dtype=torch.bool)
15:     non_final_next_states = torch.cat([s for s in batch.next_state
16:                                        if s is not None])
17:     state_batch = torch.cat(batch.state)
18:     action_batch = torch.cat(batch.action)
19:     reward_batch = torch.cat(batch.reward)
20:
21:     # 计算 Q(s_t, a) - 模型计算 Q(s_t), 从而选择动作
22:     # columns of actions taken. These are the actions which would've been taken
23:     # for each batch state according to policy_net
24:     state_action_values = policy_net(state_batch).gather(1, action_batch)
```

```
25:
26:        # 计算后续步骤的 V(s_{t+1})
27:        # non_final_next_states 的动作的期望值使用旧 target_net 计算，从 max(1)[0]中
                选择它们的最好回报
28:        # 这个结果将与 mask 的结果合并，因此可获得期望状态，如果是终止状态，则得到 0
29:        next_state_values = torch.zeros(BATCH_SIZE, device=device)
30:        next_state_values[non_final_mask] = target_net( non_final_next_states)
                                                        .max(1)[0].detach()
31:        # 计算期望的 Q 值
32:        expected_state_action_values = (next_state_values * GAMMA) + reward_batch
33:
34:        # 计算 Huber 损失
35:        criterion = nn.SmoothL1Loss()
36:        loss = criterion(state_action_values, expected_state_action_values.unsqueeze(1))
37:
38:        # 优化模型
39:        optimizer.zero_grad()
40:        loss.backward()
41:        for param in policy_net.parameters():
42:            param.grad.data.clamp_(-1, 1)
43:        optimizer.step()
```

代码 11.14 所示为主网络训练程序，它首先设置环境并初始化状态张量，然后选择一个动作并执行，并且观察下一个屏幕和回报（总是 1），最后优化模型一次。当一回合交互结束时，也就是模型失败时，重新启动循环。

代码 11.14　网络训练

```
01: num_episodes = 50
02: for i_episode in range(num_episodes):
03:     # 初始化环境和状态
04:     env.reset()
05:     last_screen = get_screen()
06:     current_screen = get_screen()
07:     state = current_screen - last_screen
08:     for t in count():
09:         # 选择并执行一个动作
10:         action = select_action(state)
11:         _, reward, done, _ = env.step(action.item())
12:         reward = torch.tensor([reward], device=device)
13:
14:         # 观察一个新状态
15:         last_screen = current_screen
16:         current_screen = get_screen()
17:         if not done:
18:             next_state = current_screen - last_screen
19:         else:
20:             next_state = None
21:
22:         # 存储到经验回放内存中
23:         memory.push(state, action, next_state, reward)
```

```
24:
25:            # 转移到下一个状态
26:            state = next_state
27:
28:            # 执行一次优化（针对策略网络）
29:            optimize_model()
30:            if done:
31:                episode_durations.append(t + 1)
32:                plot_durations()
33:                break
34:
35:        # 更新目标网络，将所有参数复制到目标网络中
36:        if i_episode % TARGET_UPDATE == 0:
37:            target_net.load_state_dict(policy_net.state_dict())
38:
39: print('Complete')
40: env.render()
41: env.close()
42: plt.ioff()
43: plt.show()
```

　　动作既可以随机选择，又可以根据策略选择，以便从 Gym 环境下获取下一步的样本，将结果记录到重放存储器中，进而在每次迭代中运行优化步骤。优化从经验回放内存中随机挑选一批数据来训练新策略。旧 target_net 也用于优化，以计算预期的 Q 值，但偶尔会更新。网络的整体训练效果如图 11.8 所示。

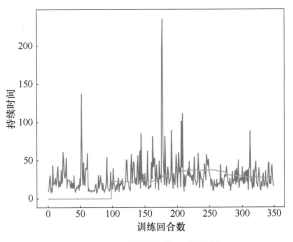

图 11.8　网络的整体训练效果

11.4　小结

　　本章介绍了机器学习是如何实现无模型的智能控制的。首先介绍了强化学习的基本概念和原理，然后介绍了如何将深度学习应用于强化学习，实现更多状态和动作下的最优策略选择。为便于理解深度强化学习的原理和实现，本章以经典控制问题——倒立摆的控制为例演示了如何使用仿真环境、如何搭建网络以及如何训练网络。由于篇幅有限，本章未给出公式的详细推导过

程和实现细节，建议读者查阅网络上的教程，阅读、理解深度强化学习的代码。理解基本原理和实现后，就可以修改示例程序以解决其他控制问题。

11.5　练习题

01. 月球登陆器的控制。在理解倒立摆 DQN 程序的基础上，编写月球登陆器[①]的 DQN 程序。

02. 自动玩游戏。选择俄罗斯方块游戏或五子棋游戏，让计算机自动玩游戏，具体要求如下：

- 研究 OpenAI Gym[②]，编写游戏的仿真环境。
- 研究深度强化学习模型，构建游戏的模型。
- 研究并编写基于 PyTorch 的代码。
- 测试所研究方法的效果。

11.6　在线练习题

扫描如下二维码，访问在线练习题。

---

① https://gym.openai.com/envs/LunarLander-v2。

② https://gym.openai.com/。

参考文献

[1] 唐杰. 浅谈人工智能的下一个十年[J]. 智能系统学报，2020, 15(1): 187-192.

[2] BENNETT K, DEMIRIZ A. *Semi-supervised Support Vector Machines* [J]. Advances in Neural Information Processing Systems, 1998, 11.

[3] LI S, HAN P, BU S, et al. *Change Detection in Images using Shape-aware Siamese Convolutional Network* [J]. Engineering Applications of Artificial Intelligence, 2020, 94: 103819.

[4] PAN X, REN Y, SHENG K, et al. *Dynamic Refinement Network for Oriented and Densely Packed Object Detection* [C] //Proceedings of the IEEE/CVF Conference on Computer Vision and Pattern Recognition. 2020: 11207-11216.

[5] RADFORD A, METZ L, CHINTALA S. *Unsupervised Representation Learning with Deep Convolutional Generative Adversarial Networks* [J]. arXiv preprint arXiv: 1511.06434, 2015.

[6] HE K, GKIOXARI G, DOLLÁR P, et al. *Mask r-cnn* [C] //Proceedings of the IEEE international conference on computer vision. 2017: 2961-2969.

[7] WANG D, ZHANG Y, ZHANG K, et al. *Focalmix: Semi-supervised Learning for 3D Medical Image Detection* [C] //Proceedings of the IEEE/CVF Conference on Computer Vision and Pattern Recognition. 2020: 3951-3960.

[8] JEONG J, CHO Y, KIM A. *Road-slam: Road Marking based Slam with Lane-level Accuracy* [C] //2017 IEEE Intelligent Vehicles Symposium. IEEE, 2017: 1736-1473.

[9] DAMANI M, LUO Z, WENZEL E, et al. *Primal2: Pathfinding via Reinforcement and Imitation Multiagent Learning Lifelong* [J]. IEEE Robotics and Automation Letters, 2021, 6(2): 2666-2673.

[10] 机器人的环境感知与智能决策[EB/OL].

[11] 某型战斗机全机流场模拟[EB/OL].

[12] 气动外形优化设计[EB/OL].

[13] 基于知识图谱的物理信息推断[EB/OL].

[14] 张漫，王铮钧，王晶，等. 航空发动机内流全场流动的大涡模拟[J]. 航空动力，2021(02): 57-60.

[15] LECUN Y, et al. *Lenet-5, Convolutional Neural Networks* [J]. 2015, 20 (5): 14.

[16] ALOM M Z, TAHA T M, YAKOPCIC C, et al. *The History Began from Alexnet: A Comprehensive Survey on Deep Learning Approaches* [J]. arXiv preprint arXiv: 1803.01164, 2018.

[17] SIMONYAN K, ZISSERMAN A. *Very Deep Convolutional Networks for Large-scale Image Recognition* [J]. arXiv preprint arXiv: 1409.1556, 2014.

[18] SZEGEDY C, LIU W, JIA Y, et al. *Going Deeper with Convolutions* [C] //Proceedings of the IEEE conference on computer vision and pattern recognition. 2015: 1-9.

[19] HE K, ZHANG X, REN S, et al. *Deep Residual Learning for Image Recognition* [C] //Proceedings of the IEEE Conference on Computer Vision and Pattern Recognition. 2016: 770-778.

[20] HUANG G, LIU Z, VAN DER MAATEN L, et al. *Densely Connected Convolutional Networks* [C] //Proceedings of the IEEE Conference on Computer Vision and Pattern Recognition. 2017: 4700-4708.

[21] ZOU Z, SHI Z, GUO Y, et al. *Object Detection in 20 Years: A Survey* [J]. arXiv preprint arXiv: 1905.05055, 2019.

[22] GIRSHICK R, DONAHUE J, DARRELL T, et al. *Rich Feature Hierarchies for Accurate Object Detection and Semantic Segmentation* [C] //Proceedings of the IEEE Conference on Computer Vision and Pattern Recognition. 2014: 580-587.

[23] GIRSHICK R. *Fast r-cnn* [C] //Proceedings of the IEEE International Conference on Computer Vision. 2015: 1440-1448.

[24] REDMON J, DIVVALA S, GIRSHICK R, et al. *You Only Look Once: Unified, Realtime Object Detection* [C] // Proceedings of the IEEE Conference on Computer Vision and Pattern Recognition. 2016: 779-788.

[25] LIU W, ANGUELOV D, ERHAN D, et al. *Ssd: Single Shot Multibox Detector* [C] //European Conference on Computer Vision. Springer, 2016: 21-37.

[26] LIN T Y, DOLLÁR P, GIRSHICK R, et al. *Feature Pyramid Networks for Object Detection* [C] //Proceedings of the IEEE Conference on Computer Vision and Pattern Recognition. 2017: 2117-2125.

[27] LAW H, DENG J. *Cornernet: Detecting Objects as Paired Keypoints* [C] //Proceedings of the European Conference on Computer Vision (ECCV). 2018: 734-750.

[28] DUAN K, BAI S, XIE L, et al. *Centernet: Keypoint Triplets for Object Detection* [C] //Proceedings of the IEEE/CVF International Conference on Computer Vision. 2019: 6569-6578.

[29] CAI Z, VASCONCELOS N. *Cascade r-cnn: Delving into High Quality Object Detection* [C] //Proceedings of the IEEE Conference on Computer Vision and Pattern Recognition. 2018: 6154-6162.

[30] REDMON J, FARHADI A. *Yolo9000: Better, Faster, Stronger* [C] //Proceedings of the IEEE Conference on Computer Vision and Pattern Recognition. 2017: 7263-7271.

[31] REDMON J, FARHADI A. *Yolov3: An Incremental Improvement* [J]. arXiv preprint arXiv: 1804.02767, 2018.

[32] BOCHKOVSKIY A, WANG C Y, LIAO H Y M. *Yolov4: Optimal Speed and Accuracy of Object Detection* [J]. arXiv preprint arXiv: 2004.10934, 2020.

[33] MNIH V, KAVUKCUOGLU K, SILVER D, et al. *Playing Atari with Deep Reinforcement Learning* [J]. arXiv preprint arXiv: 1312.5602, 2013.

术 语 表

Activation Function，AF　激活函数

Adjust Rand Index，ARI　调整兰德指数

Anchor-Free，AF　无锚框

Application Programming Interface，API　应用程序接口

Artificial Intelligence，AI　人工智能

Auto Encoder，AE　自编码

Batch Normalization，BN　批归一化

Bounding Box，BB　包围框

Complete-IoU，CIoU　完全交并比

Convolutional Neural Networks，CNN　卷积神经网络

Cross-entropy Cost Function，CCF　交叉熵代价函数

Cross mini-Batch Normalization，CmBN　交叉小批量归一化

Cross Stage Partial，CSP　跨阶段部分

Cross Validation，CV　交叉验证

Decision Tree，DT　决策树

Deep Belief Network，DBN　深度置信网络

Deep Learning，DL　深度学习

Deep Q Network，DQN　深度Q网络

Deep Reinforcement Learning，DRL　深度强化学习

First Moment Estimation，FME　一阶矩估计

Feature Engineering，FE　特征工程

Feature Learning，FL　特征学习

Feature Pyramid Networks，FPN　特征金字塔网络

Full Connected，FC　全连接

Gaussian Mixture Model，GMM　高斯混合模型

Generative Adversarial Networks，GAN　生成对抗网络

Gradient Descent，GD　梯度下降法

Hierarchical Clustering，HC　层次聚类

Hyper-Parameters，HP　超参数

Intersection over Union，IoU　交并比

Isometric Feature Mapping，IFM　等距特征映射

Least Squares，LS　最小二乘法

Linear Regression，LR　线性回归

Logistic Regression，LR　逻辑斯蒂回归

Loss Function，LF　损失函数

Markov Decision Process，MDP　马尔可夫决策过程

Maximum Likelihood，ML　极大似然

Mini-batch Gradient Descent，MGD　小批量梯度下降法

Multilayer Perceptron，MLP　多层感知机

Natural Language Processing，NLP　自然语言处理

Neural Network，NN　神经网络

Object Detection，OD　目标检测

Performance Measure，PM　性能度量

Principal Component Analysis，PCA　主成分分析

Recurrent Neural Network，RNN　循环神经网络

Regions with CNN features，RCNN　CNN的区域特征

Reinforcement Learning，RL　强化学习

Representation Learning，RL　表征学习

Second Moment Estimation，SME　二阶矩估计

Self-Adversarial Training，SAT　自对抗训练

Semi-Supervised Learning，SSL　半监督学习

Silhouette Coefficient，SC　轮廓系数

Sliding Windows，SW　滑动窗口

Spatial Attention Module，SAM　空间注意力模块

Spatial Pyramid Pooling，SPP　空间金字塔池化

Stacked Auto-Encoder Network，SAE　堆栈自编码网络

Stochastic Gradient Descent，SGD　随机梯度下降法

Supervised Learning，SL　监督学习

Support Vector Machine，SVM　支持向量机

Support Vector Regression，SVR　支持向量回归

Temporal Difference，TD　时序差分

Unsupervised Learning，UL　无监督学习

Vector Quantisation，VQ　向量量化

Weighted Residual Connection，WRC　加权残差连接